高等院校“十三五”应用技能培养规划教材·移动应用开发系列

JSP 编程技术

徐天凤　李桂珍　郭洪荣　主　编
徐嵩松　侯小毛　刘　源　刘儒香　副主编

清华大学出版社
北　京

内 容 简 介

JSP是一种动态网页技术标准，由Sun公司开发，可以运行在Windows、UNIX、Linux操作平台上。本书共分为12章，内容包括：JSP运行环境的安装与配置、JSP的语法、JSP的内置对象、JavaBean技术、Servlet技术、JSP Servlet的MVC模式、表达式语言、JSP与JDBC、JSP中的文件操作、JSP的XML文件处理、JSP与MySQL数据库操作，最后一章以网上书店系统的案例讲解了JSP编程的实际应用。

本书案例丰富，配合知识要点讲解，语言通俗，讲解关系层层递进，可读性强。通过学习本书内容，读者能够轻易并牢固地掌握JSP的相关实用技能。本书既可以作为应用型高等院校或高职高专院校计算机及相关专业的教材，又可作为计算机编程从业人员的专业指导用书。

图书在版编目(CIP)数据

JSP编程技术/徐天凤，李桂珍，郭洪荣主编. —北京：清华大学出版社，2018(2024.7重印)
(高等院校"十三五"应用技能培养规划教材•移动应用开发系列)
ISBN 978-7-302-49290-0

Ⅰ. ①J… Ⅱ. ①徐… ②李… ③郭… Ⅲ. ①JAVA语言—网页制作工具—程序设计—高等学校—教材 Ⅳ. ①TP312.8 ②TP393.092

中国版本图书馆CIP数据核字(2018)第001416号

责任编辑：汤涌涛
装帧设计：杨玉兰
责任校对：王明明
责任印制：丛怀宇
出版发行：清华大学出版社
网　址：https://www.tup.com.cn, https://www.wqxuetang.com
地　址：北京清华大学学研大厦A座　　邮　编：100084
社 总 机：010-83470000　　邮　购：010-62786544
投稿与读者服务：010-62776969, c-service@tup.tsinghua.edu.cn
质量反馈：010-62772015, zhiliang@tup.tsinghua.edu.cn
课件下载：https://www.tup.com.cn, 010-83470236
印 装 者：涿州市般润文化传播有限公司
经　销：全国新华书店
开　本：185mm×260mm　　**印　张**：21.5　　**字　数**：520千字
版　次：2018年5月第1版　　**印　次**：2024年7月第7次印刷
定　价：55.00元

产品编号：077540-02

前　言

JSP 是由 Sun 公司开发的一种动态网页技术标准，是基于 Java Servlet 以及整个 Java 体系的 Web 开发技术，利用这一技术可以建立面向对象、安全、跨平台的动态网站。随着 Java 技术的不断提升，JSP 也在逐步发展，JSP 能够将页面设计与后台代码分离，提高了工作效率。目前，JSP 已成为动态网站开发不可缺少的开发工具。

本书共分为 12 章，具体内容介绍如下。

第 1 章：JSP 基本概述。主要介绍 JSP 的定义、特点、工作流程、组成元素以及相关的安装与配置。

第 2 章：JSP 基础语法知识。主要介绍 JSP 的基本语法(注释、声明、代码段、表达式)、JSP 程序开发模式、调试处理、JSP 指令标记和动作标记的使用。

第 3 章：JSP 的内置对象。主要介绍 JSP 中的 application、request、response、pageContext、session、out、config Servlet、page JSP、exception 9 个内置组件的应用。

第 4 章：JavaBean 技术。主要介绍 JavaBean 的定义、工具、规范、属性、事件应用。

第 5 章：Servlet 技术。主要介绍 Servlet 的定义、特点、生命周期、类的方法、跳转的使用、异步处理。

第 6 章：JSP Servlet 的 MVC 模式。主要介绍 JSP Servlet 的 MVC 模式，包括模型的生命周期与视图更新、注册登录、与数据库的连接以及文件操作。

第 7 章：表达式语言。主要介绍 EL 表达式的定义及特点，以及 EL 表达式的语法、运算规则、内置对象。

第 8 章：JSP 与 JDBC。主要介绍 JDBC 的定义、产品组件、建立 JDBC 连接、JDBC 包。

第 9 章：JSP 中的文件操作。主要介绍 JSP 的文件操作，包括 File 类、字节流读/写文件、RandomAccessFile 类、文件的上传或下载。

第 10 章：JSP 的 XML 文件处理。主要介绍 XML 的定义、用途、基本语法、命名规则、元素的定义、XML 的解析方法(DOM、SAX、DOM4j)。

第 11 章：JSP 与 MySQL 数据库操作。主要介绍 MySQL 数据库的安装、配置、基础操作以及连接 JSP 的基本操作。

第 12 章：网上书店系统设计。主要利用 JSP 开发一个网上书店系统，从用户登录、用户选书，到提交订单的每个功能模块的代码都进行了全面详细的分析。

本书由徐天凤、李桂珍、郭洪荣担任主编，由徐嵩松、侯小毛、刘源、刘儒香担任副主编。其中，徐天凤编写第 1、2、4、5 章；李桂珍编写第 3、8、9 章；侯小毛编写第 6 章；郭洪荣、刘源、刘儒香编写第 7、11 章；徐嵩松编写第 10、12 章。本书内容根据易学、易懂、易掌握的原则，结合 JSP 知识体系，由浅入深、循序渐进地进行讲解。同时还将 JSP

知识与案例有机地结合起来，使知识与案例相辅相成。

由于作者水平有限，书中难免有疏漏和不妥之处，敬请业内专家、同行以及广大读者提出宝贵意见，以便今后不断改进。

编　者

读者资源下载

教师资源服务

目　　录

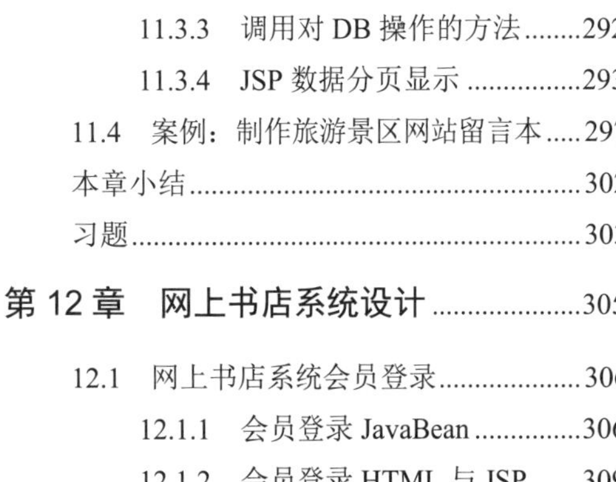

第1章 JSP基本概述

本章要点

1. JSP的组成元素。
2. JSP的运行原理。

学习目标

1. 了解JSP的特点、工作流程。
2. 掌握JSP的页面元素。
3. 了解JSP的运行环境。
4. 掌握JDK的安装与配置。
5. 掌握Tomcat的安装与启动。
6. 掌握Eclipse的安装与使用。

1.1 了解 JSP 技术

JSP 是一种简化的 Servlet 设计，可以调用强大的 Java 类库，并可以与其他相关的一些技术(Servlet、JavaBean、EJB)联合工作。下面介绍什么是 JSP 以及它有哪些特点。

1.1.1 什么是 JSP

JSP(Java Server Pages)的中文含义是 Java 服务器端语言。其核心技术是 Java 技术，以 Servlet 的形式接受用户的访问和处理数据，在服务器端 JSP 文件会被编译为类文件，其扩展名为.class。JSP 是由 Sun Microsystems 公司倡导、多家公司参与一起建立的一种动态网页技术标准，其在动态网页的创建中有着强大而特殊的功能，是一种实现普通静态 HTML 和动态 HTML 混合编码的技术。在 Sun 正式发布 Java Server Pages 之后，这种新的 Web 应用开发技术很快便引起了人们的关注。Java Server Pages 为创建高度动态的 Web 应用提供了一个独特的开发环境。

Java Server Pages(以下简称为 JSP)是 Java 平台上用于编写包含诸如 HTML、DHTML、XHTML 和 XML 等含有动态生成内容的 Web 页面的应用程序的技术。JSP 技术的功能强大，使用灵活，为创建显示动态 Web 内容的页面提供了一个简捷而快速的方法。JSP 技术的设计目的是使构造基于 Web 的应用程序更加容易和快捷，而这些应用程序能够与各种 Web 服务器、Web 应用服务器、浏览器和开发工具共同工作。

许多由 CGI 程序生成的页面大部分仍旧是静态 HTML，动态内容只在页面中有限的几个部分出现。但是包括 Servlet 在内的大多数 CGI 技术及其变种，总是通过程序生成整个页面。例如，下面就是一个简单的 JSP 页面：

```
<%@ page language="java" contentType="text/html; charset=utf-8"
   pageEncoding="utf-8"%>
<html>
<head>
<title>欢迎访问</title>
</head>
<body>
<H1>欢迎</H1>
<SMALL>欢迎,
<!-- 首次访问的用户名字为"New User" -->
<!--
 out.println 用来输出内容
 -->
<%
   String userName="New User";
   out.println(userName);
%>
<P>
页面的其余内容
</BODY></HTML>
```

1.1.2 JSP 的特点与工作流程

我们可以将 JSP 看作 Java Servlet 的一种扩展，在使用时 JSP 必须被编译为 Servlet，也就是 Java 类，然后才能调用执行，Servlet 所产生的 Web 页面不能包含在 HTML 标签中。JSP 的应用特点如下。

1. 实现跨平台操作

JSP 技术的最大特点是其编写的代码与设计平台完全无关，用户可以将在任何平台上编写的 JSP 页面拿来在任何 Web 服务器或 Web 应用服务器上运行，然后通过任何 Web 浏览器访问。除此之外，JSP 还可以在任何平台上建立服务器组件，在任何服务器上运行程序。从 JSP 的这个特点可以看出，应用程序开发者只要在自己选用的任意平台上编写 Web 页面，就可以将编写好的页面放在任意服务器上运行，当需要对页面进行修改时，也无须考虑开发运行平台。JSP 页面的内置脚本语言是基于 Java 编程语言的，因此，JSP 页面都要被编译为 Servlet。

2. 可重复使用组件

JSP 页面依赖于可重用的、跨平台的组件来执行应用程序中所要求的更为复杂的处理。基于组件的方法的特点是：能够提高总体开发过程的效率，使得各种组织在他们现有优点的基础上得到更好的优化处理。开发人员能够共享并且交换执行普通操作的组件，这些组件除了可以将网页的设计与逻辑程序的设计分离以节约开发时间，还可以充分利用 Java 以及其他脚本语言的跨平台的能力及其灵活性。

3. 标记简化的语言

标准的 JSP 标记可以访问和实例化 JavaBean 组件，并且可以设置或检索组件属性，以及下载 Applet，执行用其他方法更难以编码和耗时的功能。JSP 技术可以将许多功能封装起来，在进行 Web 页面开发时，利用这些封装的功能就可以方便地使用与 JSP 相关的 XML 标记进行动态内容的生成。

4. 实现应用程序与页面显示的分离化

应用程序与页面显示的分离化可以使 Web 页面的设计者和管理人员能够互不影响地编辑和使用 JSP 页面，而不影响其内容的生成。Web 页面的开发人员可以利用 HTML 或 XML 标记来设计和格式化最终页面，而利用 JSP 标记或 Scriptlet 来生成页面上的动态内容。生成的内容被封装在标记和 JavaBean 组件中，并将它们捆绑在 Scriptlet 中，使得所有的脚本程序都运行在服务器端。

通常，在服务器端由 JSP 引擎解释 JSP 标记和 Scriptlet，生成所请求的内容，同时，将结果以 HTML 或者 XML 页面的形式发送回浏览器。这样做，不但可以对程序代码进行保密，又可以保证任何基于 HTML 的 Web 浏览器的跨平台使用。与 Servlet 相比，JSP 可以提供所有 Servlet 的功能，比使用 println 编写和修改 HTML 更方便。

提示

JSP 还可以更明确地进行分工，Web 页面的设计人员编写 HTML 时，只需要留出地方让 Servlet 程序员插入动态部分就可以了。

在编写 JSP 程序时，要了解它的执行顺序，JSP 的执行流程如图 1-1 所示。首先，客户端向 Web 服务器提出请求，然后 JSP 引擎负责将页面转化为 Servlet，此 Servlet 经过虚拟机编译生成类文件，然后再把类文件加载到内存中执行。最后，由服务器将处理结果返回给客户端。

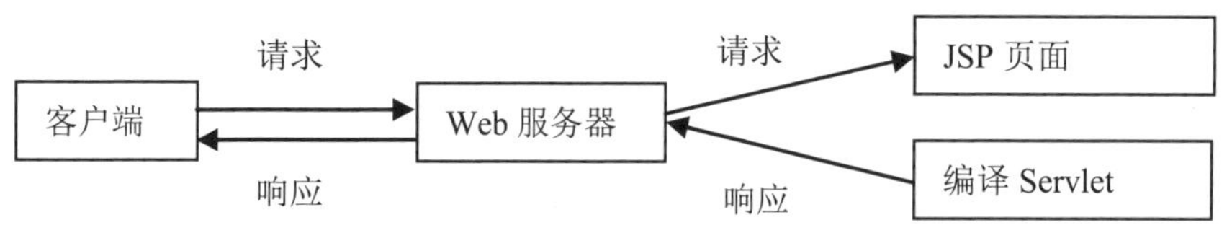

图 1-1　JSP 的执行流程

提示

JSP 页面代码会被编译成 Servlet 代码，执行效率没有 Servlet 快，但并不是每一次都需要编译 JSP 页面。当 JSP 第一次被编译成类文件后，重复调用该 JSP 页面时，若 JSP 引擎发现该 JSP 页面没有被改动过，那么会直接使用编译后的类文件而不会再次编译成新的 Servlet。当然，如果页面被修改后，则需要重新加载和编译。

1.1.3　JSP 与类似语言技术的比较

现在，最常用的动态网页设计语言有 ASP(Active Server Pages)、JSP(Java Server Pages)和 PHP (Hypertext Preprocessor)。

1. ASP

ASP 采用脚本语言 VBScript(JavaScript)作为自己的开发语言。ASP 是 Microsoft 开发的动态网页语言，也继承了微软产品的一贯传统，只能在微软的服务器产品 IIS(Internet Information Server)上执行。ASP 是 Web 服务器端的开发环境，可以产生和执行动态的、交互的、高效的 Web 服务应用程序。

其技术特点主要有以下几个方面：

(1) 与浏览器无关(Browser Independence)，客户端只要使用可执行 HTML 码的浏览器，即可浏览 Active Server Pages 所设计的网页内容。Active Server Pages 所使用的脚本语言(VBScript、JScript)均在 Web 服务器端执行，客户端的浏览器不需要执行这些脚本语言。

(2) Active Server Pages 能与任何 ActiveX Scripting 语言兼容。除了可使用 VBScript 或 JScript 语言设计外，还可以通过 plug-in 方式，使用由第三方提供的其他脚本语言，如 REXX、Perl、Tcl 等。脚本引擎是处理脚本程序的 COM(Component Object Model)对象。

(3) 使用 VBScript、JScript 等简单易懂的脚本语言，结合 HTML 代码，即可快速地编写出网站的应用程序。可使用服务器端的脚本来产生客户端的脚本。

(4) 使用普通的文本编辑器，如 Windows 的记事本，即可进行程序设计，无须编译，容易编写，可在服务器端直接执行。

2. PHP

PHP 是跨平台的服务器端的嵌入式脚本语言。它几乎都要借用 C、Java 和 Perl 语言的语法，同时结合 PHP 自己的特性，使得 Web 开发者能够快速地写出动态页面。PHP 的特点是：支持绝大多数数据库，并且其源码是完全公开的。PHP 可在 Windows、Unix、Linux 的 Web 服务器上正常执行，还支持 IIS、Apache 等一般的 Web 服务器，用户更换平台时，无需变换 PHP 代码。PHP 与 MySQL 是目前绝佳的组合。用户还可以自己编写外围的函数间接存取数据库，通过这样的途径，在更换使用的数据库时，可以轻松地修改编码以适应这样的变化。

提示

PHP LIB 就是最常用的可以提供一般事务需要的一系列基库。但 PHP 提供的数据库接口支持彼此不够统一。

3. JSP

JSP 同 PHP 类似，几乎可以在所有平台上执行，如 Windows、Linux、UNIX。Web 服务器 Apache 已经能够支持 JSP，而 Apache 广泛应用在 Windows、UNIX 和 Linux 上，因此 JSP 有更广泛的执行平台。虽然现在 Windows 操作系统占了很大的市场份额，但是在服务器方面 UNIX 的优势仍然很大，而新崛起的 Linux 更是来势不小。从一个平台移植到另外一个平台时，JSP 和 JavaBean 甚至不用重新编译，因为 Java 字节码都是标准的，与平台无关。

ASP、PHP、JSP 三者都是面向 Web 服务器的技术，客户端浏览器不需要任何附加的软件支持。普通的 HTML 页面只依赖于 Web 服务器，但 ASP、PHP、JSP 页面需要附加的语言引擎分析和执行程序代码。程序代码的执行结果被重新嵌入 HTML 代码中，然后一起发送给浏览器。三者都提供了在 HTML 代码中混合某种程序代码、由语言引擎解释执行程序代码的能力。JSP 代码被编译成 Servlet 并由 Java 虚拟机解释执行，这种编译操作仅在对 JSP 页面的第一次请求时发生。在 ASP、PHP、JSP 环境下，HTML 代码主要负责描述信息的显示样式，而程序代码则用来描述处理逻辑。

1.1.4 JSP 页面的组成

在 HTML 页面文件中加入 Java 程序段和 JSP 标签，即可构成一个 JSP 页文件，JSP 页面由 5 种元素组合而成。

(1) 普通的 HTML 标记符。

(2) JSP 标签，如指令标签、动作标签。

(3) 变量和方法的声明。

(4) Java 程序段。

(5) Java 表达式。

当服务器上的 JSP 页面被第一次请求执行时，服务器上的 JSP 引擎首先将 JSP 页面文件转译成 Java 文件，再将 Java 文件编译，生成字节码文件，然后通过执行字节码文件响应客户的请求，这个字节码文件的任务如下。

(1) 把 JSP 页面中普通的 HTML 标记符号交给客户的浏览器执行并显示。

(2) JSP 标签、数据和方法声明、Java 程序段由服务器负责执行，将需要显示的结果发送给客户的浏览器。

(3) Java 表达式由服务器负责计算，并将结果转化为字符串，然后交给客户的浏览器负责显示。

1.1.5 JSP 页面中的元素

Java Server Pages(JSP)能够分离页面的静态 HTML 和动态部分。HTML 可以用任何通常使用的 Web 制作工具编写，编写方式也和原来的一样；动态部分的代码放入特殊标记之内，大部分以“<%”开始，以“%>”结束。例如，下面是一个 JSP 页面的片断，如果用 http://localhost/test.jsp?title=Core+Web+Programming 这个 URL 打开该页面，则结果显示“Thanks for ordering Core Web Programming”。

test.jsp 源程序如下：

```
Thanks for ordering
<I><%= request.getParameter("title") %></I>
```

JSP 页面文件通常以.jsp 为扩展名，而且可以安装到任何能够存放普通 Web 页面的地方。虽然从代码编写来看，JSP 页面更像普通 Web 页面而不像 Servlet，但实际上，JSP 最终会被转换成正规的 Servlet，静态 HTML 直接输出到和 Servlet service 方法关联的输出流。

JSP 到 Servlet 的转换过程一般在出现第一次页面请求时进行。因此，如果希望第一个用户不会由于 JSP 页面转换成 Servlet 而等待太长的时间，并且希望确保 Servlet 已经正确地编译并装载，你可以在安装 JSP 页面之后自己请求这个页面，这样 JSP 页面就转换成 Servlet 了。

另外也请注意，许多 Web 服务器允许定义别名，所以一个看起来指向 HTML 文件的 URL 实际上可能指向 Servlet 或 JSP 页面。

除了普通 HTML 代码之外，嵌入 JSP 页面的其他成分主要有三种：脚本元素(Scripting Element)、指令(Directive)和动作(Action)。脚本元素用来嵌入 Java 代码，这些 Java 代码将成为转换得到的 Servlet 的一部分；JSP 指令用来从整体上控制 Servlet 的结构；动作用来引入现有的组件或者控制 JSP 引擎的行为。为了简化脚本元素，JSP 定义了一组可以直接使用的变量(预定义变量)。

1.2 JSP 的安装与配置

使用 JSP 开发程序，需要具备对应的运行环境：Web 浏览器、Web 服务器、JDK 开发工具包、数据库(MySQL、SQL Server 等)。下面以 Windows 操作系统为平台介绍 JSP 的安装与配置。

1.2.1 JDK 的安装与配置

JDK 包含运行 Java 程序必需的 Java 运行环境(Java Runtime Environment，JRE)及开发过程中常用的库文件。在使用 JSP 开发网站前，要先安装 JDK 组件。

1. JDK 的安装

进入 Oracle 公司网站下载 JDK 1.8.0 安装程序包，其网址为 http://www.oracle.com/technetwork/java/javase/downloads/jdk-8u111-windows-i586.exe，下载后的操作步骤如下。

(1) 双击下载的 jdk-8u111-windows-i586.exe 文件，系统将自动启动 Windows Installer，

开始安装过程，随后，系统弹出许可证协议对话框，单击“接受”按钮，弹出如图 1-2 所示的安装向导。

(2)单击“下一步”按钮，选择默认配置，如图 1-3 所示。

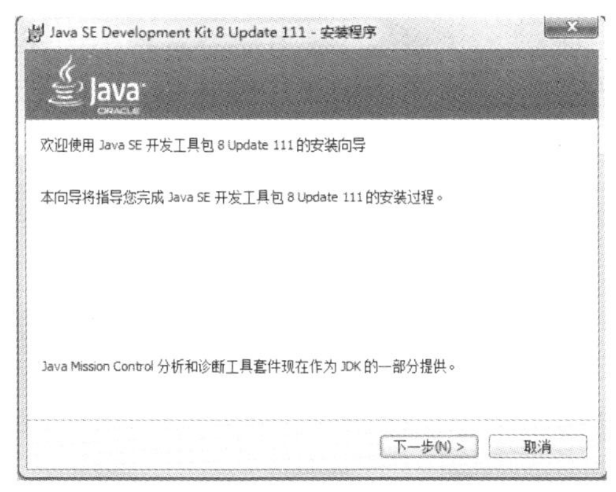

图 1-2　安装向导

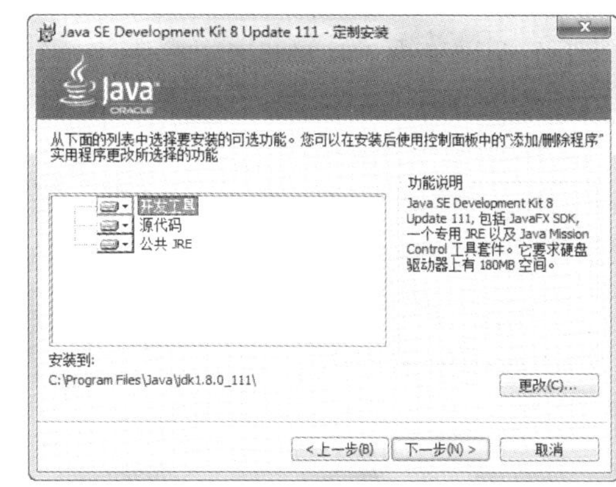

图 1-3　定制安装

(3) 系统开始复制新文件，如图 1-4 所示。

(4) 进入目标文件夹界面，选择默认安装路径，单击“下一步”按钮，如图 1-5 所示。

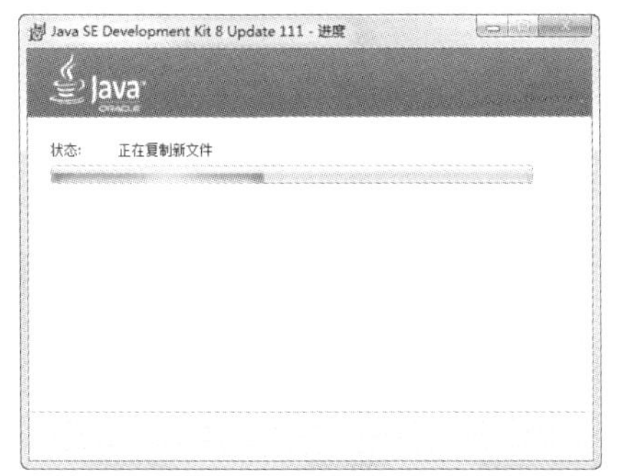

图 1-4　复制文件

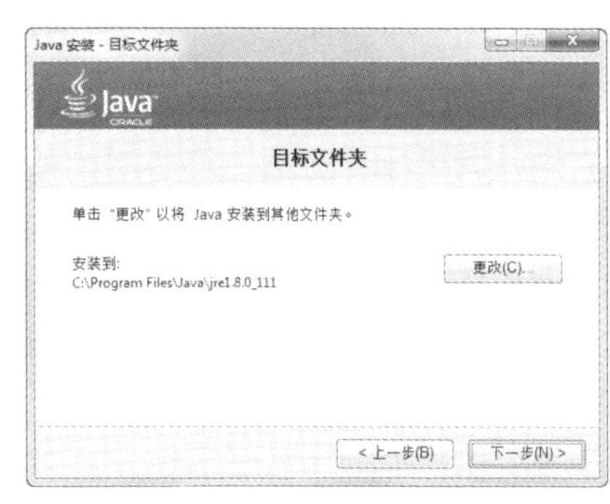

图 1-5　设置安装路径

(5) 进入安装状态，滚动条会显示安装的进度，如图 1-6 所示。

(6) 最后单击“关闭”按钮，完成 JDK 的安装，如图 1-7 所示。

图 1-6　安装 JDK 状态

图 1-7　完成 JDK 安装

2. 配置

安装好 JDK 软件之后，要对 Windows 操作系统的环境变量进行设置，设置环境变量的步骤如下。

(1) 右键单击“计算机”，在弹出的快捷菜单中选择“属性”菜单命令，系统将自动打开“系统属性”对话框，在该对话框中单击“高级”选项卡中的“环境变量”按钮，如图 1-8 所示。

(2) 打开“新建用户变量”对话框，在“变量名”文本框中输入 JAVA_HOME，并配置变量值，单击“确定”按钮，如图 1-9 所示。再编辑变量 PATH，变量值为%JAVA_HOME%\bin，单击“确定”按钮，如图 1-10 所示。

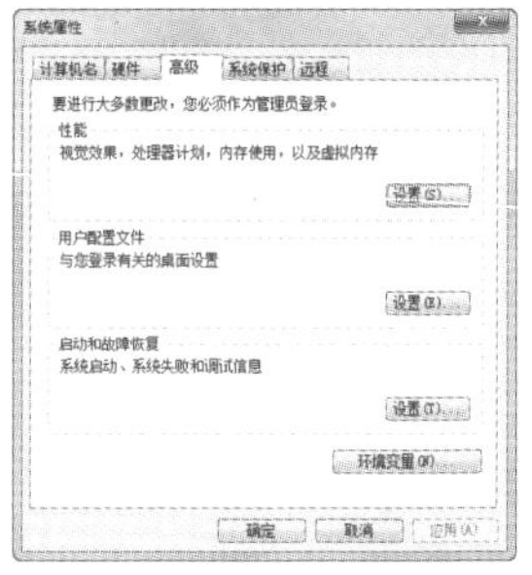

图 1-8　“高级”选项卡

图 1-9　新建系统变量 JAVA_HOME

图 1-10　编辑系统变量 PATH

(3) 返回到“环境变量”对话框，可以看到配置的变量，单击“确定”按钮，如图 1-11 所示。

(4) 设置完成系统变量后，在 DOS 模式或命令行模式下，输入命令“javac”，出现如图 1-12 所示窗口，表示 JDK 软件安装成功。

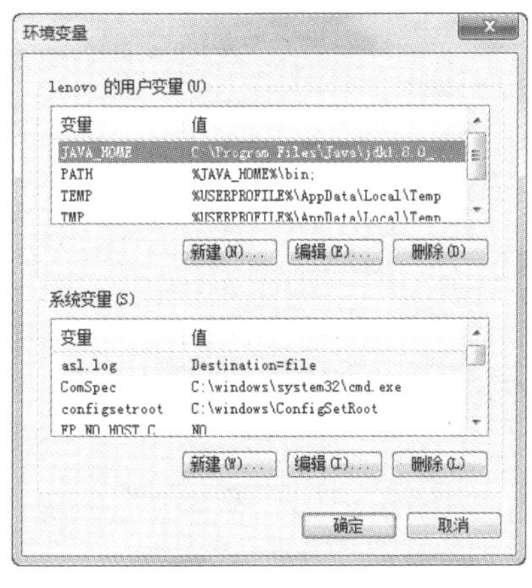

图 1-11　“环境变量”对话框

图 1-12　JDK 安装成功

1.2.2　Tomcat 的安装与启动

Tomcat 是由 JavaSoft 和 Apache 开发团队共同合作推出的产品，它完全支持 Servlet 和 JSP，并且可以免费使用。

由于 JSP 程序是需要在服务器中运行的，因此还需要运行网页的 Apache 服务器。下面来安装 Apache 服务器 Tomcat。

(1) 进入 Tomcat 官方网站 http://tomcat.apache.org，下载 Tomcat 7.0，如图 1-13 所示。

(2) 下载后解压文件，如图 1-14 所示。

图 1-13　Tomcat 7.0 下载页面

图 1-14　解压文件

(3) 进入 Tomcat 安装目录下的 bin 子目录，可以看到 startup.bat 和 shutdown.bat 文件。双击 starup.bat 启动 Tomcat 服务器，将产生如图 1-15 所示的输出信息。

(4) 在浏览器中输入 http://localhost:8080，出现如图 1-16 所示情况则表示 Tomcat 安装成功。

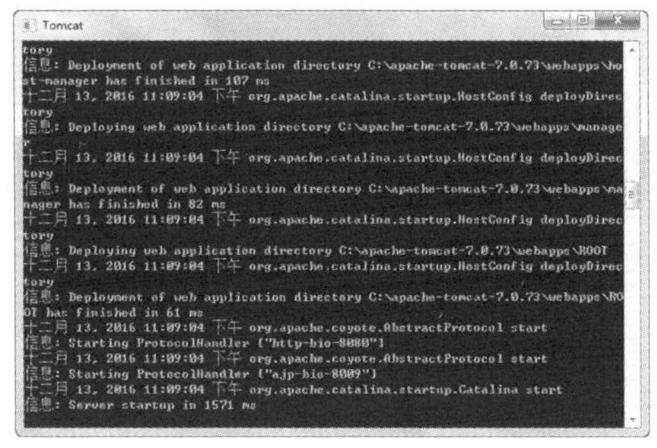

图 1-15　启动 Tomcat 服务

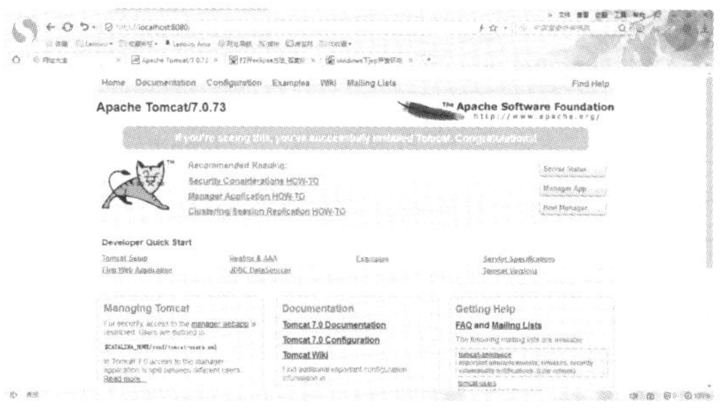

图 1-16　测试 Tomcat 服务

提示

① 直到看到提示信息“Server startup in 1571 ms”输出，表示 Tomcat 启动完毕。否则可能出现错误，将无法启动。这时，需要关闭 Tomcat 服务器，可以关闭这个 CMD 窗口，也可以双击运行 shutdown.bat。

② Tomcat 服务器默认占用 8080 端口，如果 Tomcat 要使用的端口已经被占用，则 Tomcat 服务器将无法启动。

1.2.3　Eclipse 的安装与使用

Eclipse 提供了大量的 Java 工具集，如 CCS/JS/HTML/XML 编辑器，可以帮助创建 EJB 和 Struts 项目的向导、编辑 Hibernate 配置文件和执行 MySQL 语句的工具等。

(1) 进入 Eclipse 官方网站 https://www.eclipse.org/downloads/，下载并解压 Eclipse 文件，双击 eclipse.exe 应用程序，如图 1-17 所示。

(2) 进入 Workspace Launcher 对话框，设置路径，单击 OK 按钮，如图 1-18 所示。

configuration	2016/12/15 19:49	文件夹	
dropins	2012/2/16 14:22	文件夹	
features	2012/2/16 14:21	文件夹	
p2	2012/2/16 14:20	文件夹	
plugins	2012/2/16 14:21	文件夹	
readme	2012/2/16 14:21	文件夹	
.eclipseproduct	2012/2/8 8:36	ECLIPSEPRODUC...	1 KB
artifacts.xml	2012/2/16 14:21	XML 文档	226 KB
eclipse.exe	2012/2/8 9:16	应用程序	52 KB
eclipse.ini	2012/2/16 14:22	配置设置	1 KB
eclipsec.exe	2012/2/8 9:16	应用程序	24 KB
epl-v10.html	2012/2/8 8:36	360 se HTML Do...	17 KB
notice.html	2012/2/8 8:36	360 se HTML Do...	9 KB

图 1-17　双击 eclipse.exe

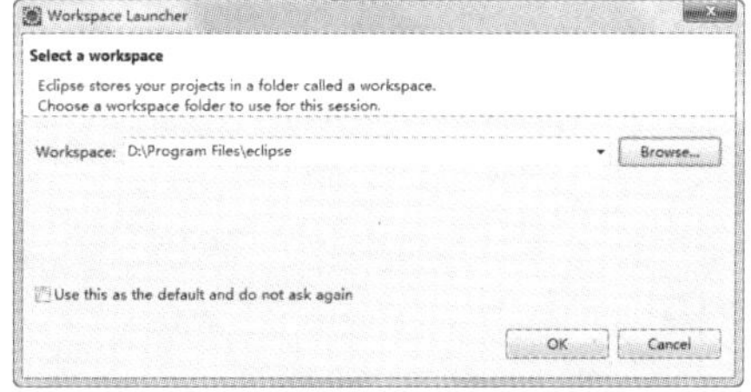

图 1-18　Workspace Launcher 对话框

(3) 绑定 Eclipse 与 Tomcat，在 Eclipse 中选择 Window→Preferences 命令，如图 1-19 所示，打开 Preferences 窗口。

(4) 在 Preferences 对话框，依次单击 Server→Runtime Enviroments→Add，如图 1-20 所示。

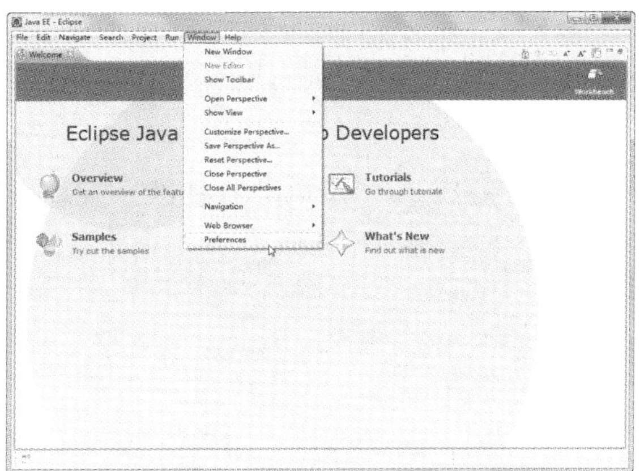

图 1-19　选择 Preferences 命令

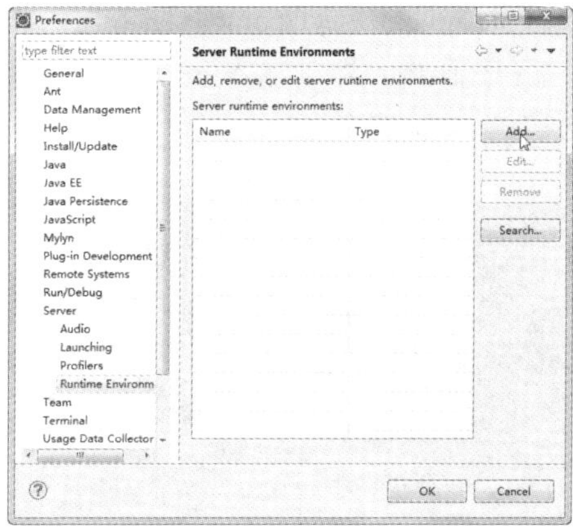

图 1-20　单击 Add 按钮

(5) 选择相应版本的 Tomcat，单击 Next 按钮，如图 1-21 所示。

(6) 单击 Browse 按钮，如图 1-22 所示。

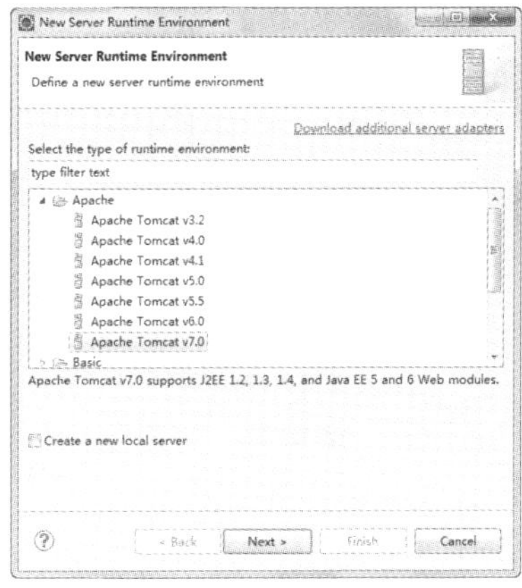

图 1-21　选择 Tomcat 版本

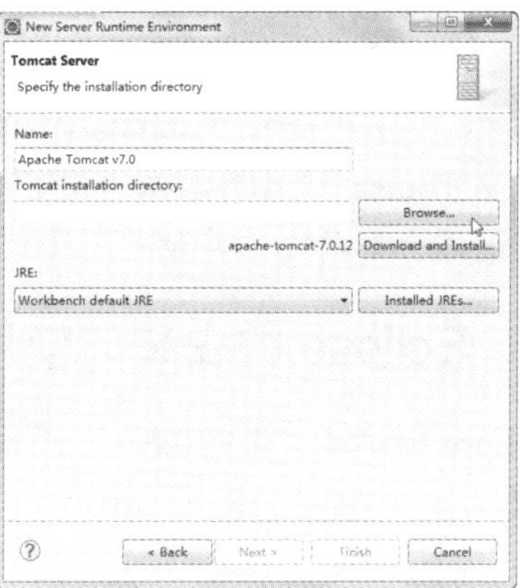

图 1-22　单击 Browse 按钮

(7) 选择 Tomcat 的安装路径，如图 1-23 所示，单击 Finish 按钮，完成 Eclipse 的绑定配置。

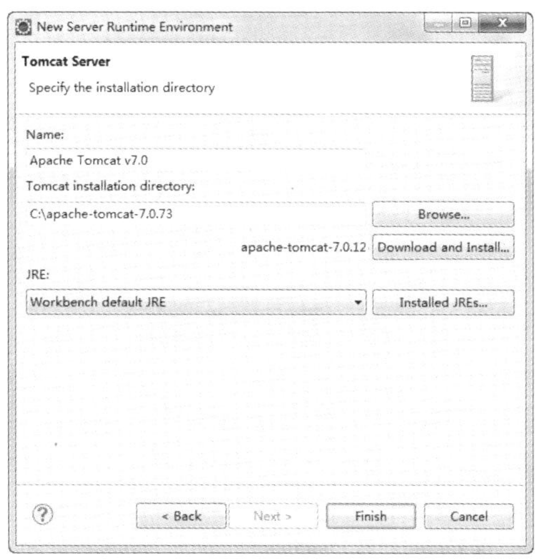

图 1-23 选择 Tomcat 的安装路径

1.3 案例：编写 HelloWorld.jsp 文件并试运行

实训内容和要求

根据本章所学内容，试写一个 HelloWorld.jsp 文件代码，调试并运行显示结果。

实训步骤

(1) 在 C:\Tomcat\webapps\myapp\webapp 下新建一个测试的 JSP 页面，文件名为 HelloWorld.jsp。源程序如下：

```
<%@ page language="java" contentType="text/html; charset=utf-8"
   pageEncoding="utf-8"%>
<html>
<head>
<title>Hello World!</title>
</head>
<body>
<body bgcolor="#FFFFFF">
<%String msg="JSP Example ii";
//定义字符串对象
out.println("Hello World!");
%>
<%=msg%><!--显示变量值-->
</body>
</html>
```

(2) 启动 Tomcat，然后在打开的浏览器中，输入 http://localhost:8080/myapp/webapp/HelloWorld.jsp，若显示 Hello World！则说明程序运行成功了，显示结果如图 1-24 所示。

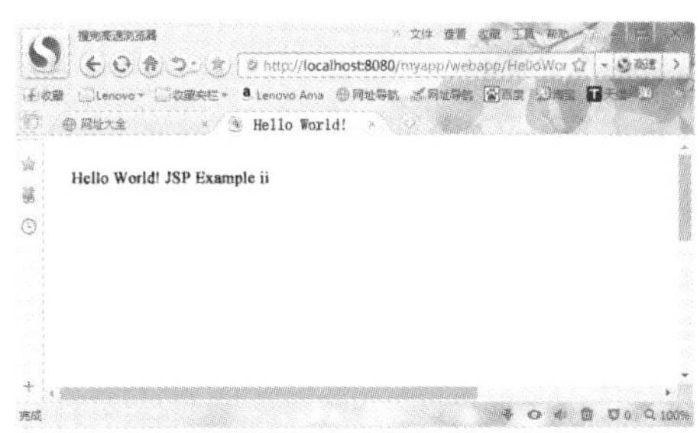

图 1-24　显示结果

本 章 小 结

Java Server Pages，简称 JSP，中文含义是 Java 服务器端语言。JSP 技术是实现普通静态 HTML 和动态 HTML 混合编码的技术。Java Server Pages 是 Java 平台上用于编写 HTML、DHTML、XHTML 和 XML 等包含有动态内容的应用程序的技术，为创建高度动态的 Web 应用提供了一个独特的开发环境。本章主要介绍 JSP 的定义、特点、工作流程、组成元素以及相关的安装配置。通过对本章的学习，读者能够了解 JSP 的背景和开发设计步骤。

习　　题

一、填空题

1. 在服务器端 JSP 文件会被编译为类文件，其扩展名为__________。

2. JDK 是由 Sun 公司免费提供的在 Windows、Solaris、________平台上使用的软件开发工具包。

3. Tomcat 是由 JavaSoft 和 Apache 开发团队共同合作推出的产品，它完全支持________和________，并且可以免费使用。

4. HTML 编写代码以_______开始，以_______结束。

5. JSP 标签、数据和方法声明、Java 程序段由服务器负责执行，将需要显示的结果发送给____________________。

二、选择题

1. ASP 采用脚本语言(　　)作为自己的开发语言。

   A. VBScript(JavaScript)　　B. VBScript
   C. Java　　D. VBS

2. Java 与 JavaScript 是两种不同的语言，Java 语言由(　　)公司研发，JavaScript 语言由(　　)公司研发，两者的函数和类包不可通用。

   A. 微软　　B. Sun　　C. IMB　　D. 网景

3. 下面属于 JSP 的特点的是(　　)。

   A. 实现了跨平台使用　　B. 组件可复用
   C. 标记简化的语言　　D. 实现应用程序与页面显示的分离化

4. Eclipse 提供了大量的 Java 工具集，包括(　　)编辑器。

   A. CCS　　B. JS　　C. HTML　　D. XML

5. (　　)语言是面向 Web 服务器的技术。

   A. ASP　　B. PHP　　C. JSP　　D. SQL

三、问答题

1. 简述 JSP 的定义和特点。
2. 简述 JSP 与其他脚本语言的区别。
3. 简述 JSP 的开发工具有哪些，其作用分别是什么。
4. 简述 JDK 的应用背景。
5. 简述 Tomcat 的应用背景。

第2章 JSP 基础语法知识

本章要点

1. JSP 语法声明、表达式的编写。
2. JSP+JavaBean 编程。
3. JSP 的动作指令。

学习目标

1. 掌握 JSP 语法注释声明。
2. 掌握 JSP 程序开发模式。
3. 掌握 JSP 的指令。
4. 掌握 JSP 的动作。

2.1 JSP 语法注释声明

JSP 语法缺少不了注释声明，注释是为了能让他人看懂代码。JSP 的声明是表示“这是 JSP 语言”的关键。代码段与表达式共同组成了 JSP 的程序。

2.1.1 语法注释

在 JSP 页面中可以使用多种注释，如 HTML 中的注释、Java 中的注释和在严格意义上说属于 JSP 页面自己的注释——带有 JSP 表达式和隐藏的注释。在 JSP 规范中，它们都属于 JSP 中的注释，并且它们的语法规则和运行的效果有所不同。本小节将介绍 JSP 中的各种注释。

1. HTML 中的注释

JSP 文件是由 HTML 标记和嵌入的 Java 程序段组成的，所以在 HTML 中的注释同样可以在 JSP 文件中使用。注释格式如下：

```
<!--注释内容-->
```

【例 2-1】 HTML 中的注释：

```
<!--欢迎提示信息!-->
<table><tr><td>欢迎访问! </td></tr></table>
```

使用该方法注释的内容在客户端浏览器中是看不到的，但可以通过查看 HTML 源代码看到这些注释内容。

访问该页面后，将会在客户端浏览器中输出以下内容：

```
欢迎访问!
```

通过查看 HTML 源代码，将会看到如下内容：

```
<!--欢迎提示信息! -->
<table><tr><td>欢迎访问! </td></tr></table>
```

2. 带有 JSP 表达式的注释

在 HTML 注释中可以嵌入 JSP 表达式，注释格式如下：

```
<!--comment<%=expression %>-->
```

包含该注释语句的 JSP 页面被请求后，服务器能够识别注释中的 JSP 表达式，从而来执行该表达式，而对注释中的其他内容不做任何操作。

当服务器将执行结果返回给客户端后，客户端浏览器会识别该注释语句，所以被注释的内容不会显示在浏览器中。

【例 2-2】 使用带有 JSP 表达式的注释：

```
<% String name="XYQ"; %>
<!--当前用户：<%=name%>-->
<table><tr><td>欢迎登录：<%=name%></td></tr></table>
```

访问该页面后，将会在客户端浏览器中输出以下内容：

```
欢迎登录：XYQ
```

通过查看 HTML 源代码，将会看到以下内容：

```
<!--当前用户：XYQ-->
<table><tr><td>欢迎登录：XYQ</td></tr></table>
```

3. 隐藏注释

前面已经介绍了如何使用 HTML 中的注释，这种注释虽然在客户端浏览页面时不会看见，但它却存在于源代码中，可通过在客户端查看源代码看到被注释的内容。所以严格来说，这种注释并不安全。下面介绍一种隐藏注释，注释格式如下：

```
<%--注释内容--%>
```

用该方法注释的内容，不仅在客户端浏览时看不到，而且即使在客户端查看 HTML 源代码，也不会看到，所以安全性较高。

【例 2-3】使用隐藏注释：

```
<%--获取当前时间--%>
<table>
<tr><td>当前时间为：<%=(new java.util.Date()).toLocaleString()%></td></tr>
</table>
```

访问该页面后，将会在客户端浏览器中输出以下内容：

```
当前时间为：2017-3-19  15:27:20
```

通过查看 HTML 源代码，将会看到以下内容：

```
<table>
<tr><td>当前时间为：2017-3-19 15:27:20</td></tr>
</table>
```

4. 脚本程序(Scriptlet)中的注释

脚本程序中包含的是一段 Java 代码，所以在脚本程序中的注释与在 Java 中的注释是相同的。

脚本程序中包括下面 3 种注释方法。

(1) 单行注释。

单行注释的格式如下：

```
//注释内容
```

符号“//”后面的所有内容为注释的内容，服务器对该内容不进行任何操作。因为脚本程序在客户端通过查看源代码是不可见的，所以在脚本程序中通过该方法注释的内容也是不可见的，并且后面将要提到的通过多行注释和提示文档进行注释的内容都是不可见的。

【例 2-4】JSP 文件中包含以下代码：

```
<%
int count = 6;  //定义一个计数变量
```

```
%>
计数变量 count 的当前值为：<%=count%>
```

访问该页面后，将会在客户端浏览器中输出以下内容：

```
计数变量 count 的当前值为：6
```

通过查看 HTML 源代码，将会看到以下内容：

```
计数变量 count 的当前值为：6
```

因为服务器不会对注释的内容进行处理，所以可以通过该注释暂时删除某一行代码。例如下面的代码。

【例 2-5】 使用单行注释暂时删除一行代码：

```
<%
String name = "XYQ";
//name = "XYQ2017";
%>
用户名：<%=name%>
```

包含上述代码的 JSP 文件被执行后，将输出如下结果：

```
用户名：XYQ
```

(2) 多行注释。

多行注释是通过“/*”与“*/”符号进行标记的，它们必须成对出现，在它们之间输入的注释内容可以换行。注释格式如下：

```
/*
注释内容 1
注释内容 2
*/
```

为了程序界面的美观，开发人员习惯在每行注释内容的前面添加一个“*”号，构成如下所示的注释格式：

```
/*
* 注释内容 1
* 注释内容 2
*/
```

与单行注释一样，在“/*”与“*/”之间注释的所有内容，即使是 JSP 表达式或其他脚本程序，服务器都不会做任何处理，并且多行注释的开始标记和结束标记可以不在同一个脚本程序中同时出现。

【例 2-6】 在 JSP 文件中包含以下代码：

```
<%@ page contentType="text/html;charset=UTF-8"%>
<%
String state = "0";
/* if(state.equals("0")) {    //equals()方法用来判断两个对象是否相等
state = "主版";
%>
将变量 state 赋值为“主版”。<br>
```

```
<%
}
*/
%>
变量 state 的值为：<%=state%>
```

包含上述代码的 JSP 文件被执行后，将输出如图 2-1 所示的结果。

若去掉代码中的“/*”和“*/”符号，则将输出如图 2-2 所示的结果。

图 2-1　多行注释(一)

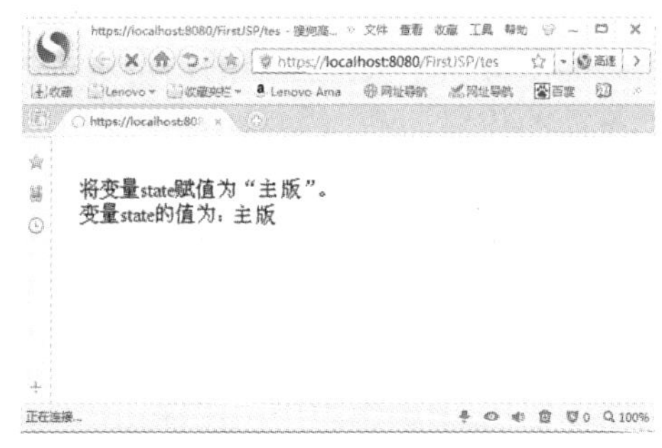

图 2-2　多行注释(二)

(3) 文档注释。

该种注释会被 Javadoc 文档工具在生成文档时读取，文档是对代码结构和功能的描述。

注释格式如下：

```
/**
提示信息 1
提示信息 2
*/
```

该注释方法与上面介绍的多行注释很相似，但细心的读者会发现，它是以“/**”符号作为注释的开始标记，而不是“/*”。与多行注释一样，对于被注释的所有内容，服务器都不会做任何处理。

【例 2-7】在 Eclipse 开发工具中，在创建的 JSP 文件中输入以下代码：

```
<%!
    int i = 0;
    /**
        @作者：YXQ
        @功能：该方法用来实现一个简单的计数器
    */
    synchronized void add() {
        i++;
    }
%>
<% add(); %>
当前访问次数：<%=i%>
```

将鼠标指针移动到<% add(); %>代码上，将出现如图 2-3 所示的提示信息。

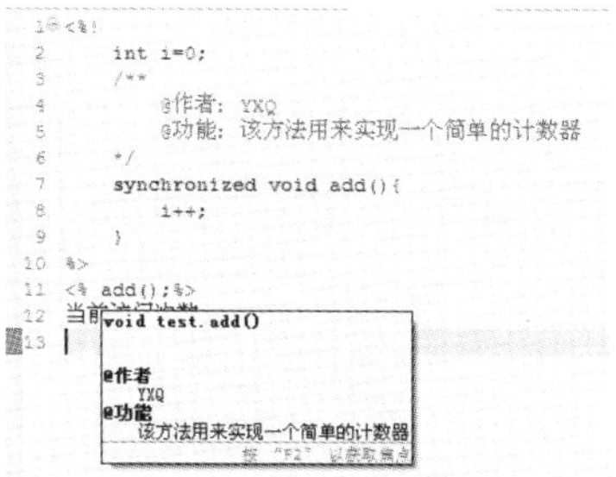

```
<%!
    int i=0;
    /**
        @作者：YXQ
        @功能：该方法用来实现一个简单的计数器
    */
    synchronized void add(){
        i++;
    }
%>
<% add();%>
当前访问次数
```

图 2-3　提示文档注释

2.1.2　声明

在 JSP 页面中可以声明变量、方法和类，其声明格式如下：

```
<%!声明变量、方法和类的代码 %>
```

特别要注意，在“<%”与“!”之间不要有空格。声明的语法与在 Java 语言中声明变量和方法时的语法是一样的。

1. 声明变量

在“<%!”和“%>”标记之间声明变量，即在“<%!”和“%>”之间放置 Java 的变量声明语句。变量的类型可以是 Java 语言允许的任何数据类型。我们将这些变量称为 JSP 页面的成员变量。

【例 2-8】声明变量：

```
<%!
int x, y=100, z;
String tom=null, jery="Love JSP";
%>
```

这里，“<%!”和“%>”之间声明的变量在整个 JSP 页面内都有效，因为 JSP 引擎将 JSP 页面转译成 Java 文件时，将这些变量作为类的成员变量，这些变量的内存空间直到服务器关闭才被释放。当多个客户请求一个 JSP 页面时，JSP 引擎为每个客户启动一个线程，这些线程由 JSP 引擎服务器来管理。这些线程共享 JSP 页面的成员变量，因此任何一个用户对 JSP 页面成员变量操作的结果，都会影响到其他用户。

2. 方法声明

在“<%!”和“%>”标记之间声明的方法，在整个 JSP 页面有效，但是，方法内定义的变量只在方法内有效。

【例 2-9】声明方法：

```
<%@ page contentType="text/html; charset=utf-8" %>
<%!
int num = 0;                          //声明一个计数变量
synchronized void add() {             //该方法实现访问次数的累加操作
num++;
}
```

```
%>
<% add(); %>
<html>
    <body><center>您是第<%=num%>位访问该页面的游客！</center></body>
</html>
```

运行结果如图 2-4 所示。

图 2-4　使用方法的声明

示例中声明了一个 num 变量和 add()方法。add()方法对 num 变量进行累加操作，synchronized 修饰符可以使多个同时访问 add()方法的线程排队调用。

当第一个用户访问该页面后，变量 num 被初始化，服务器执行<% add(); %>小脚本程序，从而 add()方法被调用，num 变为 1。当第二个用户访问时，变量 num 不再被重新初始化，而使用前一个用户访问后的 num 值，之后调用 add()方法，num 值变为 2。

3. 声明类

可以在“<%!”和“%>”之间声明一个类。该类在 JSP 页面内有效，即在 JSP 页面的 Java 程序段部分可以使用该类创建对象。下例中，定义了一个 Circle 类，该类的对象负责求圆的面积。当客户向服务器提交圆的半径后，该对象计算圆的面积。

【例 2-10】使用类的声明：

```
<%@ page contentType="text/html; charset=utf-8"%>
<HTML>
<BODY>
<FONT size="4">
<p>请输入圆的半径：<BR>
<FORM action="" method=get name=form>
<INPUT type="text" name="cat" value="1">
<INPUT TYPE="submit" value="送出" name=submit>
</FORM>
<%!
public class Circle
{
double r;
Circle(double r)
{
this.r = r;
}
double 求面积()
{
```

```
return Math.PI*r*r;
}
}
%>
<%
String str = request.getParameter("cat");
double r;
if(str != null)
{
r = Double.parseDouble(str);
}
else
{
r = 1;
}
Circle circle = new Circle(r);
%>
<p>圆的面积是：<%=circle.求面积()%>
</FONT>
</BODY>
</HTML>
```

运行结果如图 2-5 所示。

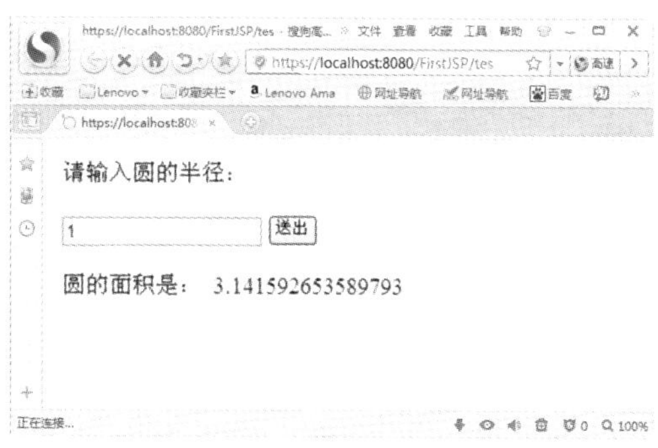

图 2-5　使用类声明

2.1.3　代码段

JSP 允许在“<%”和“%>”之间插入 Java 程序段。一个 JSP 页面可以有许多程序段，这些程序段将被 JSP 引擎按顺序执行。

在一个程序段中声明的变量叫作 JSP 页面的局部变量，它们在 JSP 页面内的相关程序段以及表达式内都有效。这是因为 JSP 引擎将 JSP 页面转译成 Java 文件时，将各个程序段的这些变量作为类中某个方法的变量，即局部变量。

利用程序段的这个性质，有时可以将一个程序段分割成几个更小的程序段，然后在这些小的程序段之间再插入 JSP 页面的一些其他标记元素。

当程序段被调用执行时，会为这些变量分配内存空间，当所有的程序段调用完毕后，这些变量即可释放所占的内存。

当多个客户请求一个 JSP 页面时，JSP 引擎为每个客户启动一个线程，一个客户的局部变量和另一个客户的局部变量会分配不同的内存空间。因此，一个客户对 JSP 页面局部变量操作的结果，不会影响到其他客户的这个局部变量。

【例 2-11】下面的程序段可以计算 1 到 100 的和：

```
<%@ page contentType="text/html; charset=utf-8"%>
<HTML>
<BODY>
<FONT size="10">
<%!
long continueSum(int n)
{
int sum = 0;
for(int i=1; i<=n; i++)
{
sum = sum + i;
}
return sum;
}
%>

<p> 1 到 100 的连续和:
<br>
<%
long sum;
sum = continueSum(100);
out.print(" " + sum);
%>

</FONT>
</BODY>
</HTML>
```

运行结果如图 2-6 所示。

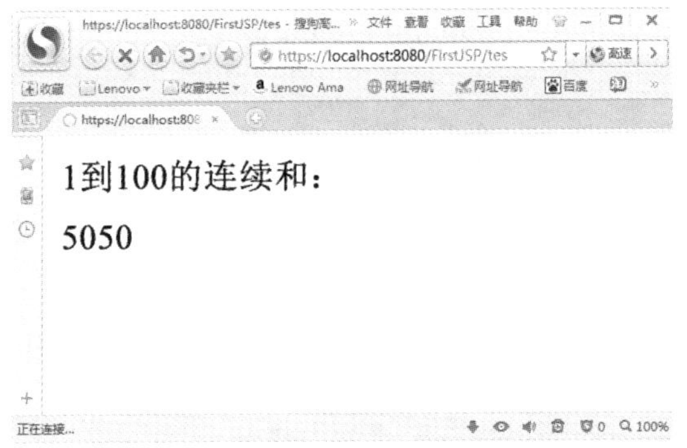

图 2-6　在 JSP 中使用 Java 代码段

2.1.4　表达式

表达式用于在页面中输出信息，其使用格式如下：

```
<%=变量或可以返回值的方法或 Java 表达式 %>
```

特别要注意，“<%”与“=”之间不要有空格。

JSP 表达式在页面被转换为 Servlet 后，变成了 out.print()方法。所以，JSP 表达式与 JSP 页面中嵌入小脚本程序中的 out.print()方法实现的功能相同。如果通过 JSP 表达式输出一个对象，则该对象的 toString()方法会被自动调用，表达式将输出 toString()方法返回的内容。

JSP 表达式可以应用于以下几种情况。

(1) 向页面输出内容。

【例 2-12】向页面输出内容：

```
<% String name = "www.123.com"; %>
用户名：<%=name%>
```

上述代码将生成如下运行结果：

```
用户名：www.123.com
```

(2) 生成动态的链接地址。

【例 2-13】生成动态的链接地址：

```
<% String path = "welcome.jsp"; %>
<a href="<%=path%>">链接到 welcome.jsp</a>
```

上述代码将生成如下的 HTML 代码：

```
<a href="welcome.jsp">链接到 welcome.jsp</a>
```

(3) 动态指定 Form 表单处理页面。

【例 2-14】动态指定 Form 表单处理页面：

```
<% String name = "logon.jsp"; %>
<form action="<%=name%>"></form>
```

上述代码将生成如下 HTML 代码：

```
<form action="logon.jsp"></form>
```

(4) 为通过循环语句生成的元素命名。

【例 2-15】为通过循环语句生成的元素命名：

```
<%
for(int i=1; i<3; i++) {
%>
file<%=i%>:<input type="text" name="<%="file"+i%>"><br>
<%
}
%>
```

上述代码将生成如下 HTML 代码：

```
file1:<input type="text" name="file1"><br>
file2:<input type="text" name="file2"><br>
```

2.2 JSP 程序开发模式

JSP 程序开发模式包括 JSP 编程、JSP+JavaBean 编程、JSP+JavaBean+Servlet 编程、MVC 模式。本节除讲解以上几种开发模式外，还将讲解在运行 JSP 时常见的出错处理方法。

2.2.1 单纯的 JSP 编程

在 JSP 编程模式下，通过应用 JSP 中的脚本标志，可以直接在 JSP 页面中实现各种功能。虽然这种模式很容易实现，但是，其缺点也非常明显。因为将大部分的 Java 代码与 HTML 代码混淆在一起，会给程序的维护和调试带来很多困难，而且难以理清完整的程序结构。

这就好比规划管理一个大型企业，如果将负责不同任务的所有员工都安排在一起工作，势必会造成公司秩序混乱、不易管理等许多隐患。所以说，单纯的 JSP 页面编程模式是无法应用到大型、中型甚至小型的 JSP Web 应用程序开发中的。

2.2.2 JSP+JavaBean 编程

JSP+JavaBean 编程模式是 JSP 程序开发经典设计模式之一，适合小型或中型网站的开发。利用 JavaBean 技术，可以很容易地完成一些业务逻辑上的操作，例如数据库的连接、用户登录与注销等。JavaBean 是一个遵循了一定规则的 Java 类，在程序的开发中，将要进行的业务逻辑封装到这个类中，在 JSP 页面中，通过动作标签来调用这个类，从而执行这个业务逻辑。此时的 JSP 除了负责部分流程的控制外，主要用来进行页面的显示，而 JavaBean 则负责业务逻辑的处理。可以看出，JSP+JavaBean 设计模式具有一个比较清晰的程序结构，在 JSP 技术的起步阶段，该模式曾被广泛应用。

图 2-7 表示该模式对客户端的请求进行处理的过程，相关的说明如下。

(1) 用户通过客户端浏览器请求服务器。

(2) 服务器接收用户请求后调用 JSP 页面。

(3) 在 JSP 页面中调用 JavaBean。

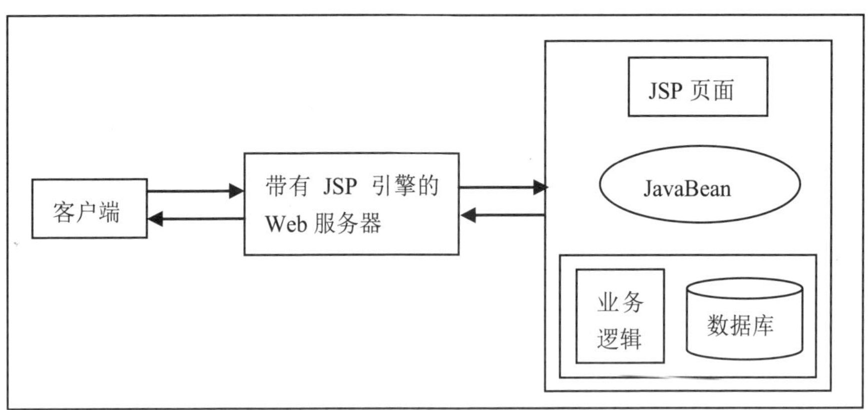

图 2-7 JSP+JavaBean 设计模式

(4) 在 JavaBean 中连接及操作数据库，或实现其他业务逻辑。

(5) JavaBean 将执行的结果返回 JSP 页面。

(6) 服务器读取 JSP 页面中的内容(将页面中的静态内容与动态内容相结合)。

(7) 服务器将最终的结果返回给客户端浏览器进行显示。

2.2.3　JSP+JavaBean+Servlet 编程

JSP+JavaBean 设计模式虽然已经对网站的业务逻辑和显示页面进行了分离，但这种模式下的 JSP 不但要控制程序中的大部分流程，而且还要负责页面的显示，所以仍然不是一种理想的设计模式。

在 JSP+JavaBean 设计模式的基础上加入 Servlet 来实现程序中的控制层，是一个很好的选择。在这种模式中，由 Servlet 来执行业务逻辑并负责程序的流程控制，JavaBean 组件实现业务逻辑，充当模型的角色，JSP 用于页面的显示。可以看出，这种模式使得程序中的层次关系更明显，各组件的分工也非常明确。图 2-8 表示该模式对客户端的请求进行处理的过程。

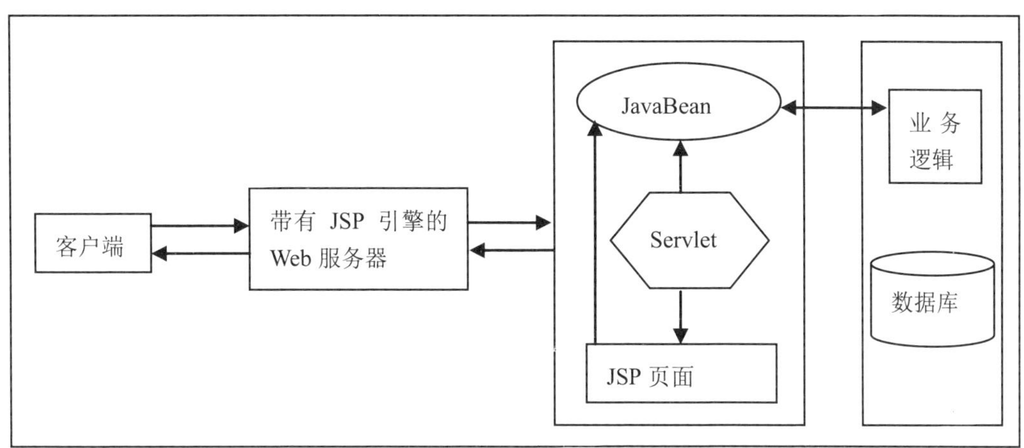

图 2-8　JSP+JavaBean+Servlet 设计模式

图 2-8 所示的模式中，各步骤的说明如下。

(1) 用户通过客户端浏览器请求服务器。

(2) 服务器接收用户请求后调用 Servlet。

(3) Servlet 根据用户请求调用 JavaBean 处理业务。

(4) 在 JavaBean 中连接及操作数据库，或实现其他业务逻辑。

(5) JavaBean 将结果返回 Servlet，在 Servlet 中将结果保存到请求对象中。

(6) 由 Servlet 转发请求到 JSP 页面。

(7) 服务器读取 JSP 页面中的内容(将页面中的静态内容与动态内容结合)。

(8) 服务器将最终的结果返回给客户端浏览器进行显示。

但 JSP+JavaBean+Servlet 模式同样也存在缺点。该模式遵循了 MVC 设计模式，MVC 只是一个抽象的设计概念，它将待开发的应用程序分解为三个独立的部分：模型(Model)、视图(View)和控制器(Controller)。虽然用来实现 MVC 设计模式的技术可能都是相同的，但各公司都有自己的 MVC 架构。也就是说，这些公司用来实现自己的 MVC 架构所应用的技术可能都是 JSP、Servlet 与 JavaBean，但它们的流程及设计却是不同的，所以工程师需要花更多的时间去了解。从项目开发的观点上来说，因为需要设计 MVC 各对象之间的数据交换格式与方法，所以在系统的设计上需要花费更多的时间。

使用 JSP+JavaBean+Servlet 模式进行项目开发时，可以选择一个实现了 MVC 模式的现成的框架，在此框架的基础上进行开发，能够大大节省开发时间，会取得事半功倍的效果。目前，已有很多可以使用的现成的 MVC 框架，例如 Struts 框架。

2.2.4　MVC 模式

MVC(Model-View-Controller，模型-视图-控制器)是一种程序设计概念，它同时适用于简单的和复杂的程序。使用该模式，可将待开发的应用程序分解为三个独立的部分：模型、视图和控制器。

提出这种设计模式主要是因为应用程序中用来完成任务的代码(模型，也称为“业务逻辑”)通常是程序中相对稳定的部分，并且会被重复使用，而程序与用户进行交互的页面(视图)，却是经常改变的。如果因需要更新页面而不得不对业务逻辑代码进行改动，或者要在不同的模块中应用相同的功能时重复地编写业务逻辑代码，不仅会降低整体程序开发的进程，而且会使程序变得难以维护。因此，将业务逻辑代码与外观呈现分离，将会更容易地根据需求的改变来改进程序。MVC 模式的模型如图 2-9 所示。

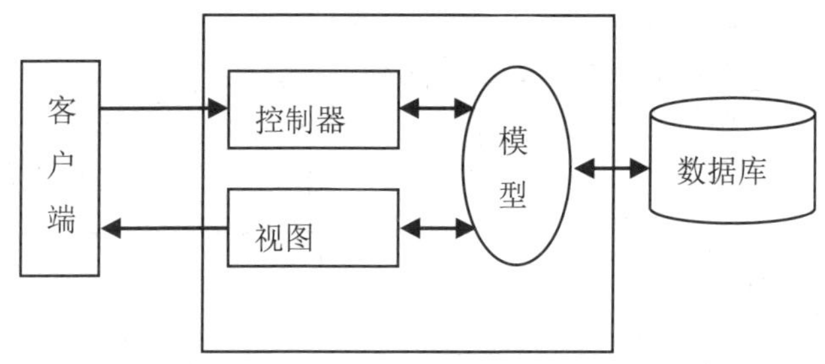

图 2-9　MVC 模式的模型

Model(模型)：MVC 模式中的 Model(模型)指的是业务逻辑的代码，是应用程序中真正用来完成任务的部分。

View(视图)：视图实际上就是程序与用户进行交互的界面，用户可以看到它的存在。视图可以具备一定的功能，并应遵守对其所做的约束。在视图中，不应包含对数据处理的代码，即业务逻辑代码。

Controller(控制器)：控制器主要用于控制用户请求并做出响应。它根据用户的请求，选择模型或修改模型，并决定返回什么样的视图。

2.2.5　运行 JSP 时常见的出错信息及处理

(1) 页面显示 500 错误，错误信息如下：

```
An error occurred at line: 6 in the generated java file
Syntax error on token ";", import expected after this token
```

错误原因见如下代码：

```
<%@ page langue="java" import="java.utli.*; java.text,*"
pageEncoding="GBK">
```

import 中的分隔符应该是逗号，不能用分号。

(2) 页面显示 500 错误，错误信息如下：

```
org.apache.jasper.JasperException: Unable to compile class for JSP:
An error occurred at line: 6 in the generated Java file
Syntax error on tokens, delete these tokens
```

此类信息都表示页面的编写出现了语法错误。

例如，指令中出现了错误字符，或者使用了错误的属性名，或者有错误的属性值。

(3) 页面显示 500 错误，错误信息如下：

```
org.apache.jasper.JasperException: /index.jsp(1,1) Unterminated &lt;
%@ page tag
```

该信息告诉用户：指令标签有错误。

(4) 页面显示中文为乱码。例如：

```
???????JSP??---?????
```

原因见如下代码：

```
<%@ page language="java" contentType="text/html, charset=GBK" import="java.
util.*, java.text.* " pageEncoding="GBK"%>
```

这里 contentType="text/html, charset=GBK"分隔符用的是逗号，而此处只能用分号。

(5) 错误：ClassNotFoundException。代表类没有被找到的异常。

原因：通常出现在 JDBC 连接代码中，对应的驱动 JAR 包没有导入，或 sqljdbc.jar 对应的 Class.forName(类名)中的类名写错了。

(6) 错误信息：主机 TCP/IP 连接失败。

原因：SQL Server 配置管理器中，未启用对应的 SQL Server 服务的 TCP/IP 协议；或 SQL Server 服务器没有开启服务；或连接字符串中的 localhost 写错了；或启用的服务是开发版的 SQL Server，即启用了 SQL Express 服务；或端口号写成了 localhost:8080。

(7) 出错信息：数据库连接失败。

① 检查 JAR 包导入。

② 检查连接字符串和驱动类字符串(要避免使用 SQL Server 2000 的连接字符串)，例如“databasename=数据库名”写成了“datebasename=数据库名”或“localhost:1433”写成了“localhost:8080”。

2.3 JSP 的指令

JSP 中的指令在客户端是不可见的，它是被服务器解释并执行的。指令通常以“<%@”标记开始，以“%>”标记结束。JSP 中常用的是 page 和 include 指令。JSP 指令的用法如下：

```
<%@ 指令名称  属性 1"属性值 1"  属性 2"属性值 2"  …  属性 n"属性值 n" %>
```

2.3.1 page 指令

page 指令是页面指令，可以定义在整个 JSP 页面范围有效的属性和相关的功能。利用 page 指令，可以指定脚本语言，导入需要的类，指明输出内容的类型，指定处理异常的错误页面，以及指定页面输出缓存的大小，还可以一次设置多个属性。

page 指令的属性如下：

```
<%@ page
[ language="java"]
[ contentType="mimeType [ ;charset=CHARSET ] " |
[ import="{package .class | package.*} , ... " ]
[ info="text" ]
[ extends="package .class"]
[ session="true|false" ]
[ errorPage="relativeURL"]
[ isThreadSafe="true|false" ]
[ buffer="none|8kb|size kb" ]
[ autoFlush="true|false" ]
[ isThreadSafe="true|false" ]
[ isELIgnored="true|false" ]
[ page Encoding="CHARSET" ]
%>
```

提示

①语法格式说明中的“[”和“]”符号括起来的内容表示可选项。②可以在一个页面上使用多个 page 指令，其中的属性只能使用一次(import 属性除外)。

page 指令将使用这些属性的默认值来设置 JSP 页面，下面介绍 page 指令的 13 个属性。

(1) language 属性：设置当前页面中编写 JSP 脚本所使用的语言，默认值为 java。

例如：

```
<%@  page  language="java" %
```

目前只可以使用 Java 语言。

(2) contenType 属性：设置发送到客户端文档响应报头的 MIME(Multipurpose Internet Mail Extention)类型和字符编码，多个值之间用“;”分开。contenType 的用法如下：

```
<%@  page  contenType="MIME 类型; charset=字符编码"   %>
```

MIME 类型被设置为 text/html，如果该属性设置不正确，如设置为 text/css，则客户端浏览器显示 HTML 样式时，不能对 HTML 标识进行解释，而直接显示 HTML 代码。

在 JSP 页面中，默认情况下设置的字符编码为 ISO-8859-1，即 contentType="text/html; charset= ISO-8859-1"。但一般情况下，应该将该属性设置为

```
contentType="text/html;  charset=utf-8"
```

此处设置 MIME 类型为 text/html，网页所用字符集为简体中文(国标码 gb2312)。

(3) import 属性：用来导入程序中要用到的包或类，可以有多个值，无论是 Java 核心包

中自带的类还是用户自行编写的类，都要在 import 中引入。import 属性的用法如下：

```
<%@  page import="包名. 类名"  %>
```

如果想要导入包里的全部类，可以这样使用：

```
<%@ page import="包名.*"  %>
```

在 page 指令中，可多次使用该属性来导入多个类。例如：

```
<%@ page import="包名.类 1"  %>
<%@ page import="包名.类 2"  %>
```

或者通过逗号间隔来导入多个类：

```
<%@ page import="包名.类 1,包名.类 2" %>
```

在 JSP 中，已经默认导入了以下包：

```
java.lang.*
javax.servlet.*
javax.servlet.jsp.*
javax.servlet.http.*
```

所以，即使没有用 import 属性进行导入，在 JSP 页面中也可以调用上述包中的类。

【例 2-16】显示欢迎信息和用户登录的日期时间。

本例通过导入 java.util.Date 类来显示当前的日期时间。具体步骤如下。

① 使用 page 指令的 import 属性将 java.util.Date 类导入，然后向用户显示欢迎信息，并把当前日期时间显示出来。具体代码如下：

```
<%@ page import="java.util.Date" language="java" contentType="text/html;
charset=utf-8" %>
<html >
<body>
您好，欢迎光临本站！<br/>
您登录的时间是<%=new Date()  %>
</body>
</html>
```

② 运行该页面，结果如图 2-10 所示。

图 2-10　显示欢迎信息和用户登录的日期时间

(4) info 属性：设置 JSP 页面的相关信息，如当前页面的作者、编写时间等。此值可设置为任意字符串，由 Servlet.getServletInfo()方法来获取所设置的值。

【例 2-17】设置并显示 JSP 页面的作者等相关信息。

本例通过 page 指令的 info 属性来设置页面的相关信息，通过 Servlet.getServletInfo()方法来获取所设置的值，具体步骤如下。

① 使用 page 指令的 info 属性设置页面的作者、版本以及编写时间等。具体代码如下：

```
<%@ page contentType="text/html;charset=utf-8" %>
<%@ page info="作者: FreshAir
版本: v1.0
编写时间:2017 年 3 月 20 日星期一
敬请关注, 谢谢! " %>
<html>
<body>
<%
String str = this.getServletInfo();
out.print ("<pre>"+str+"</pre>") ;
%>
</body>
<html>
```

② 运行该页面，结果如图 2-11 所示。

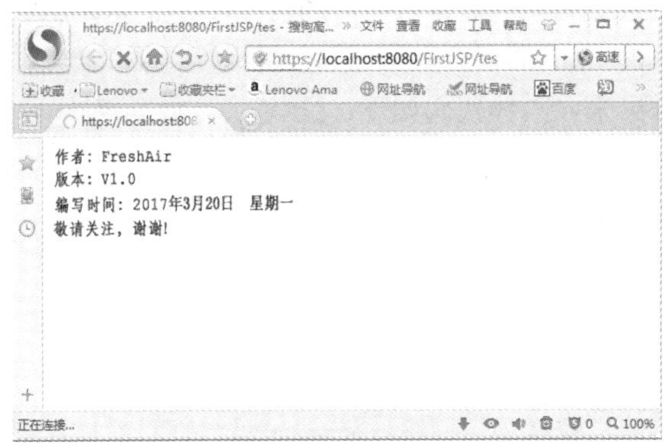

图 2-11　设置并显示 JSP 页面的作者相关信息

(5) extends 属性：指定将 JSP 页面转换为 Servlet 后继承的类。在 JSP 中，通常不会设置该属性，JSP 容器会提供继承的父类。并且，如果设置了该属性，一些改动会影响 JSP 的编译能力。

(6) session 属性：表示当前页面是否支持 session，如果为 false，则在 JSP 页面中不能使用 session 对象以及 scope=session 的 JavaBean 或 EJB。该属性的默认值为 true。

(7) errorPage 属性：用于指定 JSP 文件的相对路径，在页面出错时，将转到这个 JSP 文件来进行处理。与此相适应，需要将这个 JSP 文件的 isErrorPage 属性设为 true。

设置 errorPage 属性后，JSP 网页中的异常仍然会产生，只不过此时捕捉到的异常将不由当前网页进行处理，而是由 errorPage 属性所指定的网页进行处理。如果该属性值设置为以“ / ”开头的路径，则错误处理页面在当前应用程序的根目录下；否则在当前页面所在的目录下。

(8) isErrorPage 属性：指示一个页面是否为错误处理页面。设置为 true 时，在这个 JSP 页面中的内置对象 exception 将被定义，其值将被设定为调用此页面的 JSP 页面的错误对象，以处理该页面所产生的错误。

isErrorPage 属性的默认值为 false，此时不能使用内置对象 exception 来处理异常，否则将产生编译错误。

例如，在发生异常的页面上有如下用法：

```
<%@ page errorPage="error.jsp" %>
```

用上面的代码，就可以指明当该 JSP 页面出现异常时，跳转到 error.jsp 去处理异常。而在 error.jsp 中，需要使用下面的语句来说明可以进行错误处理：

```
<%@ page isErrorPage="true" %>
```

【例 2-18】页面出现异常的处理。

本例通过 page 指令的 errorPage 和 isErrorPage 两个属性来演示当页面出现异常时应如何处理。具体步骤如下。

① 创建 2-18.jsp 页面，使用 page 指令的 errorPage 属性指定页面出现异常时所转向的页面。具体代码如下：

```
<%@ page contentType="text/html; charset=gb2312"
errorPage="2-18error.jsp" %>
<html>
<body>
<%
//此页面如果发生异常，将向 2-18error.jsp 抛出异常，并令其进行处理
int x1=5;
int x2=0;
int x3=x1/x2;
out.print(x3);
%>
</body>
</html>
```

该程序执行的是除法运算，如果除数为 0，将会抛出一个数学运算异常，从 errorPage="2-18error.jsp"可以看出，程序指定 2-18error.jsp 为其处理异常。

② 创建 2-18error.jsp 页面，使用 page 指令的 isErrorPage 属性指定为出错页面，此页面可以使用 exception 异常对象处理错误信息。具体代码如下：

```
<%@ page contentType="text/html; charset=gb2312" isErrorPage="true" %>
<html>
<body>
出现错误，错误如下：<br/>
<hr>
<%=exception.getMessage() %>
</body>
</html>
```

③ 运行 2-18.jsp 页面，结果如图 2-12 所示。

图 2-12　页面出现异常处理

提示

为了确保当页面出错时跳转到 errorPage 所指的页面，需要打开 IE 浏览器，选择“工具”→“Internet 选项”菜单命令，在弹出的对话框中选择“高级”选项卡，取消选中“显示友好 HTTP 错误信息”复选框。

(9) buffer 属性：内置输出流对象 out 负责将服务器的某些信息或运行结果发送到客户端显示，buffer 属性用来指定 out 缓冲区的大小。其值可以是 none、8KB 或是给定的 KB 值。值为 none 表示没有缓存，直接输出至客户端的浏览器中；如果将该属性指定为数值，则输出缓冲区的大小不应小于该值，默认为 8KB(因不同的服务器而不同，但大多数情况下都为 8KB)。

(10) autoFlush 属性：当缓冲区满时，设置是否自动刷新缓冲区。默认值为 true，表示当缓冲区满时，自动将其中的内容输出到客户端；如果设为 false，则当缓冲区满时会出现 JSP Buffer overflow 溢出异常。

提示

当 buffer 属性的值设置为 none 时，autoFush 属性的值不能设置为 false。

(11) isThreadSafe 属性：设置 JSP 页面是否可以多线程访问。默认值为 true，表示当前 JSP 页面被转换为 Servlet 后，会以多线程的方式处理来自多个用户的请求；如果设置为 false，则转换后的 Servlet 会实现 SingleThreadMode 接口，并且将以单线程的方式来处理用户请求。

(12) pageEncoding 属性：设置 JSP 页面字符的编码，常见的编码类型有 ISO-8859-1、gb2312、GBK 和 utf-8 等。默认值为 ISO-8859-1，最常见的是用 utf-8。其用法如下：

```
<%@ page pageEncoding="字符编码"  %>
```

例如：

```
<%@ page pageEncoding="utf-8"  %>
```

这表示网页使用了 utf-8 编码，与 contentType 属性中的字符编码设置作用相同。

(13) isELIgnored 属性：其值可设置为 true 或 false，表示是否在此 JSP 网页中执行或忽略表达式语言${}。设置为 true 时，JSP 容器将忽略表达式语言。

2.3.2 include 指令

include 指令用于通知 JSP 引擎在翻译当前 JSP 页面时，将其他文件中的内容合并进当前 JSP 页面转换成的 Servlet 源文件中，这种在源文件级别进行引入的方式，称为静态引入，当前 JSP 页面与静态引入的文件紧密结合为一个 Servlet。这些文件可以是 JSP 页面、HTML 页面、文本文件或是一段 Java 代码。其语法格式如下：

```
<%@ include file="relativeURL | absoluteURL" %>
```

说明如下。

(1) file 属性指定被包含的文件，不支持任何表达式，例如下面是错误的用法：

```
<% String f="top.html"; %>
<%@ include file ="<%=f %>" %>
```

(2) 不可以在 file 所指定的文件后接任何参数，如下用法也是错误的：

```
<%@ include file="top.jsp?name=zyf" %>
```

(3) 如果 file 属性值以“ / ”开头，将在当前应用程序的根目录下查找文件；如果是以文件名或文件夹名开头，将在当前页面所在的目录下查找文件。

提示

使用 include 指令是以静态方式包含文件，也就是说，被包含文件将原封不动地插入 JSP 文件中，因此，在所包含的文件中不能使用<html></html>、<body></body >标记，否则会因为与原有的 JSP 文件有相同标记而产生错误。另外，因为原文件和被包含文件可以相互访问彼此定义的变量和方法，所以要避免变量和方法在命名上产生冲突。

【例 2-19】 使用 include 指令标记静态插入一个文本文件 Hello.txt，并在当前页面同一个 Web 服务目录中显示“很高兴认识你！Nice to meet you.”，具体操作步骤如下。

① Hello.txt 文本文件的代码如下：

```
<%@ page contentType="text/html;charset=gb2312" %>
很高兴认识你！
Nice to meet you.
```

② 创建 2-19.jsp 页面，具体代码如下：

```
<%@ page contentType="text/html;charset=gb2312" %>
<html> <body bgcolor=cyan>
<H3> <%@ include file="Hello.txt" %>
</H3>
</body>
</html>
```

2.4 JSP 的动作

JSP 动作利用 XML 语法格式的标记来控制服务器的行为，完成各种通用的 JSP 页面功能，也可以实现一些处理复杂业务逻辑的专用功能。如利用 JSP 动作可以动态地插入文件、重用 JavaBean 组件、把用户重定向到另外的页面、为 Java 插件生成 HTML 代码。

JSP 动作与 JSP 指令的不同之处是，JSP 页面被执行时首先进入翻译阶段，程序会先查找页面中的 JSP 指令标识，并将它们转换成 Servlet，所以，这些指令标识会首先被执行，从而设置了整个 JSP 页面，所以，JSP 指令是在页面转换时期被编译执行的，且编译一次；而 JSP 动作是在客户端请求时按照在页面中出现的顺序被执行的，它们只有被执行的时候才会去实现自己所具有的功能，且基本上是客户每请求一次，动作标识就会执行一次。

JSP 动作的通用格式如下：

```
<jsp:动作名 属生 1="属性值 1" … 属性 n="属性值 n" />
```

或者

```
<jsp:动作名; 属性 1="属性值 1" … 属性 n="属性值 n">相关内容</jsp:动作名>
```

JSP 中常用的动作包括<jsp:include>、<jsp:param>、<jsp:forward>、<jsp:plugin>、<jsp:useBean>、<Jsp:setProperty>、<jsp:getProperty>。

2.4.1 <jsp:include>动作标记

<jsp:include>动作标记用于把另外一个文件的输出内容插入当前 JSP 页面的输出内容中，这种在 JSP 页面执行时引入的方式称为动态引入，这样，主页面程序与被包含文件是彼此独立的，互不影响。被包含的文件可以是一个动态文件(JSP 文件)，也可以是一个静态文件(如文本文件)。

其语法格式如下：

```
<jsp:include page="relativeURL | <%= expressicry%>" />
```

说明：page 属性指定了被包含文件的路径，其值可以是一个代表相对路径的表达式。当路径以“/”开头时，将在当前应用程序的根目录下查找文件；如果是以文件名或文件夹名开头，将在当前页面的目录下查找文件。书写此动作标记时，“jsp”和“:”以及“include”三者之间不要有空格，否则会出错。

<jsp:include>动作标记对包含的动态文件和静态文件的处理方式是不同的。如果包含的是一个静态文件，被包含文件的内容将直接嵌入 JSP 文件中存放<jsp:include>动作的位置，而且当静态文件改变时，必须将 JSP 文件重新保存(重新转译)，然后才能访问变化了的文件；如果包含的是一个动态文件，则由 Web 服务器负责执行，把执行后的结果传回包含它的 JSP 页面中，若动态文件被修改，则重新运行 JSP 文件时就会同步发生变化。

【例 2-20】在 JSP 文件中使用<jsp:include>动作标记包含静态文件。

① 创建静态文件 staFile.txt，输入以下代码：

```
<font color="blue" size="3">
<br>这是静态文件 staFile.txt 的内容!
</font>
```

② 创建主页面文件 2-20.jsp，具体代码如下：

```
<%@ page contentType="text/html;charset=gb2312" %>
<html>
<body>
使用&lt;jsp:include&gt;动作标记将静态文件包含到 JSP 文件中！
<hr/>
<jsp:include page="staFile.txt"  />
</body>
</html>
```

③ 运行 2-20.jsp，运行结果如图 2-13 所示。

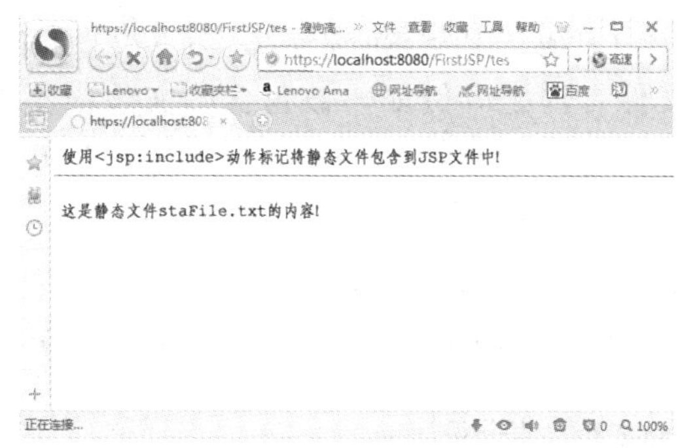

图 2-13　使用<jsp:include>动作标记包含静态文件

要注意，<jsp:include>动作与前面讲解的 include 指令作用类似，现将它们之间的差异总结如下。

(1) 属性不同。

include 指令通过 file 属性来指定被包含的页面，该属性不支持任何表达式。如果在 file 属性值中应用了 JSP 表达式，会抛出异常。例如下面的代码：

```
<% String fpath="top.jsp"; % >
<%@ include file="<%=fpath%>"  %>
```

该用法将会抛出如下异常：

```
File  "/<%=fpath%>" not fount
```

<jsp:include>动作是通过 page 属性来指定被包含页面的，该属性支持 JSP 表达式。

(2) 处理方式不同。

使用 include 指令包含文件时，被包含文件的内容会原封不动地插入到包含页中使用该指令的位置，然后 JSP 编译器再对这个合成的文件进行翻译，所以最终编译后的文件只有一个。

而使用<jsp:include>动作包含文件时，只有当该标记被执行时，程序才会将请求转发到(注意是转发，而不是请求重定向)被包含的页面，再将其执行结果输出到浏览器中，然后重新返回到包含页来继续执行后面的代码。因为服务器执行的是两个文件，所以 JSP 编器将对这两个文件分别进行编译。

(3) 包含方式不同。

include 指令的包含过程为静态包含，因为在使用 include 指令包含文件时，服务器最终执行的是将两个文件合成后由 JSP 编译器编译成的一个 Class 文件，所以被包含文件的内容应是固定不变的，若改变了被包含的文件，则主文件的代码就发生了改变，因此服务器会重新编译主文件。

<jsp:include>动作的包含过程为动态包含，通常用来包含那些经常需要改动的文件。因为服务器执行的是两个文件，被包含文件的改动不会影响主文件，因此服务器不会对主文件重新编译，而只须重新编译被包含的文件即可。并且对被包含文件的编译是在执行时才进行的，也就是说，只有当<jsp:include>动作被执行时，使用该标记包含的目标文件才会被编译，否则，被包含的文件不会被编译。

(4) 对被包含文件的约定不同。

使用 include 指令包含文件时，因为 JSP 编译器是对主文件和被包含文件进行合成后再翻译，所以对被包含文件有约定。例如，被包含的文件中不能使用<html></html>、<body></body>标记；被包含文件要避免变量和方法在命名上与主文件冲突的问题。

提示

如果在 JSP 页面中需要显示大量的文本文字，可以将文字写入静态文件中(如记事本)，然后通过 include 指令或动作标记包含进来，以提高代码的可读性。

2.4.2 <jsp:param>动作标记

当使用<jsp:include>动作标记引入的是一个能动态执行的程序时，如 Servlet 或 JSP 页面，可以通过使用<jsp:param>动作标记向这个程序传递参数信息。

其语法格式如下：

```
<jsp:include page="relativeURL | <%=expression%>">
<jsp:param name="pName1" value="pValue1 | <%=expression1%>" />
<jsp:param name="pName2" value="pValue2 l |<%=expression2%>" />
…
</jsp : include>
```

说明：<jsp:param>动作的 name 属性用于指定参数名，value 属性用于指定参数值。在<jsp:include>动作标记中，可以使用多个<jsp:param>传递参数。另外，<jsp:forward>和<jsp:plugin>动作标记中都可以利用<jsp:param>传递参数。

【例 2-21】使用<jsp:param>动作标记向被包含文件传递参数。

① 创建主页面 2-21.jsp，用<jsp:include>包含用于对三个数进行排序的页面 order.jsp，并且使用<jsp:param>向其传递 3 个参数。具体代码如下：

```
<%@ page contentType="text/html;charset=gb2312" %>
<html>
<head>
<title> param 动作标记应用示例 </title>
</head>
<body>
使用&lt;jsp:include&gt;包含用于对三个数进行排序的页面 order.jsp,<br>
并利用&lt;jsp:param&gt;把待排序的三个数 8,3,5 传给 order.jsp 后，<br>
所得结果如下：
<hr/>
<jsp:include page="order.jsp">
```

```
    <jsp:param name="num1" value="8"/>
<jsp:param name="num2" value="3"/>
<jsp:param name="num3" value="5"/>
</jsp:include>
</body>
</html>
```

② 创建用于对三个数进行排序的页面 order.jsp，具体代码如下：

```
<%@ page contentType="text/html;charset=gb2312" %>
<html>
<head>
<title> param 动作标记应用示例 </title>
</head>
<body>
<%
String str1=request.getParameter("num1");     //取得参数 num1 的值
int m1=Integer.parseInt(str1);               //将字符串转换成整型
String str2=request.getParameter("num2");     //取得参数 num2 的值
int m2=Integer.parseInt(str2);               //将字符串转换成整型
String str3=request.getParameter("num3");     //取得参数 num3 的值
int m3=Integer.parseInt(str3);               //将字符串转换成整型
int t;
if(m1>m2)
{
t=m1;
m1=m2;
m2=t;
}
if(m2>m3)
{
t=m2;
m2=m3;
m3=t;
}
if(m1>m2)
{
t=m1;
m1=m2;
m2=t;
}
%>
<font color="blue" size="4">
这三个数从小到大的顺序为：<%=m1%>、<%=m2%>、<%=m3%>
</body>
</html>
```

③ 运行 2-21.jsp，运行结果如图 2-14 所示。

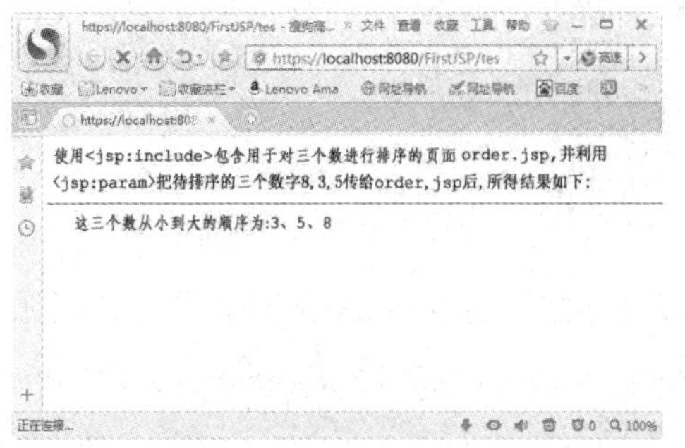

图 2-14　使用<jsp:param>动作标记向被包含文件传递参数

2.4.3　<jsp:forward>动作标记

在大多数的网络应用程序中，都有这样的情况：在用户成功登录后转向欢迎页面，此处的“转向”，就是跳转。<jsp:forward>动作标记就可以实现页面的跳转，用来将请求转到另外一个 JSP、HTML 或相关的资源文件中。当该标记被执行后，当前的页面将不再被执行，而是去执行该标记指定的目标页面，但是，用户此时在地址栏中看到的仍然是当前网页的地址，而内容却已经是转向的目标页面了。

其语法格式如下：

```
<jsp:forward page="relativeURL" | "<%=expression  %>" />
```

如果转向的目标是一个动态文件，还可以向该文件传递参数，使用格式如下：

```
<jsp: forward page="relativeURL" | "<%=expression%>" />
<jsp:param name="pName1" value="pValue1 | <%=expression1%>" />
<jsp:param name="pName2" value="pValue2 | <%=expression2%>" />
```

说明如下：

(1) page 属性用于指定要跳转到的目标文件的相对路径，也可以通过执行一个表达式来获得。如果该值以“ / ”开头，表示在当前应用的根目录下查找目标文件，否则，就在当前路径下查找目标文件。请求被转向到的目标文件必须是内部的资源，即当前应用中的资源。如果想通过 forward 动作转发到外部的文件中，将出现资源不存在的错误信息。

(2) forward 动作执行后，当前页面将不再被执行，而是去执行指定的目标页面。

(3) 转向到的文件可以是 HTML 文件、JSP 文件、程序段，或者其他能够处理 request 对象的文件。

(4) forward 动作实现的是请求的转发操作，而不是请求重定向。它们之间的一个区别就是：进行请求转发时，存储在 request 对象中的信息会被保留并被带到目标页面中；而请求重定向是重新生成一个 request 请求，然后将该请求重定向到指定的 URL，所以，事先储存在 request 对象中的信息都不存在了。

【例 2-22】使用<jsp: forward>动作标记实现网页跳转。

① 创建主页面 2-22.jsp，通过表单输入用户名和密码，单击“登录”按钮，利用<jsp: forward>动作标记跳转到页面 target.jsp。具体代码如下：

```
<%@ page contentType="text/html;  charset=gb2312" %>
<html>
```

```
<body>
<form action="" method="post" name="Form"> <!--提交给本页处理-->
用户名:<input name="UserName" type="text"> <br/>
密 & nbsp;码; <input name="UserPwd" type="text"> <br/>
<input type="submit" value"登录">
</form>
<%
  //单击“登录”按钮时，调用 Form1.submit()方法提交表单至本文件，
  //用户名和密码均不为空时，跳转到 targe.jsp，并且把用户名和密码以参数形式传递
  String s1=null, s2=null;
  s1=request.getParameter("UserName");
  s2=request.getParameter("UserPwd");
  if(s1!=null && s2!=null)
  {
%>
     <jsp:forward page="target.jsp">
       <jsp:param name="Name" value="<%=s1%>"/>
       <jsp:param name="Pwd" value="<%=s2%>"/>
     </jsp:forward >
<%
   }
%>
</body>
</html>
```

② 创建所转向的目标文件 target.jsp，具体代码如下：

```
<%@ page contentType="text/html;  charset=gb2312" %>
<html>
<body>
<%
String strName=request.getParameter("Name");
String strPwd=request.getParameter("Pwd");
out.println(strName+"您好，您的密码是:"+strPwd);
%>
```

③ 运行 2-22.jsp，结果如图 2-15 所示。

图 2-15 使用<jsp:forward>动作标记实现网页跳转

2.4.4 <jsp:plugin>动作标记

<jsp:plugin>动作可以在页面中插入 Java Applet 小程序或 JavaBean，它们能够在客户端运行，但此时，需要在 IE 浏览器中安装 Java 插件。当 JSP 文件被编译并送往浏览器时，<jsp:plugin>动作将会根据浏览器的版本，替换成<object>或者<embed>页面 HTML 元素。注意，<object>用于 HTML 4.0，<embed>用于 HTML 3.2。

通常，<jsp:plugin>元素会指定对象是 Applet 还是 Bean，同样也会指定 class 的名字以及位置。另外，还会指定将从哪里下载 Java 插件。该动作的语法格式如下：

```
<jsp:plugin
type="bean | applet"  code="ClassFileName"
codebase="classFileDirectoryName"
[name="instanceName"]
[archive="URIToArchive,…"]
[align="bottom | top | middle | left | right"]
[height="displayPixels"]
[width="displayPixels"]
[hspace="leftRightPixels"]
[vspace="topBottomPixels"]
[jreversion="JREVersionNumber | 1.1"]
[nspluginurl="URLToPlugin"]
[iepluginurl="URLToPlugin"]>
[<jsp:params>
<jsp:param name="parameterName"
value="{parameterValue |<%=expression %>"/>
</jsp:params>]
[<jsp:fallback>text message for user</jsp:fallback>]
</jsp:plugin>
```

参数说明如下：

(1) type 属性的作用是定义插入对象的类型，对象类型有两个值，分别是 bean 或者 applet。(必须定义的属性)

(2) code 属性定义插入对象的类名，该类必须保存在 codebase 属性指定的目录内。(必须定义的属性)

(3) codebase 属性定义对象的保存目录。(必须定义的属性)

(4) name 属性定义 bean 或 Applet 的名字。

(5) archive 属性定义 Applet 运行时需要的类包文件。

(6) align 属性定义 Applet 的显示方式。

(7) height 属性定义 Applet 的高度。

(8) width 属性定义 Applet 的长度。

(9) hspace 属性定义 Applet 的水平空间。

(10) vspace 属性定义 Applet 的垂直空间。

(11) jreversion 属性定义 Applet 运行时所需要的 JRE 版本，缺省值是 1.1。

(12) nspluginurl 属性定义 Netscape Navigator 用户在没有定义 JRE 运行环境时下载 JRE

的地址。

(13) iepluginurl 属性定义 IE 用户在没有定义 JRE 运行环境时下载 JRE 的地址。

(14) jsp:params 标识的作用是定义 Applet 的传入参数。

(15) jsp:fallback 标识的作用是当对象不能正确显示时传给用户的信息。

【例 2-23】 使用<jsp:plugin>动作标记在 JSP 中加载 Java Applet 小程序。

① 创建 2-23.jsp 页面，使用<jsp: plugin >动作标记加载：

```
<%@ page contentType="text/html;  charset=gb2312" %>
<html>
<body>
加载 MyApplet.class 文件的结果如下: <hr/>
<jsp:plugin type="applet" code="MyApplet.class" codebase="."
  jreversion="1.2" width="400" height="80" >
<jsp:fallback>
   加载 Java Applet 小程序失败!
</jsp:fallback>
</jsp:plugin>
</body> </html>
```

② 其中插件所执行的类 MyApplet.class 的源文件为 MyApplet.java，代码如下：

```
import java.applet.*;
import java.awt.*;

public class MyApplet extends Applet
{
  public void paint(Graphics g)
  {
     g.setColor(Color.red);
     g.drawString("您好!我就是 Applet 小程序!",5,10);
     g.setColor(Color.green);
     g.drawString("我是通过应用<jsp:plugin>动作标记",5,30);
     g.setColor(Color.blue);
     g.drawString("将 Applet 小程序嵌入到 JSP 文件中",5,50);
     }
}
```

将 2-23.jsp 及 MyApplet.java 文件经过 Java 编译器编译成功后，生成的 MyApplet.class 字节文件都存放在 ch02 目录下。

重新启动 Tomcat 后，在 IE 浏览器的地址栏中输入 http://localhost:8080/ch02/2-23.jsp，按 Enter 键后，若客户机上没有安装 JVM(Java 虚拟机)，将会访问 Sun 公司的网站，并且弹出下载 Java plugin 的界面。下载完毕后，将会出现 Java plugin 插件的安装界面，可以按照向导提示，逐步完成安装过程。然后，就可以使用 JVM 而不是 IE 浏览器自带的 JVM 来加载执行 MyApplet.class 字节码文件了，最终得到的运行结果如图 2-16 所示。

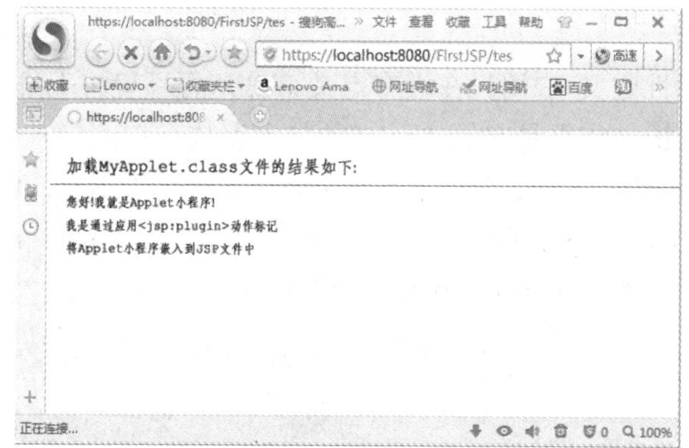

图 2-16　使用<jsp:plugin>标记在 JSP 中加载 Java Applet 小程序

2.4.5　<jsp:useBean>动作标记

<jsp:useBean>动作标记用于在 JSP 页面中创建 bean 实例，并且通过设置相关属性，可以将该实例存储到指定的范围。如果在指定的范围已经存在该 bean 实例，那么将使用这个实例，而不会重新创建。

实际工程中，常用 JavaBean 做组件开发，而在 JSP 页面中，只需要声明并使用这个组件，较大程度地实现了静态内容和动态内容的分离。

声明 JavaBean 的语法格式如下：

```
<jsp:useBean  id="变量名" scope="page | request | session | application"
{
type="数据类型"
|  class="package.className"
|  class="package.className"  type="数据类型"
|  beanName="package.className"  type="数据类型"
}
/>
<jsp:setProperty name="变量名" property="*" />
```

也可以在标记体内嵌入子标记，例如：

```
<jsp:useBean id="变量名" scope="page | request | session | application" …>
   <jsp:setProperty name="变量名" property="*" />
</jsp:useBean>
```

以上两种使用方法是有严格区别的，当在页面中使用<jsp:useBean>标记创建一个 bean 时，对于第二种使用格式，如果该 bean 是第一次被实例化，那么标记体内的内容会被执行；如果已经存在指定的 bean 实例，则标记体内的内容就不再被执行。而对于第一种使用格式，无论在指定的范围内是否已经存在指定的 bean 实例，<jsp:useBean>标记后面的内容都会被执行。

下面对<jsp:useBean>动作中各属性的用法进行详细介绍。

(1) id 属性：在 JSP 中给这个 bean 实例取的名字，即指定一个变量，只要在它的有效范围内，均可使用这个名称来调用它。该变量必须符合 Java 中变量的命名规则。

(2) scope 属性：设置所创建的 bean 实例的有效范围，取值有 4 种：page、request、session、

application。默认情况下取值为page。

① 值为page：在当前JSP页面及当前页面以include指令静态包含的页面中有效。

② 值为request：在当前的客户请求范围内有效。在请求被转发至的目标页面中，如果要使用原页面中创建的bean实例，通过request对象的getAttribute(“id属性值”)方法来获取。请求的生命周期是从客户端向服务器发出请求开始，到服务器响应这个请求给用户后结束。所以请求结束后，存储在其中的bean实例也就失效了。

③ 值为session：对当前HttpSession内的所有页面都有效。当用户访问Web应用程序时，服务器为用户创建一个session对象，并通过session的ID值来区分不同的用户。针对某一个用户而言，对象可被多个页面共享。通过session对象的getAttribute(“id属性值”)方法获取存储在session中的bean实例。

④ 值为application：所有用户共享这个bean实例。有效范围从服务器启动开始，到服务器关闭结束。application对象是在服务器启动时创建的，可以被多个用户共享。所以，访问application对象的所有用户共享存储于该对象中的bean实例。使用application对象的getAttribute(“id属性值”)方法获取存在于application对象中的bean实例。

Scope属性之所以很重要，是因为只有在不存在具有相同id和scope的对象时，<sp:useBean>才会实例化新的对象；如果已有id和scope都相同的对象，则直接使用已有的对象，此时，jsp:useBean开始标记和结束标记之间的任何内容都将被忽略。

(3) type=“数据类型”：设置由id属性指定的bean实例的类型。该属性可指定要创建实例的类的本身、类的父类或者一个接口。

通过type属性设置bean实例类型的格式如下：

```
<jsp:useBean id="stu"  type= "com. Bean. StudentInfo"  scope= "session"  />
```

如果在session范围内，名为stu的实例已经存在，则将该实例转换为type属性指定的StudentInfo类型(此时的类型转换必须是合法的)并赋值给id属性指定的变量；若指定的实例不存在，将会抛出“bean stu not found within scope”异常。

(4) class=“package.className”：该属性指定了一个完整的类名，其中，package表示类包的名字，className表示类的class文件名称。通过class属性指定的类不能是抽象的，它必须具有公共的、没有参数的构造方法。在没有设置type属性时，必须设置class属性。例如，通过class属性定位一个类的格式如下：

```
<jsp:useBean id="stu"   class="com.Bean.StudentInfo"   scope= " session " />
```

程序首先会在session范围中查找是否存在名为stu的StudentInfo类的实例，如果存在，就会通过new操作符实例化StudentInfo类来获取一个实例，并以stu为实例名称存储在session范围内。

(5) class=“package.className” type=“数据类型”：class属性与type属性可以指定同一个类，这两个属性一起使用时的格式举例说明如下：

```
<jsp:useBean id="stu" class="com.Bean.StudentInfo"
type="com.Bean. StudentBase"
scope="session"  />
```

(6) beanName="package.className" type="数据类型"：beanName 属性与 type 属性可以指定同一个类，这两个属性一起使用时的格式举例说明如下：

```
<jsp:useBean id="stu"  beanName="com.Bean.StudentInfo"
type="com.Bean.StudentBase"/>
```

假设 StudentBase 类为 StudentInfo 类的父类。执行到该标记时，首先，程序会创建一个以 id 属性值为名称的变量 stu，类型为 type 属性的值，并初始化为 null；然后在 session 范围内查找名为 stu 的 bean 实例。如果实例存在，则将其转换为 type 属性指定的 StudentBase 类型(此时的类型转换必须是合法的)并赋值给变量 stu：如果实例不存在，则将通过 instantiate()方法，从 StudentInfo 类中实例化一个类，并将其转换成 StudentBase 类型后赋值给变量 stu，最后将变量 stu 存储在 session 范围内。

一般情况下，使用如下格式来应用<jsp:useBean>标记：

```
<jsp:useBean id ="变量名"  class="package.className"/>
```

如果多个页面中共享这个 bean 实例，可将 scope 属性设置为 session。

使用<jsp:useBean>标记在页面中实例化 bean 实例后，设置或修改该 bean 中的属性就可以用<jsp:setProperty>来完成，读取该 bean 中指定的属性要用<jsp:getProperty>来完成，这两个标记在下面小节中将陆续介绍。当然，读取和设置 bean 中的属性还有另一种方式，就是在脚本程序中利用 id 属性所命名的对象变量，通过调用该对象的方法显式地读取或者修改其属性。

2.4.6 <jsp:setProperty>动作标记

<jsp:setProperty>标记通常与<jsp:useBean>标记一起使用，它以请求中的参数给创建的 JavaBean 中对应的属性赋值，通过调用 bean 中的 setXxx()方法来完成。其语法格式如下：

```
<jsp:useBean id="变量名" ... />
{
 property="*"
   | property="propertyName"
   | property="propertyName"  param="parmeterName"
   | property="propertyName"  value="值"
 }
/>
```

下面对<jsp:setProperty>动作中各属性的用法进行详细介绍。

(1) name 属性：用来指定一个存在于 JSP 中某个范围内的 bean 实例。

<jsp:setProperty>动作标记将按照 page、request、session 和 application 的顺序来查找这个 bean 实例，直到第一个实例被找到。如果任何范围内都不存在这个 bean 实例会抛出异常。

(2) property="*"：当 property 的取值为"*"时，要求 bean 属性的名称与类型要与 request 请求中参数的名称及类型一致，以便用 bean 中的属性来接收客户输入的数据，系统会根据名称来自动匹配。如果 request 请求中存在值为空的参数，那么 bean 中对应的属性将不会被赋值为 null；如果 bean 中存在一个属性，但请求中没有与之对应的参数，那么该属性同样不会被赋值为 null。这两种情况下的 bean 属性都会保留原来的值或者默认的值。

此种使用方法的限定条件是：请求中参数的名称和类型必须与 bean 中属性的名称和类型完全一致。但通过表单传递的参数都是 String 类型，所以，JSP 会自动地将这些参数转换为 bean 中对应属性的类型。

表 2-1 给出了 JSP 自动将 String 类型转换为其他类型时所调用的方法。

表 2-1 JSP 自动将 String 类型转换为其他类型时所调用的方法

其他类型	转换方法
Integer	java.lang.Integer.value()Of(String)
int	java.lang.Integer.value()Of(String).intValue()
Double	java.lang.Double.value()Of(String)
double	java.lang.Double.value()Of(String).doubleValue()
Float	java.lang.Float.value()Of(String)
float	java.lang.Float.value()Of(String).floatValue()
Long	java.lang.Long.value()Of(String)
long	java.lang.Long.value()Of(String).longValue()
Boolean	java.lang.Boolean.value()Of(String)
boolean	java.lang.Boolean.value()Of(String).booleanValue()
Byte	java.lang.Byte.value()Of(String)
byte	java.lang.Byte.value()Of(String).byteValue()

(3) property="upropertyName"：当 property 属性取值为 bean 中的属性时，只会将 request 请求中与该 bean 属性同名的一个参数的值赋给这个 bean 属性。如果请求中没有与 property 所指定的同名参数，则该 bean 属性会保留原来的值或默认的值，而不会被赋值为 null。与 property 属性值为"*"时一样，当请求中参数的类型与 bean 中的属性类型不一致时，JSP 会自动进行转换。

(4) property="propertyName" param="parameterName"：property 属性指定 bean 中的某个属性，param 属性指定 request 请求中的参数。该种方法允许将请求中的参数赋值给 bean 中与该参数不同名的属性。如果 param 属性指定参数的值为空，那么由 property 属性指定的 bean 属性会保留原来的值或默认的值，而不会被赋为 null。

(5) property="propertyName"value="值"：value 属性指定的值可以是一个字符串数值或表示一个具体值的 JSP 表达式或 EL 表达式，该值将被赋给 property 属性指定的 bean 属性。当 value 属性是一个字符串时，如果指定的 bean 属性与其类型不一致，JSP 会将该字符串值自动转换成对应的类型。当 value 属性指定的是一个表达式时，则该表达式所表示的值的类型必须与 property 属性指定的 bean 属性一致，否则，将会抛出 argument type mismatch 异常。

2.4.7 <jsp:getProperty>动作标记

<jsp:getProperty>标记用来获得 bean 中的属性，并将其转换为字符串，再在 JSP 页面中输出，该 bean 中必须具有 getXxx()方法。使用的语法格式如下：

```
<jsp:getProperty  name="Bean 实例名"  property="propertyName"  />
```

下面对 name 属性和 property 属性的用法进行详细介绍。

(1) name 属性：用来指定一个存在于 JSP 中某个范围内的 bean 实例。

<jsp:getProperty>标记会按照 page、request、session 和 application 的顺序查找 bean 实例，直到第一个实例被找到。如果任何范围内都不存在这个 bean 实例，则会抛出异常。

(2) property 属性：该属性指定要获取由 name 属性指定的 bean 中的哪个属性的值。若它指定的值为 stuName，那么 bean 中必须存在 getStuName()方法，否则会抛出异常。如果指定 bean 中的属性是一个对象，那么该对象的 toString()方法将被调用，并输出执行结果。

【例 2-24】创建一个 JavaBean，设置并且读取它的 info 属性值。

① 在 Eclipse 环境下，创建 JavaBean 文件 SimpleBean.java，步骤如下。

鼠标右击，从快捷菜单中选择“新建”→“包”命令，输入包名“com.bean”，然后右击包名 com.bean，从快捷菜单中选择“新建”→“类”命令，输入类名“SimpleBean”，之后输入如下代码：

```
package com.bean;
public class SimpleBean {
  private String message=" ";
  public String getMessage ( )  {
    return(message);
  }
  public void setMessage(String str)  {
    this.message=str;
  }
}
```

② 新建文件 2-24.jsp，创建名为 Beanl 的 JavaBean，设置 message 属性的值为“您好，欢迎使用 JSP!”，再获取其值输出到页面。具体代码如下：

```
<%@ page contentType="text/html;  charset=gb2312" %>
<html>
<body>
使用动作标记&lt;jsp:useBean&gt;创建一个 Bean 实例，名称为 Bean1,<br/>
&lt;setProperty&gt;用于设置 Bean1 中属性 message 的值为"您好,欢迎使用 JSP!",<br/>
&lt:setProperty&gt;用于获取 Bean1 中属性 message 的值并输出<br/>
<jsp:useBean id="Bean1" class="com.bean.SimpleBean"  />
<jsp:setProperty name="Bean1" property="message"
 value="您好, 欢迎使用 JSP! "  />
<hr>
<font size=4 color="blue"> message 的值为:
 <jsp:getProperty name="Bean1" property="message"  />
</font>
</body>
</html>
```

③ 运行 2-24.jsp，运行结果如图 2-17 所示。

图 2-17　创建和使用 JavaBean

2.5 案例：JSP 指令标记

实训内容和要求

编写三个 JSP 页面：first.jsp、second.jsp 和 third.jsp。另外，要求用“记事本”编写一个 hello.txt 文件。hello.txt 中的每行都有若干个英文单词，这些单词之间用空格分隔，每行之间用
分隔，如下所示：

```
package apple void back public
<BR>
private throw class hello welcome
```

实训步骤

(1) first.jsp 的具体要求。

first.jsp 使用 page 指令设置 contentType 属性的值为 text/plain，使用 include 指令静态插入 hello.txt 文件。first.jsp 的代码如下：

```
<%@ page contentType="text/plain" %>
<html>
<body>
<font Size=4 color=blue>
<%@ include file="hello.txt" %>
</font>
</body>
</html>
```

(2) second.jsp 的具体要求。

second.jsp 使用 page 指令设置 contentType 属性的值为 application/vn.ms-powerpoint，使用 include 指令静态插入 hello.txt 文件。second.jsp 的代码如下：

```
<%@ page contentType="application/vnd.ms-powerpoint" %>
<html>
<body>
<font Size=2 color=blue>
<%@ include file="hello.txt" %>
</font>
```

```
</body>
</html>
```

(3) third.jsp 的具体要求。

third.jsp 使用 page 指令设置 contentType 属性的值为 application/msword，使用 include 指令静态插入 hello.txt 文件。third.jsp 的代码如下：

```
<%@ page contentType="application/msword" %>
<html>
<body>
<font Size=4 color=blue>
<%@ include file="hello.txt" %>
</font>
</body>
</html>
```

本 章 小 结

本章主要介绍了 JSP 的基本语法(注释、声明、代码段、表达式)、JSP 程序开发模式、调试处理、JSP 指令标记和动作标记的使用。指令标记在编译阶段就被执行，通过指令标记，可以向服务器发出指令，要求服务器根据指令进行操作，这些操作相当于数据的初始化。动作标记是在请求处理阶段被执行的。通过对本章的学习，读者可以掌握 JSP 的基本语法编写格式，以及指令和动作的使用语法。

习 题

一、填空题

1. ___________是一段在客户端请求时需要先被服务器执行的 Java 代码，它可以产生输出，同时也是一段流控制语句。

2. 在 JSP 的三种指令中，用来定义与页面相关的指令是________指令；用于在 JSP 页面中包含另一个文件的指令是________(静态包含)；用来定义一个标签库以及其自定义标签前缀的指令是________。

3. <jsp:include>动作元素允许在页面被请求时包含一些其他资源，如一个静态的______文件和动态的 JSP______文件。

4. JSP 的隐藏注释格式为_______________或者_____________，JSP 的输出注释的格式是____________。

5. Page 指令的 MIME 类型的默认值为____________，默认字符集是_________。

二、选择题

1. 在 JSP 中调用 JavaBean 时不会用到的标记是(　　)。

   A. <javabean>　B. <jsp:useBean>　C. <jsp:setProperty>　D. <jsp:getProp>

2. 关于 JavaBean 正确的说法是(　　)。

A. Java 文件与 bean 所定义的类名可以不同，但一定要注意区分字母的大小写
B. 在 JSP 文件中引用 bean，其实就是用<jsp:useBean>语句
C. 被引用的 bean 文件的文件名后缀为.java
D. bean 文件放在任何目录下都可以被引用

3. 对于预定义<%!预定义%>的说法错误的是(　　)。
A. 一次可声明多个变量和方法，只要以“;”结尾就行
B. 一个声明仅在一个页面中有效
C. 声明的变量将作为局部变量
D. 在预定义中声明的变量将在 JSP 页面初始化时初始化

4. 在 JSP 中使用<jsp:getProperty>标记时，不会出现的属性是(　　)。
A. name　　B. property　　C. value　　D. 以上皆不会出现

5. 对于<%!和%>之间声明的变量，以下说法正确的是(　　)。
A. 不是 JSP 页面的成员变量
B. 多个用户同时访问该页面时，任何一个用户对这些变量的操作，都会影响到其他用户
C. 多个用户同时访问该页面时，每个用户对这些变量的操作都是互相独立的，不会互相影响
D. 以上皆正确

三、问答题

1. 阐述 include 静态包含和动态包含指令<jsp:include>有哪些区别。
2. 阐述 include 指令标记与 include 动作标记有哪些不同。
3. 编写一个 JSP 页面，显示大写英文字母表。

第3章 JSP的内置对象

本章要点

1. 8个内置对象的基本功能。
2. 内置对象的应用。

学习目标

1. 掌握 application 对象。
2. 掌握 out 对象。
3. 掌握 request 对象。
4. 掌握 response 对象。
5. 掌握 session 对象。
6. 掌握 pageContext、page 等对象。

3.1 application 对象

application 对象用于保存应用程序的公用数据，服务器启动并自动创建 application 对象后，只要没有关闭服务器，application 对象就一直存在，所有用户共享 application 对象。

3.1.1 查找 Servlet 有关的属性信息

application 对象是 javax.servlet.ServletContext 类的实例，这有助于查找有关 Servlet 引擎和 Servlet 环境的信息。它的生命周期从服务器启动到关闭。在此期间，对象将一直存在。这样，在用户的前后连接或不同用户之间的连接中，可以对此对象的同一属性进行操作。在任何地方对此对象属性的操作，都会影响到其他用户的访问。表 3-1 列出了 application 对象的常用方法。

表 3-1 application 对象的常用方法

方 法	说 明
getAttribute(String arg)	获取 application 对象中含有关键字的对象
getAttributeNames()	获取 application 对象的所有参数名字
getMajorVersion()	获取服务器支持 Servlet 的主版本号
getMinorVersion()	获取服务器支持 Servlet 的从版本号
removeAttribute(java.1ang.String name)	根据名字删除 application 对象的参数
setAttribute(String key,Object obj)	将参数 Object 指定的对象 obj 添加到 application 对象中，并为添加的对象指定一个索引关键字

【例 3-1】 利用 application 对象查找 Servlet 有关的属性信息，包括 Servlet 的引擎名、版本号、服务器支持的 Servlet API 的最大和最小版本号、指定资源的路径等。文件名为 3-1.jsp，代码如下：

```
<!--3-1.jsp-->
<%@ page contentType="text/html;charset=gb2312"%>
<html>
<head>
  <title>application 对象查找 servlet 有关的属性信息</title>
<head>
<body>
   JSP(SERVLET)引擎名及版本号：
   <%=application.getServerInfo()%><br>
   服务器支持的 Server API 的最大版本号：
   <%=application.getMajorVersion ()%><br>
   服务器支持的 Server API 的最小版本号：
   <%=application.getMinorVersion ()%><br>
   指定资源(文件及目录)的 URL 路径：
   <%=application.getResource ("3-1.jsp")%><br>
   返回/3-1.jsp 虚拟路径的真实路径：
   <%=application.getRealPath ("3-1.jsp")%>
   </body>
</html>
```

运行结果如图 3-1 所示。

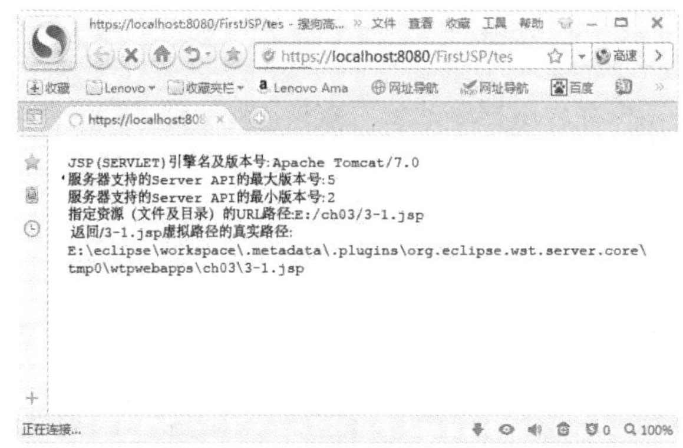

图 3-1　利用 application 对象查找 Servlet 有关的属性信息

3.1.2　管理应用程序属性

application 对象与 session 对象相同，都可以设置属性。但是，两个属性的有效范围是不同的。在 session 对象中，设置的属性只在当前客户的会话范围(session scope)有效，客户超过预期时间不发送请求时，session 对象将被回收。而在 application 对象中设置的属性在整个应用程序范围(application scope)都有效。即使所有的用户都不发送请求，只要不关闭应用服务器，在其中设置的属性也是有效的。

【例 3-2】以 application 对象管理应用程序属性。用 application 对象的 setAttribute()和 getAttribute()方法实现网页计数器功能，代码如下：

```
<!--3-2.jsp-->
<%@ page contentType="text/html;charset=gb2312"%>
<html>
<head>
   <title>application 对象实现网页计数器</title>
<head>
<body>

<%
int n=0;
if(application. getAttribute("num")==null)
  n=1;
else {
  String str= application.getAttribute("num").toString();
    // getAttribute("num")返回的是 Object 类型
    n=Integer.parseInt(str)+1;
}
application. setAttribute("num",n);
out.println("您好,您是第"+ application. getAttribute("num")+"位访问客户！");
%>

</body>
</html>
```

运行结果如图 3-2 所示。

图 3-2　网站计数器

3.2 out 对象

out 对象是一个输出流，用来向客户端输出数据，可以是各种数据类型的内容，同时，它还可以管理应用服务器上的输出缓冲区，缓冲区的默认值是 8KB，可以通过页面指令 page 来改变默认大小。out 对象是一个继承自抽象类 javax.servlet.jsp.JspWriter 的实例，在实际应用中，out 对象会通过 JSP 容器变换为 java.io.PrintWriter 类的对象。

在使用 out 对象输出数据时，可以对数据缓冲区进行操作，及时清除缓冲区中的残余数据，为其他的输出让出缓冲空间。数据输出完毕后要及时关闭输出流。下面介绍 out 对象的应用。表 3-2 列出了 out 对象常用的方法。

表 3-2　out 对象常用的方法

方　法	说　明
void print(各种数据类型)	将指定类型的数据输出到 HTTP 流，不换行
void println(各种数据类型)	将指定类型的数据输出到 HTTP 流，并输出一个换行符
void newline()	输出换行字符

3.2.1　向客户端输出数据

在使用 print()或 println()方法向客户端输出时，由于客户端是浏览器，因此可以使用 HTML 中的一些标记控制输出格式。例如：

```
out.println("<font color=red>Hello </font >");
```

3.2.2　管理输出缓冲区

默认情况下，服务端要输出到客户端的内容不直接写到客户端，而是先写到一个输出缓冲区中。使用 out 对象的 getBufferSize()方法取得当前缓冲区的大小(单位是 KB)，用 getRemaining()方法取得当前使用后还剩余的缓冲区的大小(单位是 KB)。JSP 只有在下面三种情况下，才会把缓冲区的内容输出到客户端。

(1) 该 JSP 网页已完成信息的输出。

(2) 输出缓冲区已满。

(3) JSP 中调用了 out.flush()或 response.flushBuffer()。

另外，调用 out 对象的 clear()方法，可以清除缓冲区的内容，类似于重置响应流，以便重新开始操作。如果响应已经提交，则会产生 IOException 异常。此外，另一种方法 clearBuffer()可以清除缓冲区“当前”内容，而且即使内容已经提交给客户端，也能够访问该方法。

【例 3-3】用 out 对象管理输出缓冲区，代码如下：

```
<!--3-3.jsp-->
<%@ page contentType="text/html;charset=gb2312"%>
<html>
<head>
<title>out 对象管理输出缓冲区</title></head>
<body>
<h2>out 对象管理输出缓冲区</h2>
<%out.println("学习使用 out 对象管理输出缓冲区:<br>");%> <br>
缓冲大小:<%=out.getBufferSize()%> <br>
剩余缓冲大小: <%=out.getRemaining()%> <br>
是否自动刷新: <%=out.isAutoFlush()%> <br>
</body>
</html>
```

运行结果如图 3-3 所示。

图 3-3 用 out 对象管理输出缓冲区

3.3 request 对象

客户端可通过 HTML 表单或在网页地址后面提供参数的方法提交数据，然后通过 request 对象的相关方法来获取这些数据。request 对象封装了客户端的请求信息，包括用户提交的信息以及客户端的一些信息，服务端通过 request 对象可以了解到客户端的需求，然后做出响应。

request 对象是 HttpServletRequest(接口)的实例。请求信息的内容包括请求的标题头(Header)信息(如浏览器的版本信息语言和编码方式等)，请求的方式(如 HTTP 的 GET 方法、POST 方法等)，请求的参数名称、参数值和客户端的主机名称等。

request 对象提供了一些方法，主要用来处理客户端浏览器提交的请求中的各项参数和选项。表 3-3 列出了 request 对象常用的方法。下面介绍 request 对象的应用。

表 3-3 request 对象常用的方法

方 法	说 明
Object getAttribute(String name)	用于返回由 name 指定的属性值，如果指定的属性值不存在，则返回一个 null 值
Enumeration getAttributeNames()	用于返回 request 对象的所有属性的名称集合
String getCharacterEncoding()	用于返回一个 String，它包含请求正文中所使用的字符编码
int getContentLength()	用于返回请求正文的长度(字节数)，如果不确定，返回-1
String getContenType()	得到请求体的 MIME 类型
ServletInputStream getInputStream()	用于返回请求的输入流，用来显示请求中的数据
String getParameter(String name)	用于获取客户端传送给服务器端的参数。主要由 name 指定，通常是表单中的参数
Enumeration getParameterNames()	用于获取客户端传送的所有参数的名字集合
String getParameterValues(String name)	用于获得指定参数的所有值，由 name 指定
String getProtocol()	用于返回客户端向服务器端传送数据所依据的协议名称
String getMethod()	用于获得客户端向服务器端传送数据的参数方法，主要有两个，分别是 get()和 post()
String getServerName()	用于获得服务器端的主机名字
int getServletPath()	用于获得 JSP 文件相对于根地址的地址
String getRemoteAddr()	用于获得客户端的网络地址
String getRemoteHost()	用于获取发送此请求的客户端主机名
String getRealPath(String path)	用于获取一虚拟路径的真实路径
cookie[] get Cookie()	用于获取所有的 Cookie 对象
void setAttribute(String key,Object obj)	设置属性的属性值
boolean isSecure()	返回布尔类型的值，用于确定这个请求是否使用了一个安全协议，如 HTTP
boolean isRequestedSessionIdFromCookie()	返回布尔类型的值，表示会话是否使用了一个 Cookie 来管理会话 ID
boolean isRequestedSessionIdFromURL()	返回布尔类型的值，表示会话是否使用了一个 URL 来管理会话 ID
boolean isRequestedSessionIdFromVoid()	检查请求的会话 ID 是否合法

3.3.1 获取客户信息

request 对象就是利用表 3-3 列举的那些 get 方法，来获取客户端的信息。

【例 3-4】应用 request 对象获取客户信息，代码如下：

```
<!--3-4.jsp-->
<%@ page contentType="text/html; charset=gb2312" %>
<html>
<head> <title> request 对象获取客户信息</title> </head>
<body>
客户提交信息的方式：<%=request.getMethod() %> <br/>
使用的协议：<%=request.getProtocol() %> <br/>
获取提交数据的客户端 IP 地址：<%=request.getRemoteAddr() %> <br/>
获取服务器端的名称：<%=request.getServerName() %> <br/>
获取服务器端口号：<%=request.getServerPort() %> <br/>
获取客户端的机器名称：<%=request.getRemoteHost() %> <br/>
</body>
</html>
```

运行结果如图 3-4 所示。

图 3-4　应用 request 对象获取客户信息

3.3.2　获取请求参数

用户借助表单向服务器提交数据，完成用户与网站之间的交互，大多数 Web 应用程序都是这样的。表单中包含文本框、列表、按钮等输入标记。当用户在表单中输入信息后，单击 Submit 按钮提交给服务器处理。用户提交的表单数据存放在 request 对象里，通常在 JSP 代码中用 getParameter()或者 getParameterValues()方法来获取表单传送过来的数据，前者用于获取单值，如文本框、按钮等；后者用于获取数组，如复选框或者多选列表项。使用格式如下：

```
String getParameter(String name);
String[] getParameterValues(String name);
```

以上两种方法的参数 name 与 HTML 标记的 name 属性对应，如果不存在，则返回 null。

另外要注意的是，利用 request 的方法获取表单数据时，默认情况下，字符编码为 ISO-8859-1，所以，当获取客户提交的汉字字符时，会出现乱码问题，必须进行特殊处理。首先，将获取的字符串用 ISO-8859-1 进行编码，并将编码存放到一个字节数组中，然后再将这个数组转化为字符串对象即可，这种方法仅适用于处理表单提交的单值数据或者查询字符串中所传递的参数。关键代码如下：

```
String s1=request.getParameter("UserName");
byte tempB[]=s1.getByte("ISO-8859-1");
String s1=new String(tempB);
```

在处理中文字符乱码问题时，下面设置编码格式的语句在获取表单提交的单值或者数组数据时都更为常用：

```
<%
request.setCharacterEncoding("GBK");   //设置编码格式为中文编码，或者GB2312
%>
```

【例3-5】应用request对象获取请求参数。在3-5.jsp页面中，利用表单向3-5-1.jsp页面提交用户的注册信息，包括用户名、密码和爱好。3-5.jsp的代码如下：

```
<!--3-5.jsp-->
<%@ page contentType="text/html; charset=gb2312" %>
<html>
<head> <title> request 对象获取请求参数</title> </head>
<body>
<h2> 个人注册 </h2>
<form name="form1" method="post" action="3-5-1.jsp">
   用户名：
   <input name="username" type="text" id="username" /> <br/>
   密  码：<input name="pwd" type="text" id="pwd" /> <br/>
   <input name="inst" type="checkbox" value="音乐">音乐
   <input name="inst" type="checkbox" value="舞蹈">舞蹈
   <input name="inst" type="checkbox" value="读书">读书
   <input name="inst" type="checkbox" value="游泳">游泳 <br/>
   <input type="submit" value="提交" />
   <input type="reset" value="重置" />
</form>
</body>
</html>
```

3-5-l.jsp的代码如下：

```
<!--3-5-1.jsp-->
<%@ page contentType="text/html; charset=gb2312" %>
<html>
<head> <title> request 对象获取请求参数</title> </head>
<body>
<h2> 获取到的注册信息如下： </h2>
<%
request.setCharacterEncoding("gb2312");
String username=request.getParmeter("username");
String pwd=request.getParmeter("pwd");
String inst[]=request.getParmeterValues("inst");
out.println("用户名："+username+"<br/>");
out.println("密码为："+pwd +"<br/>");
out.println("爱好为：");
for(int i=0;  i<inst.length;  i++)
  out.println(inst[i]+ " ");
%>
```

```
</body>
</html>
```

3-5.jsp 运行结果如图 3-5(a)所示。程序 3-5.jsp 通过表单向 3-5-1.jsp 提交信息，3-5-l.jsp 通过 request 对象获取用户提交的表单数据并进行处理，运行结果如图 3-5(b)所示。

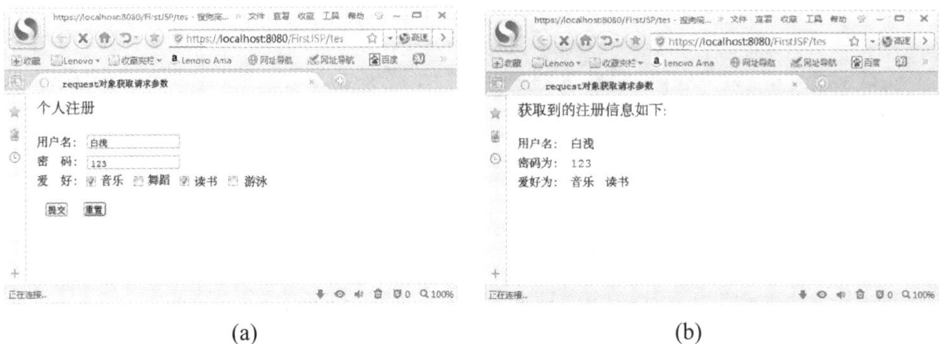

(a)　　　　(b)

图 3-5　request 对象获取请求参数

3.3.3　获取查询字符串

为了在网页之间传递值，常常在请求的 URL 地址后面附加查询字符串，语法如下：

```
? 变量名 1=值 1&变量名 2=值 2...
```

可以有多个变量参数，参数之间使用&来连接，变量的值可以是 JSP 表达式。利用 request.getParameter()方法获取查询字符串中的所有变量及其值。

【例 3-6】 应用 request 对象获取查询字符串，实现页面之间传值的目的。在 3-6.jsp 页面中设置要传递的数据，当单击“显示”时，超链接到 3-6-l.jsp 页面，并将所传递的信息显示出来。3-6.jsp 的代码如下：

```
<!--3-6.jsp-->
<%@ page contentType="text/html; charset=gb2312" %>
<html>
<head> <title> request 对象获取查询字符串</title> </head>
<body>
<% String address="北京市";%>
<% String college="清华大学";%>
<h4>请单击下面的链接查看我的相关信息</h4>
<a href="3-6-1.jsp?name=白浅&add=<%=address%>&col=<%=college%>">显示</a>
</body>
</html>
```

3-6-1.jsp 的代码如下：

```
<!--3-6-1.jsp-->
<%@ page contentType="text/html; charset=gb2312" %>
<html>
<head> <title> request 对象获取查询字符串</title> </head>
<body>
<%      //request.setCharacterEncoding("gb2312");失效
String m_name= request.getParameter("name");
```

```
String m_add= request.getParameter("add");
String m_col = request.getParameter("col");
//处理中文乱码
String ch_name=new String(m_name.getBytes("ISO-8859-1"));
String ch_add =new String(m_add.getBytes("ISO-8859-1"));
String ch_col =new String(m_col.getBytes("ISO-8859-1"));
out.println(ch_name+"您好");
out.println("<p>您来自中国"+ch_add+"<p>毕业于"+ch_col);%>
</body>
</html>
```

运行结果分别如图 3-6(a)和(b)所示。

(a) (b)

图 3-6 request 对象获取查询字符串

3.3.4 在作用域中管理属性

在进行请求转发时，往往需要把一些数据带到转发后的页面进行处理。这时，就可以使用 request 对象的 setAttribute()方法设置数据在 request 范围内存取。

1. 设置转发数据的格式

```
request.setAttribute("key",value);
```

参数 key 是键，为 String 类型。在转发后的页面就通过这个键来获取数据。参数 value 是键值，为 Object 类型，它代表需要保存在 request 范围内的数据。

2. 获取转发数据的格式

```
request.getAttribute("key");
```

参数 key 表示键名，如果指定的属性值不存在，则返回一个 null 值。

在页面使用 request 对象的 setAttribute("key", value)方法，可以把数据 value 设定在 request 范围内。请求转发后的页面使用 getAttribute("key")就可以取得数据 value。

提示

这一对方法在不同的请求之间传递数据，而且从上一个请求到下一个请求必须是转发请求(使用<jsp:forward>动作来实现)，即保存的属性在 request 属性范围(request scope)内，而不能是重定向请求(使用 response.sendRedirect()或者超级链接来实现)。

【例 3-7】通过 request 对象在作用域中管理属性。使用 request 对象的 setAttribute()方法设置数据，然后在请求转发后利用 getAttribute()取得设置的数据。代码如下：

```
<!--3-7.jsp-->
<%@ page contentType="text/html; charset=gb2312" %>
<html>
<head> <title> request 对象在作用域中管理属性</title> </head>
<body>
<% request.setAttribute("str","欢迎学习 request 对象的使用方法!"); %>
<jsp:forward page="3-7-1.jsp"  />
</body>
</html>

<!--3-7-1.jsp-->
<%@ page contentType="text/html; charset=gb2312" %>
<html>
<head><title> request 对象在作用域中管理属性</title> </head>
<body>
<% out.println("页面转发后获取的属性值："+request.getAttribute("str")); %>
</body>
</html>
```

运行结果如图 3-7 所示。

图 3-7　request 对象在作用域中管理属性

提示

在 3-7.jsp 中，若将语句<jsp:forward page="3-7-l.jsp" / >改成 response.sendRedirect("3-7-1.jsp")或者<a href="3-7-l.jsp">跳转</a>，就不能获得 request 范围内的属性值。

3.3.5　获取 Cookie

Cookie 是一小段文本信息，伴随着用户请求和页面在 Web 服务器和浏览器之间传递。Cookie 常常用来保存用户信息，以便 Web 应用程序能进行读取，并且当用户每次访问站点时，Web 应用程序都可以读取 Cookie 包含的信息。

例如，当用户访问站点时，可以利用 Cookie 保存用户首选项或其他信息，这样，当用户再次访问站点时，应用程序就可以检索以前保存的信息。

(1) 通过 request 对象的 getCookies()方法获取 Cookie 中的数据。获取 Cookie 的方法如下：

```
Cookie[]  cookie = request.getCookies();
```

request 对象的 getCookies()方法返回的是 Cookie[]数组。

(2) 通过 response 对象的 addCookie()方法添加一个 Cookie 对象。添加 Cookie 的方法如下：

```
response.addCookie(Cookie  cookie)
```

【例 3-8】通过 request 对象获取 Cookie。使用 request 对象的 getCookies()方法和 response 对象的 addCookie()方法，记录本次及上次访问网页的时间，代码如下：

```
<!--3-8.jsp-->
<%@ page contentType="text/html; charset=gb2312" %>
<html>
<head> <title> request 对象获取 Cookie</title> </head>
<body>
<%
Cookie[] cookies=request.getCookies();    //从 request 中获得 Cookie 集
Cookie cookies_response=null;          //初始化 Cookie 对象为空
String t=new java.util.Date().toLocaleString();   //取得当前访问时间
if(cookies==null)  {
  cookies_response=new Cookie("AccessTime", " ");
  out.println("您第一次访问，本次访问时间："+t+"<br>");
  cookies_response.setValue(t);
  response.addCookie(cookies_response);
}
else  {
  cookies_response= cookies[0];
  out.println("本次访问时间："+t+"<br>");
  out.println("上一次访问时间："+ cookies_response.getValue());
  cookies_response.setValue(t);
  response.addCookie(cookies_response);
}
%>
</body>
</html>
```

结果如图 3-8 所示。

图 3-8　request 对象获取 Cookie

3.3.6 访问安全信息

request 对象提供了访问安全属性的方法，主要包括以下 4 种。

(1) isSecure()。

(2) isRequestedSessionIdFromCookie()。

(3) isRequestedSessionIdFromURL()。

(4) isRequestedSessionIdFromValid()。

例如，可使用 request 对象来确定当前请求是否使用了一个类似 HTTP 的安全协议：

```
用户安全信息： <%=request.isSecure()%>
```

3.3.7 访问国际化信息

很多 Web 应用程序都能够根据客户浏览器的设置做出国际化响应，这是因为浏览器会通过 accept-language 的 HTTP 报头向 Web 服务器指明它所使用的本地语言，JSP 开发人员就可以利用 request 对象中的 getLocale()和 getLocales()方法获取这一信息，获取的信息属于 java.util.Local 类型。

使用报头的具体代码如下：

```
<%
java.util.Locale locale=request.getLocale();
if(locale.equals(java.util.Locale.US))  {
  out.print("Welcome to Beijing");
}
if(locale.equals(java.util.Locale.CHINA))  {
  out.print("北京欢迎您");
}
%>
```

上述代码表示，如果所在区域为中国，将显示“北京欢迎您”，而所在区域为英国，则显示“Welcome to Beijing”。

3.4 response 对象

response 对象和 request 对象相对应，用于响应客户请求，向客户端输出信息。response 是 HttpServletResponse 的实例，封装了 JSP 产生的响应客户端请求的有关信息，如回应的 Header、回应本体(HTML 的内容)以及服务器端的状态码等信息，提供给客户端。请求的信息可以是各种数据类型的，甚至是文件。response 对象的常用方法如表 3-4 所示。下面介绍 response 对象的应用。

表 3-4 response 对象的常用方法

方 法	说 明
void addCookie(Cookie cookie)	添加 Cookie 的方法
void addHeader(String name,String value)	添加 HTTP 文件指定的头信息

续表

方 法	说 明
String encodeURL(String url)	将 URL 予以编码，回传包含 Session ID 的 URL
void flushBuffer()	强制把当前缓冲区内容发送到客户端
int getBufferSize()	返回响应所使用的实际缓冲区大小，如果没使用缓冲区，则该方法返回 0
void setBufferSize(int size)	为响应的主体设置首选的缓冲区大小
boolean isCommitted()	一个 boolean，表示响应是否已经提交；提交的响应已经写入状态码和报头
void reset()	清除缓冲区存在的任何数据，并清除状态码和报头
ServletOutputStream getOutputStream()	返回到客户端的输出流对象
void sendError(int xc[,String msg])	向客户端发送错误信息
void sengRedirect(java.lang.String location)	把响应发送到另一个位置进行处理
void setCotentType(String type)	设置响应的 MIME 类型
void setHeader(String name, String value)	设置指定名字的 HTTP 文件头信息
void setCotentLength(int len)	设置响应头的长度

3.4.1 动态设置响应的类型

利用 page 指令设置发送到客户端文档响应报头的 MIME 类型和字符编码，如<%@ page contentType="text/html; charset=gb2312"%>，它表示当用户访问该页面时，JSP 引擎将按照 contentType 的属性值即 text/html(网页)做出反应。如果要动态改变这个属性值来响应客户，就需要使用 response 对象的 setContentType(String s)方法。语法格式如下：

```
response.setContentType("MIME");
```

MIME 可以为 text/html(网页)、text/plain(文本)、application/x-msexcel(Excel 文件)、application/msword(Word 文件)。

【例 3-9】 通过 response 对象动态设置响应类型。

使用 response 对象的 setContentType(String s)方法动态设置响应的类型，代码如下：

```
<!--3-9.jsp-->
<%@ page contentType="text/html; charset=gb2312" %>
<html>
<head> <title> response 对象动态设置响应类型 </title> </head>
<body>
<h2> response 对象动态设置响应类型 </h2>
<p>请选择将当前页面保存的类型
<form action="" method="post" name=frm>
   <input type="submit" value="保存为 word" name="submit1">
   <input type="submit" value="保存为 Excel" name="submit2">
</form>
<%
if(request.getParameter("submit1")!=null)
  response.setContentType("application/msword;charset=GB2312");
```

```
if(request.getParameter("submit2")!=null)
  response.setContentType("application/x-msexcel; charset =GB2312");
%>
</body>
</html>
```

运行结果如图 3-9 所示。

图 3-9　response 对象动态设置响应类型

3.4.2　重定向网页

在某些情况下，当响应客户时，需要将客户引导至另一个页面，例如，当客户输入正确的登录信息时，就需要被引导到登录成功页面，否则被引导到错误显示页面。此时，可以使用 response 的 sendRedirect(URL)方法将客户请求重定向到一个不同的页面。例如，将客户请求重定向到 login_ok.jsp 页面的代码如下：

```
response.sendRedirect("login_ok.jsp");
```

在 JSP 页面中，使用 response 对象中的 sendError()方法指明一个错误状态。该方法接收一个错误以及一条可选的错误消息，该消息将内容主体返回给客户。

例如，代码 response.sendError(500“请求页面存在错误”)将客户请求重定向到一个在内容主体上包含出错消息的出错页面。

【例 3-10】通过 response 对象重定向网页。使用 response 对象的相关方法重定向网页，完成一个用户登录。在页面 3-10.jsp 中输入用户名和密码，如图 3-10(a)所示，提交给页面 3-10-deal.jsp 进行处理，如果检测到用户名是 Admin，密码是 123，则重定向到成功登录页面 3-10-ok.jsp，如图 3-10(b)所示；否则向客户端发送错误信息。

图 3-10　通过 response 对象重定向网页

3-10.jsp 代码如下：

```
<!--3-10.jsp-->
<%@ page contentType="text/html; charset=gb2312" %>
<html>
<head> <title> 用户登录 </title> </head>
<body>
<form name="forml" method="post" action="3-10-deal.jsp">
   用户名：<input name="user" type="text" /> <br>
   密  码：<input name="pwd" type="password" /> <br>
   <input type="submit" value="提交" />
   <input type="reset" value="重置" />
</form>
</body>
</html>
```

3-10-deal.jsp 代码如下：

```
<!--3-10-deal.jsp-->
<%@ page contentType="text/html; charset=gb2312" %>
<html>
<head> <title> 处理结果 </title> </head>
<body>
<%
request.setCharacterEncoding("gb2312");
String user=request.getParameter("user");
String pwd=request.getParameter("pwd");
if(user.equals("Admin") && pwd.equals("123"))  {
  response.sendRedirect("3-10-ok.jsp");
} else {
  response.sendError(500, "请输入正确的用户名和密码!!");
}
%>
</body>
</html>
```

3-10-ok.jsp 代码如下：

```
<!--3-10-ok.jsp-->
<%@ page contentType="text/html; charset=gb2312" %>
<html>
<head> <title> 处理结果 </title> </head>
<body>
成功登录!
</body>
</html>
```

3.4.3 设置页面自动刷新以及定时跳转

response 对象的 setHeader()方法用于设置指定名字的 HTTP 文件头的值，如果该值已经存在，则新值会覆盖旧值。最常用的一个头信息是 refresh，用于设置刷新或者跳转。

(1) 实现页面一秒钟刷新一次，设置语句如下：

```
response.setHeader("refresh", "1");
```

(2) 实现页面定时跳转，如 2 秒钟后自动跳转到 URL 所指的页面，设置语句如下：

```
response.setHeader("refresh","2; URL=页面名称");
```

【例 3-11】用 response 对象自动刷新客户页面，实现秒表的功能，代码如下：

```
<!--3-11.jsp-->
<%@ page contentType="text/html; charset=gb2312" %>
<%@ page import="java.util.*"%>
<html>
<head> <title> response 对象设置页面自动刷新</title> </head>
<body>
<h2> response 对象设置页面自动刷新</h2>
<font size="5" color=blue> 数字时钟 </font> <br> <br>
<font size="3" color=blue> 现在时刻：<br>
<%
response.setHeader("refresh","1");
int y,m,d,h,mm,s;
Calendar c= Calendar.getInstance();
y=c.get(Calendar.YEAR);          //年
m= c.get(Calendar.MONTH)+1;      //月
d= c.get(Calendar.DAY_OF_MONTH);  //日
h= c.get(Calendar.HOUR);  //时(HOUR：十二小时制：HOUR_OF_DAY：二十四小时制)
mm= c.get(Calendar.MINUTE);       //分
s= c.get(Calendar.SECOND);        //分
out.println(y+"年"+m+"月"+d+"日<br/>"+h+"时"+mm+"分"+s+"秒");
%>
</font>
</body>
</html>
```

运行结果如图 3-11 所示。

图 3-11　response 对象自动刷新客户页面

3.4.4　配置缓冲区

缓冲可以更加有效地在服务器与客户之间传输内容。HttpServletResponse 对象为支持

jspWriter 对象而启用了缓冲区配置。

【例 3-12】用 response 对象配置缓冲区。使用 response 对象的相关方法输出缓冲区的大小，并测试强制将缓冲区的内容发送给客户，代码如下：

```
<!--3-12.jsp-->
<%@ page contentType="text/html; charset=gb2312" %>
<html>
<head> <title> response 对象配置缓冲区 </title> </head>
<body>
<h2> response 对象配置缓冲区</h2>
<%
out.print("缓冲区大小: "+response.getBufferSize()+"<br/>");
out.print("缓冲区内容强制提交前<br/>");
out.print("输出内容是否提交: "+response.isCommitted()+"<br/>");
response.flushBuffer();
out.print("缓冲区内容强制提交后<br/>");
out.print("输出内容是否提交: "+response.isCommitted()+"<br/>");
%>
</body>
</html>
```

运行结果如图 3-12 所示。

图 3-12 response 对象配置缓冲区

3.5 session 对象

客户与服务器之间的通信是通过 HTTP 协议完成的。HTTP 是一种无状态的协议，当客户向服务器发出请求，服务器接收请求并返回响应后，该连接就被关闭了。此时，服务器端不保留连接的有关信息，要想记住客户的连接信息，可以使用 JSP 提供的 session 对象。用户登录网站时，系统将为其生成一个独一无二的 session 对象，用以记录该用户的个人信息。一旦用户退出网站，那么，所对应的 session 对象将被注销。session 对象可以绑定若干个用户信息或者 JSP 对象，不同的 session 对象的同名变量是不会相互干扰的。

当用户首次访问服务器上的一个 JSP 页面时，JSP 引擎便产生一个 session 对象，同时分配一个 String 类型的 ID 号，JSP 引擎同时将这个 ID 号发送到客户端，存放在 Cookie 中，这样，session 对象和客户端之间就建立了一一对应的关系。当用户再次访问该服务器的其他页面时，不再分配给用户新的 session 对象，直到用户关闭浏览器，或者在一定时间(系统默认在 30 分钟内，但可在编写程序时，修改这个时间限定值或者显式地结束一个会话)客户端不向服务器发出应答请求，服务器端就会取消该用户的 session 对象，与用户的会话对应关系消失。当用户重新打开浏览器，再次连接到该服务器时，服务器为该用户再创建一个新的 session 对象。

session 对象保存的是每个用户专用的私有信息，可以是与客户端有关的，也可以是一般信息，可以根据需要设定相应的内容，并且所保存的信息在当前 session 属性范围内是共享的。表 3-5 列出了 session 对象的常用方法。

表 3-5　session 对象的常用方法

方　法	说　明
Object getAttribute(String name)	获取指定名字的属性
Enumeration getAttributeName()	获取 session 中全部属性的名字，一个枚举
long getCreationTime()	返回 session 的创建时间，单位：毫秒
public String getId()	返回创建 session 时 JSP 引擎为它设置的唯一 ID 号
long getLastAccessedTime()	返回此 session 中客户端最近一次请求的时间。由 1970-01-01 算起，单位是毫秒。使用这个方法，可以判断某个用户在站点上一共停留了多长时间
int getMaxInactiveInterval()	返回两次请求间隔多长时间 session 被销毁(单位：秒)
void set MaxInactiveInterval(int interval)	设置两次请求间隔多长时间 session 被销毁(单位：秒)
void invalidate()	销毁 session 对象
boolean isNew()	判断请求是否会产生新的 session 对象
void removeAttribute(String name)	删除指定名字的属性
void setAttribute(String name, String value)	设定指定名字的属性值

使用 session 对象在不同的 JSP 文件(整个客户会话过程，即 session scope)中保存属性信息，比如用户名、验证信息等，最为典型的应用是实现网上商店购物车的信息存储。下面重点介绍 session 对象的应用。

3.5.1　创建及获取客户会话属性

JSP 页面可以将任何对象作为属性来保存。使用 setAttribute()方法设置指定名称的属性，并将其存储在 session 对象中，使用 getAttribute()方法获取与指定名字 name 相联系的属性。语法格式如下：

```
session.setAttribute(String name, String value);
//参数 name 为属性名称，value 为属性值
session.getAttribute(String name);          //参数 name 为属性名称
```

【例 3-13】用 session 对象创建及获取会话属性。通过 session 对象的 setAttribute()方法，将数据保存在 session 对象中，并通过 getAttribute()方法取得数据的值，代码如下：

```
<!--3-13.jsp-->
<%@ page language="java"  import="java.util.*"  pageEncoding="gb2312" %>
<html>
<head> <title> session 对象创建及获取客户会话属性 </title> </head>
<body>
   session 的创建时间:
   <%=new Date(session.getCreationTime()).toLocaleString() %> <br/>
   session 的 ID 号: <%=session.getId() %> <br/> <hr/>
   当前时间: <%=new Date().toLocaleString( ) %> <br/>
   该 session 是新创建的吗?: <%=session.isNew()?"是":"否" %> <br/> <hr/>
   <%
   session.setAttribute("info","您好，我们正在使用 session 对象传递数据! ");
   %>
   已向 Session 中保存数据，请单击下面的链接将页面重定向到 4-11-1.jsp
   <a href="3-13-1.jsp"> 请按这里</a>
</body>
</html>
```

3-13-1.jsp 与 3-13.jsp 的代码基本相同，不同的是获取 session 对象中的属性值的方法，重要代码如下：

```
获取 session 中的数据为: <br>
<%=session.getAttribute("info") %>
```

运行结果如图 3-13(a)所示，单击超链接“请按这里”，进入如图 3-13(b)所示的页面。

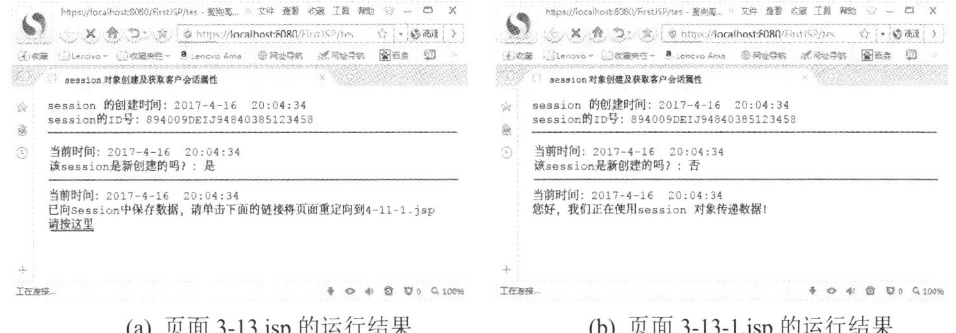

(a) 页面 3-13.jsp 的运行结果　　(b) 页面 3-13-1.jsp 的运行结果

图 3-13　用 session 对象创建及获取会话属性

3.5.2　从会话中移除指定的对象

JSP 页面可以将任何已经保存的对象部分或者全部移除。使用 removeAttribute()方法，将指定名称的对象移除，也就是说，从这个会话删除与指定名称绑定的对象。使用 invalidate()方法，可以将会话中的全部内容删除。语法格式如下：

```
session.removeAttribute(String  name)
//参数 name 为 session 对象的属性名，代表要移除的对象名
session.invalidate();     //把保存的所有对象全部删除
```

【例 3-14】用 session 对象从会话中移除指定的对象。继续沿用例 3-13 中的 3-13.jsp 页面，并且改造 3-13-1.jsp，在文件底部添加如下代码：

```
移除 session 中的数据后：<br/>
<%
session.removeAttribute("info");
if(session.getAttribute("info")==null) {
  out.println("session 对象 info 已经不存在");
} else{
  out.println(session.getAttribute("info"));
}
%>
```

运行程序，单击“请按这里”超链接后，将会显示如图 3-14 所示的页面。

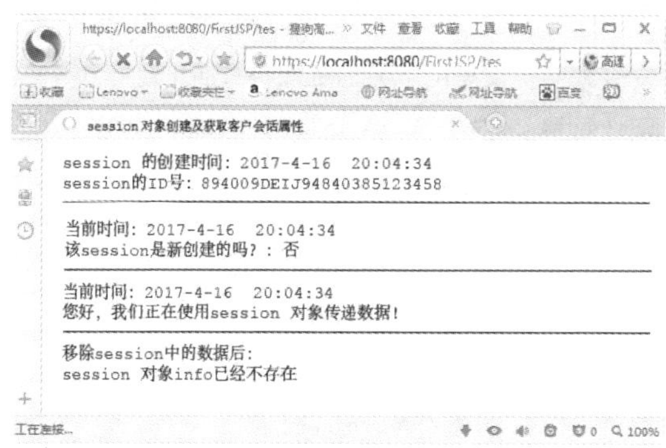

图 3-14 用 session 对象从会话中移除指定的对象

3.5.3 设置会话时限

当某一客户与 Web 应用程序之间处于非活动状态时，并不以显式的方式通知服务器，所以，在 Servlet 程序或 JSP 文件中，做超时设置是确保客户会话终止的唯一方法。

Servlet 程序容器设置一个超时时长，当客户非活动的时间超出时长的大小时，JSP 容器将使 session 对象无效，并撤销所有属性的绑定，这样，就清除了客户申请的资源，从而实现了会话生命周期的管理。

session 用于管理会话生命周期的方法有 getLastAccessedTime()、getMaxInactiveInterval()和 setMaxInactiveInterval(int interval)。

【例 3-15】为 session 对象设置会话时限。首先输出 session 对象默认的有效时间，然后设置为 5 分钟，并输出新设置的有效时间。代码如下：

```
<!--3-15.jsp-->
<%@ page language="java" pageEncoding="gb2312" %>
<html>
<head> <title> session 对象设置会话时限</title> </head>
<body>
   session 对象默认的有效时间：<%= session. getMaxInactiveInterval()%>秒<br>
   <% session.setMaxInactiveInterval(60*5); //设置 session 的有效时间为 5 分钟%>
   已经将 session 有效时间修改为：<%= session.getMaxInactiveInterval() %>秒
</body>
</html>
```

运行结果如图 3-15 所示。

图 3-15　session 对象设置会话时限

3.6 其他内置对象

JSP 的内置对象还包括 pageContext、page、config，下面介绍这些内置对象的语法与应用。

3.6.1　pageContext 对象

pageContext 是页面上下文对象，这个特殊的对象提供了 JSP 程序执行时所需要用到的所有属性和方法，如 session、application、config、out 等对象的属性，也就是说，它可以访问本页所有的 session，也可以取本页所在的 application 的某一属性值，它相当于页面中所有其他对象功能的集大成者，可以用它访问本页中所有的其他对象。

pageContext 对象是 javax.servlet.jsp.pageContext 类的一个实例，它的创建和初始化都是由容器来完成的，JSP 页面里可以直接使用 pageContext 对象的句柄，pageContext 对象的 getXxx()、setXxx()和 findXxx()方法可以根据不同的对象范围实现对这些对象的管理。表 3-6 列出了 pageContext 对象的常用方法。

pageContext 对象的主要作用是提供一个单一界面，以管理各种公开对象(如 session、application、config、request、response 等)，提供一个单一的 API 来管理对象和属性。

表 3-6　pageContext 对象的常用方法

方　法	说　明
void forward(String relativeUrlPath)	把页面转发到另一个页面或者 Servlet 组件上
Exception getException()	返回当前页的 Exception 对象
ServletRequest getRequest()	返回当前页的 request 对象
ServletResponse getResponse()	返回当前页的 response 对象
ServletConfig getServletConfig()	返回当前页的 ServletConfig 对象
HttpSession getSession()	返回当前页的 session 对象
Object getPage()	返回当前页的 page 对象

续表

方　法	说　明
ServletContext getServletContext()	返回当前页的 application 对象
public Object getAttribute(String name)	获取属性值
Object getAttribute(String name,int scope)	在指定的范围内获取属性值
void setAttribute(String name, Object attribute)	设置属性及属性值
void setAttribute(String name, Object obj,int scope)	在指定范围内设置属性及属性值
void removeAttribute(String name)	删除某属性
void removeAttribute(String name, int scope)	在指定范围内删除某属性
void invalidate()	返回 servletContext 对象，全部销毁

【例 3-16】通过 pageContext 对象取得不同范围的属性值，代码如下：

```
<!--3-16.jsp-->
<%@ page contentType="text/html;charset=gb2312" %>
<html>
<head> <title> pageContext 对象获取不同范围属性 </title> </head>
<body>
<%
request.setAttribute("info","value of request scope");
session.setAttribute("info","value of session scope");
application.setAttribute("info","value of application scope");
%>
利用 pageContext 取出以下范围内各值(方法一)：<br/>
request 设定的值：<%=pageContext.getRequest().getAttribute("info") %> <br/>
session 设定的值：<%=pageContext.getSession().getAttribute("info") %> <br/>
application 设定的值：
  <%=pageContext.getServletContext().getAttribute("info") %> <hr/>
利用 pageContext 取出以下范围内各值(方法二)：<br/>
范围 1(page)内的值： <%= pageContext.getAttribute("info",1) %> <br/>
范围 2(request)内的值： <%= pageContext.getAttribute("info",2) %> <br/>
范围 3(session)内的值： <%= pageContext.getAttribute("info",3) %> <br/>
范围 4(application)内的值： <%= pageContext.getAttribute("info",4) %> <hr/>
利用 pageContext 修改或删除某个范围内的值：<br/>
<%pageContext.setAttribute("info","value of request scope is modified by
pageContext",2); %>
修改 request 设定的值：
<%=pageContext.getRequest().getAttribute("info") %> <br/>
<%pageContext.removeAttribute("info",3); %>
删除 session 设定的值：<%=session.getAttribute("info") %>
</body>
</html>
```

运行结果如图 3-16 所示。

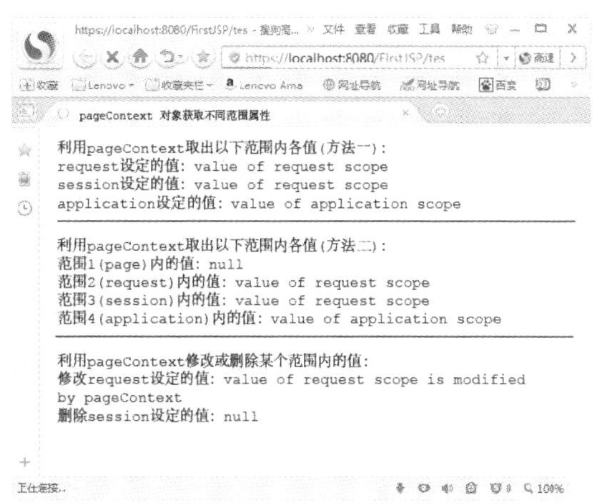

图 3-16 通过 pageContext 对象取得不同范围的属性值

提示

pageContext 对象在实际 JSP 开发过程中很少使用，因为 request 和 response 等对象可以直接调用方法进行使用，而通过 pageContext 来调用其他对象，会觉得有些麻烦。

3.6.2 page 对象

page 对象是为了执行当前页面应答请求而设置的 Servlet 类的实体，即显示 JSP 页面自身，与类的 this 指针类似，使用它来调用 Servlet 类中所定义的方法，只有在本页面内才是合法的。它是 java.lang.Object 类的实例，对于开发 JSP 比较有用。表 3-7 列出了 page 对象常用的方法。

表 3-7 page 对象常用的方法

方 法	说 明
class getClass()	返回当前 Object 的类
int hashCode	返回 Object 的 hash 代码
String toString	把 Object 对象转换成 String 类的对象
boolean equals(Object obj)	比较对象和指定的对象是否相等
void copy(Object obj)	把对象拷贝到指定的对象中
Object clone()	复制对象(克隆对象)

【例 3-17】 page 对象的应用。用 page 对象访问当前页面的信息，代码如下：

```
<!--3-17.jsp-->
<%@ page contentType="text/html;charset=gb2312" import="java.lang.
Object"%>
<html>
<body>
   <h2> page 对象应用</h2>
<%!Object obj;%>
```

```
返回当前页面所在类：<%=page.getClass()%> <br/>
返回当前页面的 hash 代码：<%=page.hashCode()%> <br/>
转换成 String 类的对象：<%=page.toString()%> <br/>
比较 1：<%=page.equals(obj) %> <br/>
比较 2：<%=page.equals(this) %>
</body>
</html>
```

运行结果如图 3-17 所示。

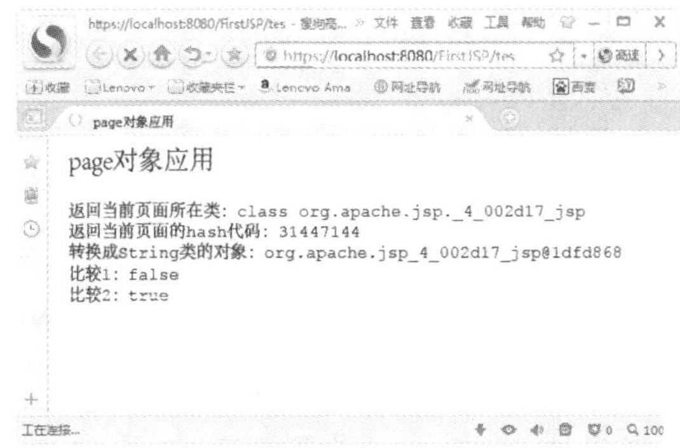

图 3-17　page 对象的应用

3.6.3　config 对象

config 对象是 javax.servlet.ServletConfig 类的实例，表示 Servlet 的配置信息。当一个 Servlet 初始化时，容器把某些信息通过此对象传递给这个 Servlet，这些信息包括 Servlet 初始化时所要用到的参数(通过属性名和属性值构成)以及服务器的有关信息(通过传递一个 ServletContext 对象)，config 对象的应用范围是本页。开发者可以在 web.xml 文件中为应用程序环境中的 Servlet 程序和 JSP 页面提供初始化参数。表 3-8 列出了 config 对象的常用方法。

表 3-8　config 对象的常用方法

方　法	说　明
ServletContext getServletContext()	返回所执行的 Servlet 的环境对象
String getServletName()	返回所执行的 Servlet 的名字
String getInitParameter(String name)	返回指定名字的初始参数值
Enumeration getInitParameterName()	返回该 JSP 中所有初始参数名，一个枚举

3.7　案例：显示字符串长度

实训内容和要求

编写两个 JSP 页面 inputString.jsp 和 computer.jsp，用户可以使用 inputString.jsp 提供的表单输入一个字符串，并提交给 computer.jsp 页面，该页面通过内置对象获取 inputString.jsp 页面提交的字符串，并显示该字符串的长度。

实训步骤

(1) inputString.jsp 的代码如下：

```
inputString.jsp:
<%@ page contentType="text/html;charset=GB2312" %>
<html>
<body bgcolor=green>
  <form action="computer.jsp" method="post" name="form">
      <input type="text" name="str">
      <input type="submit" value="提交" name="submit">
  </form>
</body>
</html>
```

(2) computer.jsp 的代码如下：

```
computer.jsp:
<%@ page contentType="text/html;charset=GB2312" %>
<html><body>
  <%  String textContent=request.getParameter("str");
      byte  b[]=textContent.getBytes("ISO-8859-1");
      textContent=new String(b);
  %>
字符串:<%=textContent%>的长度：<%=textContent.length()%>
</body>
</html>
```

本章小结

本章主要介绍 JSP 中的 8 种基本内置对象：application、out、request、response、session、pageContext、page、lonfig。内置对象可以在 JSP 中直接使用，由 JSP 容器创建。内置对象不需要由 JSP 开发者声明或创建，而是能够在 JSP 的某个优势执行点上被认为已经存在，这些优势执行点定义了内置对象能够被 JSP 所使用的范围。通过对本章的学习，读者可以掌握基本内置对象的应用。

习　题

一、填空题

1. request 对象可以使用__________方法获取表单提交的信息。
2. 在 JSP 内置对象中，与请求相关的对象是____________________。
3. out 对象中用来输出各种类型数据但不换行的方法是____________________。
4. __________被封装成 javax.servlet.JspWriter 接口，用于向客户端输出内容。
5. response 对象中用来动态改变 contentType 属性的方法是____________________。

二、选择题

1. 下面不属于 JSP 内置对象的是(　　)。

   A. out 对象　　B. response 对象

   C. application 对象　　D. page 对象

2. application 对象中含有关键字的对象(　　)。

   A. getAttribute(String arg)　　B. getAttributeNames( )

   C. getMajorVersion( )　　D. getMinorVersion( )

3. 调用 getCreationTime()可以获取 session 对象创建的时间，该时间的单位是(　　)。

   A. 秒　　B. 分秒　　C. 毫秒　　D. 微秒

三、问答题

1. 简述 request 对象和 response 对象的作用。
2. 在 JSP 内置对象中，哪些对象有 4 个作用范围，什么情况下 session 会关闭？
3. 如果表单提交的信息中有汉字，接受该信息的页面要做如何处理？

第4章 JavaBean 技术

本章要点

1. JavaBean 的创建、访问方法。
2. JavaBean 的作用域和生命周期。

学习目标

1. 掌握 JavaBean 的定义、种类、规范。
2. 掌握 JavaBean 的使用方法。

4.1 JavaBean 的定义与规范

JavaBean 使得 JSP 编程模式变得清晰，程序可读性强。JavaBean 将程序的业务逻辑封装成 Java 类，提高了程序的可维护性和代码的可重用性。本节带大家认识一下 JavaBean。

4.1.1 什么是 JavaBean

JSP 网页开发的初级阶段，没有条理分明的框架和逻辑分层的概念，只是关注功能如何实现。在实现功能时将 Java 代码嵌入网页中完成。这使得由 HTML 代码、JS 代码、CSS 代码、Java 代码等组成的程序代码看起来结构混乱，不利于程序员阅读调试。同时，界面设计和功能设计由同一人完成，也不利于开发人员进行开发，不能很好地发挥开发人员的长处。

JavaBean 正好解决了上述问题。简单地说，JavaBean 是一个可以重复使用的组件，通过编写一个组件来实现某种通用功能，“一次编写、任何地方执行、任何地方重用”，把复杂需求分析、分解成简单的功能模块。这种模块是相对独立的部分，可以重用，为程序员进行软件开发提供了一个极好的解决方案。

提示

使用 JavaBean 组件模型可以设计出便于修改和便于升级的软件。每个 JavaBean 组件都包含一组属性、操作和事件处理器，将若干个 JavaBean 组件组合起来就可以生成设计者、开发者所需要的特定运行行为。JavaBean 组件存放于容器或工具库中，供开发者开发应用程序。Java 应用程序在运行时，最终用户也可以通过 JavaBean 组件设计者或应用程序开发者所建立的属性存取方法(setXXX 方法和 getXXX)修改 JavaBean 组件的属性，这些属性可能是颜色和形状等简单属性，也可能是影响 JavaBean 组件总体行为的复杂属性。

JavaBean 是一个可以复用的软件模型，JavaBean 在某个容器中运行，提供具体的操作性能。JavaBean 是建立应用程序的建筑模块，大多数常用的 JavaBean 通常是中小型控制程序，但我们也可以编写包装整个应用程序运行逻辑的 JavaBean 组件，并将其嵌入复合文档中，以便实现更为复杂的功能。JavaBean 可以表示为简单的 GUI 组件，可以是按钮组件、游标、菜单等，这些简单的 JavaBean 组件可以直观地告诉用户什么是 JavaBean。我们也可以编写一些不可见的 JavaBean，用于接受事件和在幕后工作，例如访问数据库、执行查询操作的 JavaBean，它们在运行时不需要任何可视的界面。在 JSP 程序中所用的 JavaBean 一般以不可见的组件为主，可见的 JavaBean 一般用于编写 Applet 程序或者 Java 应用程序。

4.1.2 JavaBean 工具

JavaBean 能够将重复使用的代码进行打包，应用在可视化领域。JavaBean 能够完成 Java 的图形用户界面程序设计，实现窗体、按钮、文本框等可视化界面设计。基于 Java 语言在网络应用方面的强大开发功能，JavaBean 的模块设计越来越成熟化。这里并没有可视化的界面，所以常被称为非可视化领域，并且在服务器端表现出了卓越的性能。非可视化的 JavaBean 又分为值 JavaBean 和工具 JavaBean。其中，值 JavaBean 严格遵循了 JavaBean 的书写规范，主要用来封装表单数据，作为信息的容器使用。下面来创建一个值 JavaBean。

【例 4-1】值 JavaBean 的代码如下：

```
public class User {
  private String userName;
  private String userPass;
  public String getUserName( ) {
     return userName;
  }
  public void setUserName(String userName)
     this.userName = userName;
  }
  public String getUserPass() {
     return userPass;
  }
  public void setUserPass(String userPass) {
     this.userPass = userPass;
  }
}
```

这个值 JavaBean 用来封装用户登录时表单中的用户名和密码。从代码上看，该程序还是很简单的。

工具 JavaBean 则通常用于封装业务逻辑，比如中文处理、数据库操作等。工具 JavaBean 实现了业务逻辑和页面显示的分离，提高了代码的可读性和可重用性。接着看一个工具 JavaBean 的例子。

【例 4-2】工具 JavaBean 的代码如下：

```
public class Tools {
  public String changgeHTML(String value) {
     value = value.replace("<","&lt;");
     value = value.replace(">","&gt;");
     return value;
   }
}
```

这个工具 JavaBean 的功能，是将字符串中的"<"和">"转换为对应的 HTML 字符 "<" 和 ">"。

4.1.3 JavaBean 规范

JavaBean 既不是 Applet，也不是 Application，从本质上来说，JavaBean 就是一组用于构建可重用组件的 Java 类库。与其他任何 Java 类一样，JavaBean 也是由属性和方法组成的。JavaBean 的属性都具有 private 特性，方法具有 public 特性，方法是 JavaBean 的对外接口。

与一般 Java 类不同的是，标准的 JavaBean 一般需遵循以下规范。

(1) 实现 java.io.Serializable 接口。

(2) 是一个公共类。

◎ 类中必须存在一个无参数的构造函数。

◎ 提供对应的 setXxx()和 getXxx()方法来存取类中的属性。

Java.IO.Serializable 接口的作用是序列化，JVM 将类实例转化为字节序列，当类实例被发送到另一台计算机后，会被重新组装，不用担心因操作系统不同而有所改变，序列化机制可以弥补网络传输中不同操作系统的差异问题。

在 JSP 中使用 JavaBean 组件时，创建的 JavaBean 不必实现 java.io.Serializable 接口，就可以运行。工具 JavaBean 不要求必须遵守该规范。因功能不同，工具 JavaBean 中一般没有与属性对应的 setXxx()和 getXxx()方法。公共类是要求类在任何场合都可以访问。因为 JVM 默认时会自动生成无参数构造方法，所以可以不显式地写出来。setXxx()和 getXxx()方法是用来存储和获取类中属性的，方法中的 Xxx 是属性的名称，根据 Java 语言命名规范，方法名中第二个单词的第一个字母大写，属性为布尔类型，可以使用 isXxx()方法代替 getXxx()方法。

4.2 JavaBean 的属性与事件

上一节，我们认识了什么是 JavaBean，本节带大家继续认识 JavaBean 的属性和事件及其使用方法。

4.2.1 JavaBean 的属性

JavaBean 的属性与 Java 程序中所指的属性，或者说与所有面向对象的程序设计语言中对象的属性是一个概念，在程序中的具体体现就是类中的变量。在 JavaBean 设计中，按照不同的作用可以将属性分为四类：Simple、Indexed、Bound、Constrained 属性。

1. Simple 属性

一个简单属性表示一个伴随有一对 get/set 方法(C 语言中的过程或函数，在 Java 程序中称为“方法”)的变量。属性名与和该属性相关的 get/set 方法名对应。例如：如果有 setX 和 getX 方法，则暗指有一个名为 X 的属性；如果有一个方法名为 isX，则通常暗指 X 是一个布尔属性(即 X 的值为 true 或 false)。

【例 4-3】使用 Simple 属性的代码如下。

Canvas 类的源程序如下：

```
package ch4;
import java.awt.Color;
public class Canvas {
    public void setBackground(Color df)
    {

    }
    public void setForeground(Color df)
    {

    }
}
```

alden 类的源程序如下：

```
package ch4;
import java.awt.Color;
public class Alden extends Canvas {
    String ourString= "Hello"; //属性名为 ourString，类型为字符串
    public Alden(){//Alden1()是 Alden1 的构造函数，与 C++中的构造函数意义相同
        setBackground(Color.red);
        setForeground(Color.blue);
    }
    // "set"属性
    public void setOurString(String newString) {
        ourString=newString;
    }
    // "get"属性
    public String getOurString() {
        return ourString;
    }
}
```

2. Indexed 属性

一个 Indexed 属性表示一个数组值。使用与该属性对应的 set/get 方法可以取得数组中的数值。该属性也可一次设置或取得整个数组的值。

【例 4-4】使用 Indexed 属性的代码如下：

```
package ch4;
import java.awt.Color;
public class Alden2 extends Canvas {
    int[] dataSet={1,2,3,4,5,6}; // dataSet 是一个 indexed 属性
    public Alden2() {
        setBackground(Color.red);
        setForeground(Color.blue);
    }
    //设置整个数组
    public void setDataSet(int[] x){
        dataSet=x;
    }
    //设置数组中的单个元素值
    public void setDataSet(int index, int x){
        dataSet[index]=x;
    }
    //取得整个数组值
    public int[] getDataSet(){
        return dataSet;
    }
    //取得数组中的指定元素值
    public int getDataSet(int x){
        return dataSet[x];
    }
}
```

3. Bound 属性

Bound 属性是指当该种属性的值发生变化时，要通知其他的对象。每次属性值改变时，这种属性就引发一个 PropertyChange 事件(在 Java 程序中，事件也是一个对象)。事件中封装了属性名、属性的原值、属性变化后的新值。这种事件传递到其他的 bean，至于接收事件的 bean 应做什么动作由其自己定义。当 PushButton 的 background 属性与 Dialog 的 background 属性绑定时，若 PushButton 的 background 属性发生变化，则 Dialog 的 background 属性也发生同样的变化。

【例 4-5】使用 Bound 属性的代码如下：

```
package ch4;
import java.beans.PropertyChangeListener;
import java.beans.PropertyChangeSupport;
public class Alden3 extends Canvas{
    String ourString="Hello";
    //ourString 是一个 bound 属性
    private PropertyChangeSupport changes = new PropertyChangeSupport(this);
    /* Java 是纯面向对象的语言，如果要使用某种方法则必须指明是要使用哪个对象的方法，
     * 在下面的程序中要进行点火事件的操作，
     * 这种操作所使用的方法是在 PropertyChangeSupport 类中的。
     * 所以上面声明并实例化了一个 changes 对象，
     * 下面将使用 changes 的 firePropertyChange 方法
     * 来点火 ourString 的属性改变事件。*/
    public void setString(String newString){
        String oldString = ourString;
        ourString = newString;
        //ourString 的属性值已发生变化，于是接着点火属性改变事件
        changes.firePropertyChange("ourString",oldString,newString);
    }
    public String getString(){
        return ourString;
    }
    /* 以下代码是为开发工具所使用的。
     * 我们不能预知 Alden3 将与哪些 bean 属性组合成为一个应用，
     * 无法预知若 Alden3 的 ourString 属性发生变化时有哪些其他的组件与此变化有关，
     * 因而 Alden3 这个 bean 要预留一些接口给开发工具，
     * 把其他的 JavaBean 对象与 Alden3 挂接。*/

    public void addPropertyChangeListener(PropertyChangeListener l){
        changes.addPropertyChangeListener(l);
    }
    public void removePropertyChangeListener(PropertyChangeListener l){
        changes.removePropertyChangeListener(l);
    }
}
```

通过上面的代码，开发工具调用 changes 的 addPropertyChangeListener 方法，把其他 JavaBean 注册入 ourString 属性的监听者队列 l 中，l 是一个 Vector 数组，可存储任何 Java 对象。开发工具也可使用 changes 的 removePropertyChangeListener 方法，从 l 中注销指定的

对象，使 Alden3 的 ourString 属性的改变不再与这个对象有关。当然，当程序员手写代码编制程序时，也可直接调用这两个方法，把其他 Java 对象与 Alden3 挂接。

4. Constrained 属性

JavaBean 的 Constrained 属性，是指当这个属性的值要发生变化时，与这个属性已建立了某种连接的其他 Java 对象可否决属性值的改变。constrained 属性的监听者通过抛出 PropertyVetoException 来阻止该属性值的改变。

【例 4-6】 下面程序中的 Constrained 属性是 PriceInCents。

```
package ch4;
import java.beans.PropertyChangeSupport;
import java.beans.PropertyVetoException;
import java.beans.VetoableChangeListener;
import java.beans.VetoableChangeSupport;
public class JellyBean extends Canvas{
    private int priceInCents;
    private PropertyChangeSupport changes=new PropertyChangeSupport(this);
    private VetoableChangeSupport vetos=new VetoableChangeSupport(this);
    //与前述 changes 相同，可使用 VetoableChangeSupport 对象的实例 vetos 中的方法，
    //在特定条件下阻止 priceInCents 值的改变
    public void setPriceInCents(int newPriceInCents) throws
PropertyVetoException {
        //方法名中 throws PropertyVetoException 的作用是
        //当有其他 Java 对象否决 priceInCents 的改变时，要抛出异常。
        //先保存原来的属性值
        int oldPriceInCents=priceInCents;
        //点火属性改变否决事件
        vetos.fireVetoableChange("priceInCents",new
Integer(oldPriceInCents),new Integer(newPriceInCents));
        //若有其他对象否决 priceInCents 的改变， 则程序抛出异常，
        //不再继续执行下面的两条语句，方法结束。
        //若无其他对象否决 priceInCents 的改变，
        //则在下面的代码中把 priceIncents 赋予新值，并点火属性改变事件
        priceInCents=newPriceInCents;
        changes.firePropertyChange("priceInCents", new
Integer(oldPriceInCents), new Integer(newPriceInCents));
    }
    //与前述 changes 相同，也要为 priceInCents 属性预留接口，
    //使其他对象可注册入 priceInCents 或把该对象从中注销
    public void addVetoableChangeListener(VetoableChangeListener l)
    {
        vetos.addVetoableChangeListener(l);
    }
    public void removeVetoableChangeListener(VetoableChangeListener l){
        vetos.removeVetoableChangeListener(l);
    }
}
```

从上面的例子可以看到，一个 Constrained 属性有两种监听者：属性变化监听者和否决属性改变的监听者。否决属性改变的监听者在自己的对象代码中有相应的控制语句，在监

听到有 Constrained 属性要发生变化时，在控制语句中判断是否应否决这个属性值的改变。

总之，某个 bean 的 Constrained 属性值可否改变取决于其他的 bean 或者 Java 对象是否允许这种改变。允许与否的条件由其他的 bean 或 Java 对象在自己的类中进行定义。

4.2.2 JavaBean 的 Scope 属性

对于 JSP 程序而言，使用 JavaBean 组件不仅可以封装许多信息，而且还可以将一些数据处理的逻辑隐藏到 JavaBean 的内部。除此之外，我们还可以设定 JavaBean 的 Scope 属性，使得 JavaBean 组件对于不同的任务具有不同的生命周期和不同的使用范围。在前面我们已经提到过 Scope 属性具有四个可能的值，分别是 application、session、request、page，分别代表 JavaBean 的四种不同的生命周期和四种不同的使用范围。bean 只有在它定义的范围里才能使用，在它的活动范围外将无法访问。JSP 设定的范围如下：

(1) page：bean 的默认使用范围。

(2) request：作用于任何相同请求的 JSP 文件中，直到页面执行完毕向客户端发回响应或在此之前已通过某种方式(如重定向、链接等方式)转到另一个文件为止。还可通过使用 Request 对象访问 bean，如 request.getAttribute(beanName)。

(3) session：作用于 session 的整个生存周期，在 session 的生存周期内，对此 bean 属性的任何改动，都会影响在此 session 内的另一 page、另一 request 里对此 bean 的调用。但必须在创建此 bean 的文件里事先用 page 指令指定了 session=true。

(4) application：作用于 application 的整个生存周期，在 application 的生存周期内，对此 bean 属性的任何改动，都会影响到此 application 内另一 page、另一 request 以及另一 session 里对此 bean 的调用。

下面我们用一个最为简单的例子来理解。

【例 4-7】利用 JavaBean 获取当前时间，其代码如下：

```
package ch4;
import java.util.Date;
import java.text.*;
public class Common{
    Date d=new Date();
    public String now(String s){
        SimpleDateFormat formatter = new SimpleDateFormat(s);
        return formatter.format(d);
    }
}
```

测试页面 date.jsp 的代码如下：

```
<jsp:useBean scope="page" id="dt" class="ch4.Common"/>
<%
    out.print(dt.now("yyyy-MM-dd"));
%>
```

程序的运行结果如图 4-1 所示。

图 4-1　显示当前时间

通过上述程序，我们可以得知：

当 scope=application 时，我们浏览 date.jsp，这时显示出了系统时间。可是不管我们怎么刷新，重新打开一次浏览器，甚至换台机器，它显示的时间始终不变，都是当初的时间(即 bean 刚创建时得到的系统时间)，因为 scope=application，所以 bean 的实例在内存中只有一份，此时只要不重新启动 Web 服务，输出不会变化。

当 scope=session 时，浏览 date.jsp，刷新时显示也不会变化。可是当我们重新打开浏览器，即一个新的 session 时，系统便再次创建 bean 的实例，取得当前系统时间，这时将得到正确的时间。同样，再次刷新新打开的页面(新的 session)，显示也不会变化。

当 scope=page/request('它们的区别只在于包含静态文件时，此处无区别)时，不断刷新页面将不断得到当前系统时间。

以上可以看出对于不同的 scope，bean 有不同的作用域。使用时一定注意，不要将经常变动的 bean 的 scope 设为 application 或 session，那将得到不正确的结果.

4.2.3　JavaBean 事件

事件处理是 JavaBean 体系结构的核心之一。通过事件处理机制，可让一些组件作为事件源，发出可被描述环境或其他组件接收的事件。这样，不同的组件就可在构造工具内组合在一起，组件之间通过事件的传递进行通信，构成一个应用。从概念上讲，事件是一种在“源对象”和“监听者对象”之间，某种状态发生变化的传递机制。事件有许多不同的用途，例如，在 Windows 系统中常要处理的鼠标事件、窗口边界改变事件、键盘事件等。在 Java 和 JavaBean 中则是定义了一个一般的、可扩充的事件机制，这种机制能够：

(1) 对事件类型和传递的模型的定义和扩充提供一个公共框架，并适合于广泛的应用。

(2) 与 Java 语言和环境有较高的集成度。

(3) 事件能被描述环境捕获。

(4) 能使其他构造工具采取某种技术在设计时直接控制事件，以及事件源和事件监听者之间的联系。

(5) 事件机制本身不依赖于复杂的开发工具。

(6) 能够发现指定的对象类可以生成的事件。

(7) 能够发现指定的对象类可以观察(监听)到的事件。

(8) 提供一个常规的注册机制，允许动态操纵事件源与事件监听者之间的关系。

(9) 不需要其他的虚拟机和语言即可实现。

(10) 事件源与监听者之间可进行高效的事件传递。

(11) 能完成 JavaBean 事件模型与其他相关组件体系结构事件模型的中立映射。

JavaBean 事件从事件源到监听者的传递是通过对目标监听者对象的 Java 方法调用进行的。对每个明确发生的事件，都相应地定义一个明确的 Java 方法。这些方法都集中在事件监听者(EventListener)接口中定义，这个接口要继承 java.util.EventListener。实现了事件监听者接口中一些或全部方法的类就是事件监听者。伴随着事件的发生，相应的状态通常都封装在事件状态对象中，该对象必须继承自 java.util.EventObject。事件状态对象作为单参传递给应响应该事件的监听者方法。发出某种特定事件的事件源的标识是：遵从规定的设计格式为事件监听者定义注册方法，并接受对指定事件监听者接口实例的引用。有时，事件监听者不能直接实现事件监听者接口，或者还有其他的额外动作时，就要在一个源与其他一个或多个监听者之间插入一个事件适配器类的实例，来建立它们之间的联系。

与事件发生有关的状态信息一般都封装在一个事件状态对象(Event State Object)中，这种对象是 java.util.EventObject 的子类。按设计习惯，这种事件状态对象类的名应以 Event 结尾。例如：

```
package ch4;
import java.awt.Component;
import java.awt.Point;
import java.util.EventObject;
public class MouseMovedExampleEvent extends EventObject{
    protected int x, y;
    //创建一个鼠标移动事件 MouseMovedExampleEvent
    public MouseMovedExampleEvent(Component source, Point location) {
        super(source);
        x = location.x;
        y = location.y;
    }
    //获取鼠标位置
    public Point getLocation() {
        return new Point(x, y);
    }
}
```

1. 事件监听者接口(EventListener Interface)与事件监听者

由于 Java 事件模型均基于方法调用，因而需要一个定义并组织事件操纵方法的方式。在 JavaBean 中，事件操纵方法都被定义在继承了 java.util.EventListener 类的 EventListener 接口中。按规定，EventListener 接口的命名要以 Listener 结尾。任何一个类如果想操纵在 EventListener 接口中定义的方法都必须以实现这个接口的方式进行。这个类也就是事件监听者。例如：

```
//先定义一个鼠标移动事件对象
public class MouseMovedExampleEvent
extends java.util.EventObject {
//在此类中包含与鼠标移动事件有关的状态信息
}
```

```
//定义鼠标移动事件的监听者接口
package ch4;
import java.util.EventListener;
public interface MouseMovedExampleListener extends EventListener {
    //在这个接口中定义鼠标移动事件监听者所应支持的方法
    void mouseMoved(MouseMovedExampleEvent mme);
}
```

在接口中只定义方法名、方法的参数和返回值类型。例如，上面接口中的 mouseMoved 方法的具体实现是在下面的 ArbitraryObject 类中定义的。

```
package ch4;
public class ArbitraryObject implements MouseMovedExampleListener {
    public void mouseMoved(MouseMovedExampleEvent mme){
        //...
    }
}
```

ArbitraryObject 就是 MouseMovedExampleEvent 事件的监听者。

2. 事件监听者的注册与注销

事件监听者把自己注册入合适的事件源中，建立源与事件监听者间的事件流，事件源必须为事件监听者提供注册和注销的方法。在前面的 bound 属性介绍中已看到了这种使用过程。在实际中，事件监听者的注册和注销要使用标准的设计格式：

```
public void add< ListenerType>(< ListenerType> listener);
public void remove< ListenerType>(< ListenerType> listener);
```

首先定义了一个事件监听者接口：

```
package ch4;
import java.util.EventListener;
import java.util.EventObject;
public interface ModelChangedListener extends EventListener {
    public void modelChanged(EventObject e);
}
```

接着定义事件源类：

```
package ch4;
import java.util.EventObject;
import java.util.Vector;
public abstract class Model {
    private Vector listeners = new Vector(); //定义了一个储存事件监听者的数组
    //上面设计格式中的<ListenerType>在此处即是下面的 ModelChangedListener
    public synchronized void addModelChangedListener(ModelChangedListener mcl)
    { listeners.addElement(mcl); }   //把监听者注册入 listeners 数组中
    public synchronized void removeModelChangedListener
(ModelChangedListener mcl)
    { listeners.removeElement(mcl);      //把监听者从 listeners 中注销
    }
    //以上两个方法的前面均冠以 synchronized，是因为运行在多线程环境时，
    //可能有几个对象同时要进行注册和注销操作，
```

```
    //要使用 synchronized 来确保它们之间的同步。
    //开发工具或程序员使用这两个方法建立源与监听者之间的事件流
    protected void notifyModelChanged() {
        //事件源使用本方法通知监听者发生了 modelChanged 事件
        Vector l;
        EventObject e = new EventObject(this);
        //首先要把监听者拷贝到数组 l 中，冻结 EventListeners 的状态以传递事件。
        //这样来确保在事件传递到所有监听者之前，
        //已接收了事件的目标监听者的对应方法暂不生效
        synchronized(this) {
            l = (Vector)listeners.clone();
        }
        for (int i = 0; i<l.size(); i++) {
            //依次通知在监听者队列中注册的每个监听者发生了 modelChanged 事件，
            //并把事件状态对象 e 作为参数传递给监听者队列中的每个监听者
            ((ModelChangedListener)l.elementAt(i)).modelChanged(e);
        }
    }
}
```

在程序中可见，事件源 Model 类显式地调用了接口中的 modelChanged 方法，实际是把事件状态对象 e 作为参数，传递给了监听者类中的 modelChanged 方法。

3. 适配类

适配类是 Java 事件模型中极其重要的一部分。在一些应用场合，事件从源到监听者之间的传递要通过适配类来“转发”。例如，当事件源发出一个事件，而有几个事件监听者对象都可接收该事件，但只需要指定对象做出反应时，就要在事件源与事件监听者之间插入一个事件适配器类，由适配器类来指定事件应该由哪些监听者来响应。

适配类成为了事件监听者，事件源实际是把适配类作为监听者注册入监听者队列中，而真正的事件响应者并未在监听者队列中，事件响应者应做的动作由适配类决定。目前绝大多数的开发工具在生成代码时，事件处理都是通过适配类来进行的。

4. JavaBean 用户化

JavaBean 开发者可以给 bean 添加用户化器(Customizer)、属性编辑器(PropertyEditor)和 BeanInfo 接口来描述 bean 的内容。bean 的使用者可在构造环境中通过与 bean 附带在一起的这些信息来用户化 bean 的外观和应做的动作。bean 不必都有 BeansCustomizer、PropertyEditor 和 BeanInfo，根据实际情况，这些是可选的。当有些 bean 较复杂时，就要提供这些信息，以 Wizard 的方式使 bean 的使用者能够用户化 bean。有些简单的 bean 可能这些信息都没有，则构造工具可使用自带的透视装置，透视出 bean 的内容，并把信息显示到标准的属性表或事件表中供使用者用户化 bean。前几节提到的 bean 的属性、方法和事件名要以一定的格式命名，主要的作用就是供开发工具对 bean 进行透视。当然也是给程序员在手写程序中使用 bean 提供方便，使它能观其名、知其意。

1) 用户化器接口(Customizer Interface)

当一个 bean 有了自己的用户化器时，在构造工具内就可展现出自己的属性表。在定义用户化器时必须要实现 java.Bean.Customizer 接口。例如，一个“按钮”bean 的方法，代码如下：

```
package ch4;
import java.awt.Panel;
import java.beans.Customizer;
import java.beans.PropertyChangeListener;
import java.beans.PropertyChangeSupport;
public class OurButtonCustomizer extends Panel implements Customizer {
    //当实现类似 OurButtonCustomizer 这样的常规属性表时，
    //一定要在其中实现 addProperChangeListener 和
removePropertyChangeListener，这样构造工具可用这些功能代码为属性事件添加监听者
    private PropertyChangeSupport changes=new PropertyChangeSupport(this);
    public void addPropertyChangeListener(PropertyChangeListener l) {
        changes.addPropertyChangeListener(l);
    }
    public void removePropertyChangeListener(PropertyChangeListener l) {
        changes.removePropertyChangeListener(l);
    }
    @Override
    public void setObject(Object bean) {
        // TODO Auto-generated method stub
    }
}
```

2) 属性编辑器接口(PropertyEditor Interface)

JavaBean 可提供 PropertyEditor 类，为指定的属性创建一个编辑器。这个类必须继承自 java.Bean.PropertyEditorSupport 类。构造工具与手写代码的程序员不直接使用这个类，而是在下一小节的 BeanInfo 中实例化并调用这个类，如下：

```
package ch4;
import java.beans.PropertyEditorSupport;
public class MoleculeNameEditor extends PropertyEditorSupport {
    public String[] getTags() {
      String resule[]={"HyaluronicAcid","Benzene","buckmisterfullerine",
"cyclohexane","ethane","water"};
        return resule;
    }
}
```

上例中是为 Tags 属性创建了属性编辑器，在构造工具内，可从下拉表格中选择 MoleculeName 的属性，应是 HyaluronicAcid 或 water。

3) BeanInfo 接口

每个 bean 类也可能有与之相关的 BeanInfo 类，在其中描述了这个 bean 在构造工具内出现时的外观。BeanInfo 中可定义属性、方法、事件，显示它们的名称，提供简单的帮助说明，如下：

```
package ch4;
import java.beans.PropertyDescriptor;
import java.beans.SimpleBeanInfo;
public class MoleculeBeanInfo extends SimpleBeanInfo {
```

```
    public PropertyDescriptor[] getPropertyDescriptors() {
        try {
            PropertyDescriptor pd=new PropertyDescriptor("moleculeName",
MoleculeNameEditor.class);
            //通过pd引用上一节的MoleculeNameEditor类,取得并返回moleculeName属性
            pd.setPropertyEditorClass(MoleculeNameEditor.class);
            PropertyDescriptor result[]={pd};
            return result;
        } catch(Exception ex) {
            System.err.println("MoleculeBeanInfo: unexpected exeption: "+ex);
            return null;
        }
    }
}
```

5. JavaBean 持久化

当 JavaBean 在构造工具内被用户化，并与其他 bean 建立连接之后，它的所有状态都应当可被保存，下一次被装载进构造工具或在运行时，就应当是上一次修改完的信息。为了能做到这一点，要把 bean 的某些字段的信息保存下来，在定义 bean 时要使它实现 java.io.Serializable 接口。例如：

```
public class Button
implements java.io.Serializable {}
```

实现了序列化接口的 bean 中字段的信息将被自动保存。若不想保存某些字段的信息，则可在这些字段前冠以 transient 或 static 关键字，transient 和 static 变量的信息是不能被保存的。通常，bean 所有公开出来的属性都应当是被保存的，也可有选择地保存内部状态。bean 开发者在修改软件时，可以添加字段，移走对其他类的引用，改变一个字段的 private/protected/public 状态，这些都不影响类的存储结构关系。然而，当从类中删除一个字段，改变一个变量在类体系中的位置，把某个字段改成 transient/static，或原来是 transient/static，现改为别的特性时，都将引起存储关系的变化。

提示

JavaBean 组件被设计出来后，一般是以扩展名为 jar 的 Zip 格式文件存储，在 jar 中包含与 JavaBean 有关的信息，并以 MANIFEST 文件指定其中的哪些类是 JavaBean。以 jar 文件存储的 JavaBean 在网络中传送时极大地减少了数据的传输数量，并把 JavaBean 运行时所需要的一些资源捆绑在一起。随着世界各大 ISV 对 JavaBean 越来越多的支持，规范在一些细节上还在不断演化，但基本框架不会再有大的变动。

4.3 案例：JavaBean 实现用户登录界面

实训内容和要求

应用 JavaBean 方式实现用户的登录验证，当用户在表单中填写正确的用户名和密码后，提示成功登录。若输入的密码错误，则提示“密码错误，请输入正确密码！”

实训步骤

(1) 用 JavaBean 用户登录验证。类 User 包含基础的用户名、密码属性，用 Map 来保存错误信息，代码如下：

```
package com.eshore.pojo;

import java.io.Serializable;
import java.util.HashMap;
import java.util.Map;

public class User implements Serializable{

    private String username="";//用户名
    private String passwd="";   //密码
    Map<String,String> userMap = null;//存放用户
    Map<String,String> errorsMap = null;//存放错误信息

    public User() { //无参的构造方法
        super();
        this.username = "";
        this.passwd="";
        userMap = new HashMap<String,String>();
        errorsMap = new HashMap<String,String>();
        //添加用户，模拟从数据库中查询出的数据
        userMap.put("baiqian", "123zs");
        userMap.put("baifengjiu", "1234zs");
        userMap.put("yehua", "1234ww");
        userMap.put("zheyan", "1234zq");
        userMap.put("baichen", "1234zl");
        // TODO Auto-generated constructor stub
    }
    //数据验证
    public boolean isValidate(){
        boolean flag = true;
        //用户名验证
        if(!this.userMap.containsKey(this.username)){
            flag = false;
            errorsMap.put("username", "该用户不存在！");
            this.username = "";
        }
        //根据用户名进行密码验证
        String password = this.userMap.get(this.username);
        if(password==null||!password.equals(this.passwd)){
            flag = false;
            this.passwd = "";
            errorsMap.put("passwd", "密码错误，请输入正确密码！");
            this.username = "";
        }
        return flag;
    }
```

```
    //获取错误信息
    public String getErrors(String key){
        String errorV = this.errorsMap.get(key);
        return errorV==null?"":errorV;
    }
    //以下是属性的 get 和 set 方法，但必须是 public
    public String getUsername() {
        return username;
    }

    public void setUsername(String username) {
        this.username = username;
    }

    public String getPasswd() {
        return passwd;
    }

    public void setPasswd(String passwd) {
        this.passwd = passwd;
    }
}
```

(2) 登录页面 login.jsp，引用 User 类并用表单提交的方式设定 User 属性值，代码如下：

```
<%@ page language="java" import="java.util.*" pageEncoding="UTF-8"%>
<jsp:useBean id="user" class="com.eshore.pojo.User" scope="session"/>
<!DOCTYPE HTML PUBLIC "-//W3C//DTD HTML 4.01 Transitional//EN">
<html>
  <head>
    <title>用户登录</title>
  </head>

  <body>
      <p>用户登录</p>
      <!-- 用 form 表单提交，用户名和密码 -->
      <form action="check.jsp" method="post">
          <table border="1" width="250px;">
              <tr>
                  <td width="75px;">用户名：</td>
                  <td ><input name="username" value="<jsp:getProperty
              name="user" property="username"/>"/>
                  <!-- 用户错误信息 -->
                  <span style="color:red">
                      <%=user.getErrors("username") %></span> <br/></td>
              </tr>
              <tr>
                  <td width="75px;">密  码：</td>
                  <td ><input type="password" name="passwd"
              value="<jsp:getProperty name="user" property="passwd"/>"/>
                  <!-- 密码错误信息 -->
                  <span style="color:red"><%=user.getErrors("passwd")%>
```

```
                </span><br/></td>
            </tr>
            <tr>
                <td colspan="2">
                    <input type="submit" value="提交"/>  
                    <input type="reset" value="重置"/>
                </td>
            </tr>
        </table>
    </form>
  </body>
</html>
```

(3) 检验页面 check.jsp，同样定义一个范围为 session 的 User，调用类的验证方法进行判断，代码如下：

```
<%@ page language="java" import="java.util.*" pageEncoding="UTF-8"%>
<jsp:useBean id="user" class="com.eshore.pojo.User" scope="session"/>
<!DOCTYPE HTML PUBLIC "-//W3C//DTD HTML 4.01 Transitional//EN">
<html>
  <head>
    <title>验证用户</title>
  </head>

  <body>
    <!--
       设置 user 属性，判断是否合法
       合法跳转成功，否则跳转到登录页面
     -->
     <jsp:setProperty property="*" name="user"/>
      <%
        if(user.isValidate()){
      %>
      <jsp:forward page="success.jsp"/>
      <%
        }else{
       %>
       <jsp:forward page="login.jsp"/>
       <%} %>
  </body>
</html>
```

(4) success.jsp 文件显示欢迎界面，代码如下：

```
<%@ page language="java" import="java.util.*" pageEncoding="UTF-8"%>
<% request.setCharacterEncoding("UTF-8"); %>
<jsp:useBean id="user" class="com.eshore.pojo.User" scope="session"/>
<!DOCTYPE HTML PUBLIC "-//W3C//DTD HTML 4.01 Transitional//EN">
<html>
  <head>
    <title>登录成功</title>
  </head>
```

```
  <body>
      <center>
         <h4>欢迎您：
             <SPAN style="color: red">
             <jsp:getProperty property="username" name="user"/>
             </SPAN>用户！
         </h4>
      </center>
  </body>
</html>
```

程序运行结果如图 4-2、图 4-3、图 4-4 所示。

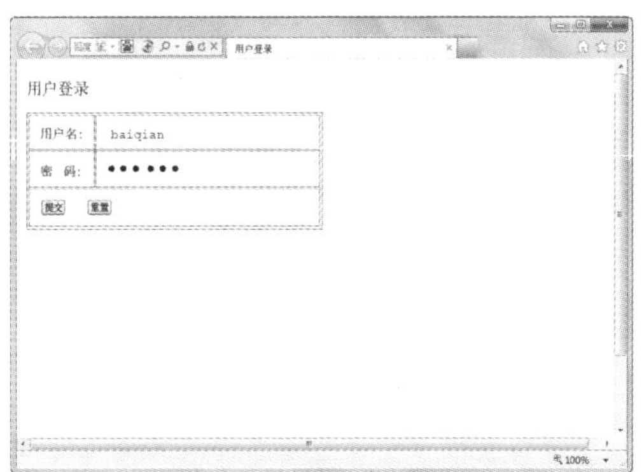

图 4-2　用户登录界面

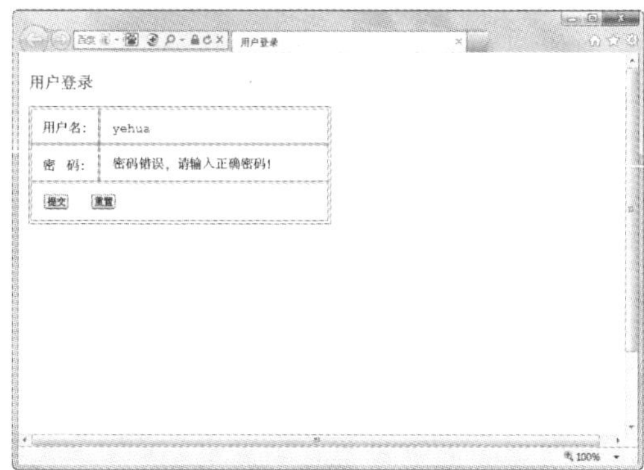

图 4-3　输入错误信息提示

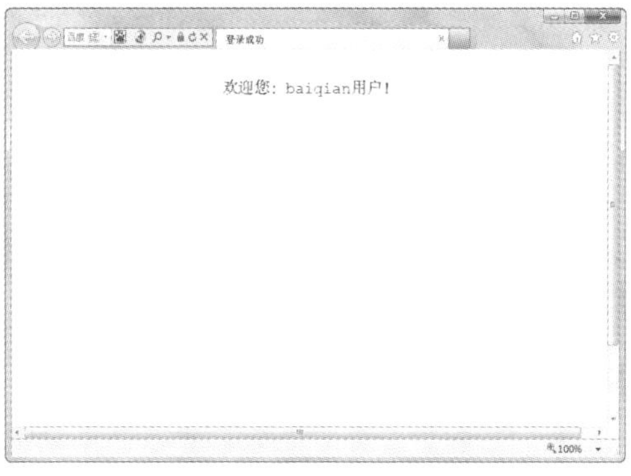

图 4-4　成功登录的效果

本 章 小 结

JavaBean 作为一种组件技术，在 JSP 页面中用来封装业务逻辑、数据库操作等。使用 JavaBean 可以使程序逻辑清晰，增强可移植性。本章主要介绍 JavaBean 的定义、工具、规范、属性、事件应用。通过对本章的学习，读者可以掌握以 JavaBean 技术开发的页面，为后面学习 MVC 模式编程打下基础。

习　题

一、填空题

1. JavaBean 中用 set 方法设置 bean 的私有属性值，用 get 方法获得 bean 的私有属性值。set 和 get 方法的名称与属性名称必须对应，也就是说，如果属性名称为 xxx，那么 set 和 get 方法的名称必须为________和________。

2. 在实际 Web 应用开发中，编写 bean 除了要使用 import 语句引入 Java 的标准类外，可能还需要自己编写的其他类。用户自己编写的被 bean 引用的类称为________。

3. scope 属性代表 JavaBean 的作用范围，它可以是 page、________、session 和 application 四个作用范围中的一种。

4. 要想在 JSP 页面中使用 bean，首先必须使用__________动作标记在页中定义一个 JavaBean 的实例。

5. 在 Web 服务器端使用 JavaBean，将原来页面中程序完成的功能封装到 JavaBean 中，这样能很好地实现____________________。

二、选择题

1. 下面属于工具 bean 的用途的是(　　)。

   A. 负责数据的存取

   B. 在多台机器上跨几个地址空间运行

   C. 接受客户端的请求，将处理结果返回客户端

   D. 完成一定的运算和操作，包含一些特定的或通用的方法，进行计算和事务处理

2. JavaBean 可以通过相关 JSP 动作指令进行调用。下面(　　)不是 JavaBean 可以使用的 JSP 动作指令。

   A. <jsp:useBean>　　B. <jsp:setProperty>

   C. <jsp:getProperty>　　D. <jsp:setParameter>

3. JSP 页面通过(　　)来识别 bean 对象，可以在程序片中通过 xx.method 形式调用 Bean 中的 set 和 get 方法。

   A. name　　B. class　　C. id　　D. classname

4. 使用<jsp:getProperty>动作标记可以在 JSP 页面中得到 bean 实例的属性值，并将其转换为(　　)类型的数据，发送到客户端。

   A. Classes　　B. Object　　C. String　　D. Double

5. JavaBean 的作用范围可以是 page、request、session 和(　　)四个作用范围中的一种。

   A. application　　B. local　　C. global　　D. class

三、问答题

1. JavaBean 和 Java 类有哪些区别？

2. 如何实现 bean 的属性与表单参数的关联？

第5章 Servlet 技术

本章要点

1. Servlet 类和方法。
2. Servlet 客户端和服务器的跳转。
3. Servlet 的使用。

学习目标

1. 掌握 Servlet 的定义、特点。
2. 掌握 Servlet 的生命周期。
3. 掌握 Servlet 类和方法。
4. 掌握 Servlet 客户端和服务器的跳转。
5. 掌握 Servlet 的使用。

5.1 Servlet 概述

在 JSP 中，Servlet 是另一种重要的技术，全称是 Java Servlet，主要用于 Java 类编写的服务端程序，与平台架构、协议无关。在 JSP 中，所有的 JSP 页面传回服务端时都要转为 Servlet 进行编译、运行。

5.1.1 Servlet 的定义和特点

1. Servlet 的定义

Servlet 是 Java 专注于 CGI 开发的一种技术，运行在 Server 端，并产生动态的结果。为什么要使用 Servlet 来代替传统的 CGI 程序呢?

原因之一是效率，使用传统的 CGI 程序，每当收到一个 HTTP 请求的时候，系统就要启动一个新的进程来处理这个请求，这样会导致系统性能降低。而使用 Servlet，Java VMS 一直在运行，当接到一个请求之后 Java MVS 就创建一个 Java 线程马上进行处理，如此要比每次都启动一个新的系统进程效率要高得多。

JSP 是 Servlet 技术的一个扩展。JSP 允许将 Java 代码轻松地和 HTML 语言混合在一起使用，并完成强大的功能。可以使代码更容易阅读并在浏览器中浏览到程序执行的结果。

【例 5-1】下面是一个例子，输出的结果都是“Hello World! Your name is:”，请仔细比较。

JSP 文件代码如下：

```
<%@ page contentType="text/html; charset=gb2312" language="java"
import= "java.sql.*" errorPage="errorpage.jsp" %>
<html>
<head>
<title>JSP</title>
</head>
<%
 out.println("Hello World! Your name is: "+ request.getParameter("name"));
%>
</body>
</html>
```

相应的 Servlet 文件代码如下：

```
package ch05;
import java.io.IOException;
import java.io.PrintWriter;
import javax.servlet.ServletException;
import javax.servlet.annotation.WebServlet;
import javax.servlet.http.HttpServlet;
import javax.servlet.http.HttpServletRequest;
import javax.servlet.http.HttpServletResponse;
@WebServlet("/HelloWorld")
public class HelloWorld extends HttpServlet {
```

```
    private static final long serialVersionUID = 1L;
    protected void doGet(HttpServletRequest request, HttpServletResponse
response) throws ServletException, IOException {
        response.setContentType("text/html");
        PrintWriter out = response.getWriter();
        out.println("");
        out.println("");
        out.println("");
        out.println("");
        out.println("");
        out.println("Hello World! Your name is: "+
request.getParameter("name"));
        out.println("");
        out.println("");
    }
    protected void doPost(HttpServletRequest request, HttpServletResponse
response) throws ServletException, IOException {
        doGet(request, response);
    }
}
```

上面两个程序的输出结果是完全一样的，从而可以看到，JSP 可以实现 Servlet 的一般功能，其中 JSP 程序显得更容易阅读和编写。JSP 和 Servlet 具有不同的特点，应用的场合也不同，程序员在使用的时候，可以根据自己的需要进行选择。

2. Servlet 的技术特点

Servlet 给程序开发带来了许多好处，能及时响应和处理 Web 端请求。总体来说，Servlet 技术有如下几个特点。

(1) 功能强大：Servlet 可以提供传统的 CGI 不能提供的许多强大功能。可以使用 Java 的 API 完成任何传统 CGI 认为困难或不可能的事情。Servlet 可以轻松地实现数据共享和信息维护、跟踪 session 和其他功能。

(2) 安全：Servlet 运行在 Servlet 引擎的限制范围之内，就像可以在 Web 浏览器中运行 Applets 一样，这样有助于保护 Servlet 不受威胁。

(3) 成本：由于 Servlet 可以运行在多个 Web 服务器上，这样就可以使用免费或价格便宜的服务器，如此可以大大减少成本开支。

(4) 灵活性：由于 Servlet 是在 Java 平台上运行的，所以由于 Java 的跨平台性，Servlet 也可以从一个平台轻易地转移到另一个操作系统平台上，从而大大提高了灵活性。

(5) 一个 Servlet 实际上就是一个 Java 类，需要运行在 Java 的虚拟机上，使用 Servlet 引擎。当某个 Servlet 被请求的时候，Servlet 引擎调用该 Servlet 并一直运行到这个被调用的 Servlet 运行完毕或 Servlet 引擎被关闭。

5.1.2 Servlet 的生命周期

Servlet 程序是运行在服务端的 Java 程序，生命周期受 Web 容器的控制。Servlet 生命周期包括加载、初始化、服务、销毁、卸载 5 个部分，如图 5-1 所示。

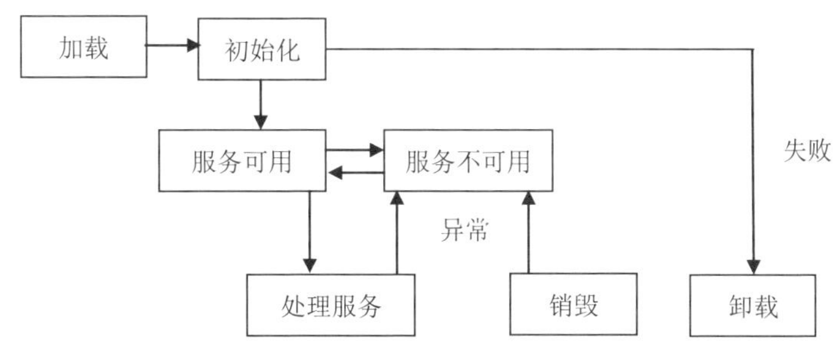

图 5-1 Servlet 的生命周期示意图

1) 加载

加载一般是运行 Web 容器中的 Tomcat 来完成的。当 Web 容器启动时，或第一次使用某个 Servlet 时，Web 容器创建 Servlet 实例。此时，用户必须通过 web.xml 文件指定 Servlet 所在的包和类名称以及 servlet 和 url 的映射，或者用注解@WebServlet 来实现 servlet 和 url 的映射。成功加载后，Web 容器会通过反射机制对 Servlet 进行实例化。

2) 初始化

当 Web 容器实例化 Servlet 对象后，它将调用 init()方法初始化这个实例对象。初始化可以让 Servlet 对象在处理客户端请求前完成一系列的准备工作，如建立数据连接、读取源文件。

3) 服务

当发现有请求提交时，Servlet 调用 service()方法进行处理，该方法将根据客户端的请求方式，调用 doGet()或 doPost()方法。在 service()方法中，Servlet 通过 ServletRequest 对象接收客户端请求，通过 ServletRequest 对象设置响应信息。

4) 销毁

当 Servlet 在 Web 服务器中销毁时，Web 服务器将调用 Servlet 的 destroy()方法，以便让该 Servlet 释放所占用的资源。

5) 卸载

当一个 Servlet 完成 destroy()方法后，此 Servlet 实例将等待被垃圾回收器回收。

5.1.3 Servlet 的类和方法

开发 Servlet 相关的程序包主要有两个，即 javax.servlet 和 javax.servlet.http。大多数 Servlet 是针对 HTTP 协议的 Web 容器，这样，开发 Servlet 的方法时，会使用 javax.servlet.http.Httpservlet 类。下面介绍 Servlet 开发中经常使用的 API。

1. Servlet 接口

此接口位于 javax.servlet 包中，定义了 Servlet 的主要方法，声明如表 5-1 所示。

表 5-1 常用 Servlet 接口的方法声明

方法声明	说 明
public void service(ServletRequest request,ServletResponse response)	Servlet 在处理客户端请求时调用此方法

续表

方法声明	说　明
public void destroy()	Servlet 容器移除 Servlet 对象时调用此方法，以释放资源空间
public ServletConfig getServletConfig()	用于获取 Servlet 对象的配置信息，返回 ServletConfig 对象
public String getServletInfo()	返回有关 Servlet 的信息，如作者、版本信息等

2. HttpServlet 类

HttpServlet 类是 Servlet 接口的实现类，主要封装了 HTTP 请求的方法，常用的方法声明如表 5-2 所示。

表 5-2　HttpServlet 类的常用方法与声明

方法声明	说　明
protected void doGet(HttpServletRequest req,HttpServletResponse resp)	用于处理 GET 类型的 HTTP 请求方法
protected void doPost(HttpServletRequest req,HttpServletResponse resp)	用于处理 POST 类型的 HTTP 请求方法
protected void doPut(HttpServletRequest req,HttpServletResponse resp)	用于处理 PUT 类型的 HTTP 请求方法

3. HttpServletRequest 接口

HttpServletRequest 接口位于 javax.servlet.http 包中，用于封装 HTTP 的请求。通过此接口，可以获取客户端传递的 HTTP 请求参数，常用方法的声明及其说明如表 5-3 所示。

表 5-3　HttpServletRequest 接口的常用方法

方法声明	说　明
public String getContextPath()	返回上下文路径，此路径以“/”开始
public Cookie[] getCookies()	返回所有 Cookie 对象，返回值类型为 Cookie 数组
public String getMethod()	返回 HTTP 请求的类型，如 GET 和 POST 等
public String getQueryString()	返回请求的查询字符串
public String getRequestURI()	返回主机名到请求参数之间的部分字符串
public HttpSession getSession()	返回与客户端页面关联的 HttpSession 对象

4. HttpServletResponse 接口

HttpServletResponse 接口位于 javax.servlet.http 包中，它封装了对 HTTP 请求的响应。通过此接口，可以向客户端发送回应，其常用方法声明及说明如表 5-4 所示。

表 5-4 HttpServletResponse 接口的常用方法

方法声明	说 明
public void addCookie(Cookie cookie)	向客户端发送 Cookie 信息
public void sendError(int sc)	发送一个错误状态码为 sc 的错误响应到客户端
public void sendError(int sc,String msg)	发送包含错误状态码及错误信息响应到客户端
public void sendRedirect (String location)	将客户端请求重定向到新的 URL

HttpServletRequest 接口和 HttpServletResponse 接口中封装了 HTTP 请求，更多的方法读者可以参阅 JavaEE API 文档。

要开发一个可以处理 HTTP 请求的 Servlet 程序，需要继承 HttpServlet 类，继承 HttpServlet 之后，就可以重写 HttpServlet 类中的方法，然后编写代码实现。

【例 5-2】创建 Servlet 程序 Welcome.java，程序运行显示“Welcome Servlet”。

首先创建一个 Servlet 文件 Welcome.java，编写代码如下：

```
package ch05;
import java.io.IOException;
import java.io.PrintWriter;
import javax.servlet.ServletException;
import javax.servlet.http.HttpServlet;
import javax.servlet.http.HttpServletRequest;
import javax.servlet.http.HttpServletResponse;
public class Welcome extends HttpServlet {
   /**第一个 Servlet */
   public void doGet(HttpServletRequest request,
     HttpServletResponse response)
     throws ServletException, IOException {
       PrintWriter out = response.getWriter(); //创建输出流对象，准备输出
       out.println("<HTML>");
       out.println("<HEAD><TITLE>Welcome Servlet</TITLE ></HEAD> ");
       out.println("<BODY>");
       out.print("<h1> Welcome Servlet </h1> ");
       out.println("</BODY>");
       out.println("</HTML>");
       out.close();
   }
   protected void doPost(HttpServletRequest request, HttpServletResponse
response) throws ServletException, IOException {
         doGet(request, response);
   }
}
```

以上代码从 HttpServletResponse 对象中获取一个输出流对象，然后通过输出流对象 out 输出每个 HTML 元素。

编译后仍无法直接访问，需要在\WEB-INF\web.xml 文件中进行配置，完成 Servlet 程序的映射，Servlet 才能执行。本例在 web.xml 文件中添加如下代码：

```
    <servlet>
        <servlet-name>Welcome</servlet-name>
```

```
        <servlet-class>ch05.Welcome</servlet-class >
    </servlet>
    <servlet-mapping>
        <servlet-name>Welcome</servlet-name>
        <url-pattern>/servlet/Welcome</url-pattern>
    </servlet-mapping>
```

上面的配置程序表示：通过/servlet/Welcome 路径可以找到对应的<servlet>节点，找到<servlet -class>所指定的 Servlet 程序。

启动服务器后，在浏览器中输入 http://localhost:8080/jspbook/servlet/Welcome，其中 jspbook 是项目名(虚拟目录名)，程序运行结果如图 5-2 所示。

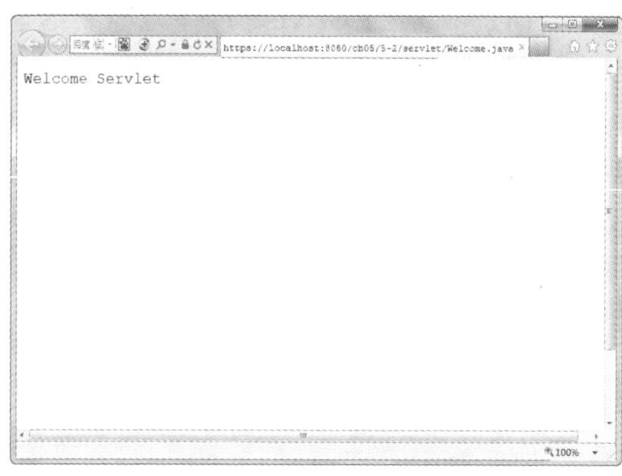

图 5-2　Welcome 程序的运行结果

5.2 Servlet 的跳转与使用

Servlet 跳转有客户端跳转和服务器跳转两种。其中，客户端跳转运用 sendRedirect()方法实现，服务器跳转运用 RequestDispatcher 接口实现，本节将介绍这两种跳转方法的实现以及使用。

5.2.1 客户端跳转

在 Servlet 中要想进行客户端跳转，需要使用 HttpServletResponse 接口的 sendRedirect()方法，但需要注意的是，这种跳转只能传递 session 和 application 范围的属性，无法传送 request 范围的属性。

【例 5-3】使用客户端跳转 ClientRedirect.java。

首先创建一个 Servlet 文件 ClientRedirect.java，代码如下：

```
package ch05;
import java.io.IOException;
import java.io.PrintWriter;
import javax.servlet.ServletException;
import javax.servlet.http.HttpServlet;
import javax.servlet.http.HttpServletRequest;
import javax.servlet.http.HttpServletResponse;
```

```
public class ClientRedirect extends HttpServlet {
    /**
     *客户跳转
     */
    public void doGet(HttpServletRequest request, HttpServletResponse response)
            throws ServletException, IOException {
        request.getSession().setAttribute("name","白辰");
        request.setAttribute("info","JavaServlet");
        response.sendRedirect("../ch5/info.jsp");
    }
    public void doPost(HttpServletRequest request,
            HttpServletResponse response)
                    throws ServletException, IOException {
        this.doGet(request,response);  //调用 doGet 的方法
    }
}
```

然后配置 web.xml 文件如下：

```
    <servlet>
        <servlet-name>client</servlet-name>
        <servlet-class>ch05.ClientRedirect</servlet-class>
    </servlet>
    <servlet-mapping>
        <servlet-name>client</servlet-name>
        <url-pattern>/servlet/ClientRedirect </url-pattern>
    </servlet-mapping>
```

在 ch05 文件夹下建立 info.jsp 文件如下：

```
<%@ page contentType="text/html" pageEncoding="GBK" %>
<html>
<head><title> Serlet 客户端跳转</title></head>
<body>
  <% request.setCharacterEncoding("GBK");%>
  <h2>session 属性:<%=session.getAttribute("name")%></h2>
  <h2>request 属性:<%=request.getAttribute("info")%></h2>
</body>
</html>
```

启动服务器后，在浏览器的地址栏输入 http://localhost:8080/jspbook/servlet/ClientRedirect，其中 jspbook 是项目名(虚拟目录名)，运行结果如图 5-3 所示。

提示

由于是客户端跳转，跳转后，浏览器地址栏中变为 http://localhost: 8080/ch05/info.jsp。从程序结果可以看到，request 属性的范围无法接收，只能接收 session 属性的范围。

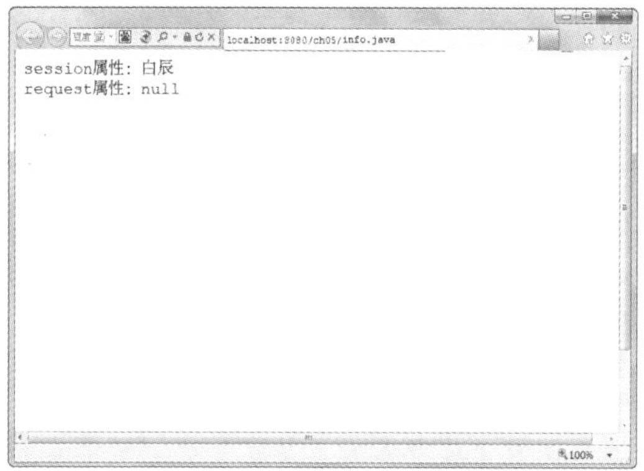

图 5-3　客户端跳转运行结果

5.2.2　服务器跳转

用户要想在 Servlet 中实现服务器跳转，必须依靠 RequestDispatcher 接口来完成，此接口提供的常用方法如表 5-5 所示。

表 5-5　RequestDispatcher 接口的常用方法

方法声明	说　明
public void forward(ServletRequest request,ServletResponse response) throws ServletExcetion,IOException	页面跳转
public void include(ServletRequest request,ServletResponse response) throws ServletExcetion,IOException	页面包含

在使用 RequestDispatcher 接口时，还需要使用 ServletRequest 接口提供的 getRequestDispatcher(String path)进行初始化，用以取得 RequestDispatcher 接口实例。

【例 5-4】使用服务器端跳转 ServerRedirect.java。

先创建一个 Servlet 文件 ServerRedirect.java，代码如下：

```
package ch05;
import java.io.IOException;
import javax.servlet.RequestDispatcher;
import javax.servlet.ServletException;
import javax.servlet.http.HttpServlet;
import javax.servlet.http.HttpServletRequest;
import javax.servlet.http.HttpServletResponse;
public class ServerRedirect extends HttpServlet {
    public void doGet(HttpServletRequest req, HttpServletResponse resp)
            throws ServletException, IOException {
        req.getSession().setAttribute("name","白辰");
        req.setAttribute("info","JavaServlet");
        RequestDispatcher rd=req.getRequestDispatcher("../ch5/info.jsp");
        //准备服务器跳转
        rd.forward(req,resp);     //完成跳转
    }
```

```
    public void doPost(HttpServletRequest req, HttpServletResponse resp)
            throws ServletException, IOException {
        this.doGet(req,resp);
    }
}
```

在 web.xml 文件中增加以下配置信息：

```
    <servlet>
        <servlet-name>server</servlet-name>
        <servlet-class>ch05.ServerRedirect</servlet-class>
    </servlet>
    <servlet-mapping>
        <servlet-name>server</servlet-name>
        <url-pattern>/servlet/ServerRedirect </url-pattern>
    </servlet-mapping>
```

info.jsp 文件不变，与客户端跳转后的文件相同。启动服务器后，在浏览器中输入 http://localhost:8080/jspbook/servlet/ServerRedirect，其中 jspbook 是项目名(虚拟目录名)，运行结果如图 5-4 所示。

图 5-4 服务器跳转运行结果

5.2.3 获取客户端信息

实际开发中，Servlet 主要应用于 B/S 结构，用来充当一个请求控制处理的角色。当客户端浏览器发送一个请求时，由 Servlet 接收，并对其执行相应的业务逻辑处理，最后对客户端浏览器做出回应。

下面的例子是通过 Servlet 获取客户端信息，通过 doPost()方法对请求进行处理。

【例 5-5】使用 Servlet 获取客户端的信息。

在 ch05 文件夹下编写 index.jsp 页面，该页面用来收集客户端的留言信息，具体代码如下：

```
<%@ page language="java" import="java.util.*" contentType="text/html;
charset=utf-8" pageEncoding="utf-8" %>
```

```
<!DOCTYPE  HTML  PUBLIC  "-//W3C//DTD  HTML 4.0.1 Transitional//EN">
<html>
<head>
<title>客户端处理</title>
</head>

<body>
  <h1 align="center">留言板</h1>

  <form id="form1" name="form1" method="post" action="../MessageServlet">
  <table align="center">
    <tr>
       <td>留 言 人: </td>
       <td><input name="person" type="text" id="person"/> </td>
    </tr>
    <tr>
       <td>留言内容: </td>
       <td>
       <textarea name="content" id="content" rows="6" cols="30">
       </textarea>
       </td>
    </tr>
    <tr>
       <td colspan="2">
       <input type="submit" name="Submint" value="提交" />   
       <input type="reset" name="Reset" value="重置" />
       </td>
    </tr>
  </table>
  </form>
</body>
</html>
```

接下来编写 MessageServlet.java，这是一个在 doPost()方法中获取表单数据的 Servlet。MessageServlet.java 的代码如下：

```
package ch05
import java.io.IOException;
import java.io.PrintWriter;
import javax.servlet.ServletException;
import javax.servlet.http.HttpServlet;
import javax.servlet.http.HttpServletRequest;
import javax.servlet.http.HttpServletResponse;
public class MessageServlet extends HttpServlet {
  private static final long ervlVersionUID=1L;
  public void doPost(HttpServletRequest request,
HttpServletResponse response) throws ServletException, IOException {

  request.setCharacterEncoding("UTF-8");  //设置请求编码
  String person=request.getParameter("person");  //获取留言人
  String content=request.getParameter("content");  //获取留言内容
  response.setContentType("text/htm;charset=utf-8");  //设置内容类型
```

```
  PrintWriter out=response.getWriter();  //创建输出流对象
  out.println("<!DOCTYPE  HTML  PUBLIC\"-//W3C//DTD  HTML 4.0.1
Transitional//EN\">");
  out.println("<HTML>");
  out.println("<HEAD><TITLE>获取客户端留言信息</TITLE ></HEAD> ");
  out.println("留言人: "+person+"</br>");
  out.print("留言内容: "+content+"</br>");
  out.println("<a href='index.jsp'返回</a>");
  out.println("</BODY>");
  out.println("</HTML>");
  out.flush();
  out.close();
  }
}
```

最后配置 web.xml 文件，关键代码如下：

```
<servlet>
   <servlet-name> MessageServlet </servlet-name>
   <servlet-class> ch05.MessageServlet </servlet-class>
</servlet>
<servlet-mapping>
   <servlet-name>MessageServlet </servlet-name>
   <url-pattern>MessageServlet</url-pattern>
</servlet-mapping>
```

程序运行结果如图 5-5 所示。

图 5-5　Servlet 获取客户端信息的运行结果

5.2.4　过滤器

自 Servlet 2.3 版本之后新增了过滤器 Filter 功能，当需要限制用户访问某些资源或在处理请求前处理某些资源时，可以使用过滤器来完成。用户通过过滤器专门负责编码转换，使得编码工作无须反复编写，只需在过滤器中完成即可。过滤器对象 Filter 接口放置在 javax.servlet 包中。在实际开发中，定义过滤器对象只需要直接或间接地实现 Filter 接口。Filter 接口中定义了 3 个方法，即 init()、doFilter()和 destroy()，其方法声明及说明如表 5-6 所示。

表 5-6　Filter 接口的方法声明及说明

方法声明	说　明
public void int(FilterConfig filterConfig) throws ServletException	过滤器初始化的方法，主要用于初始化过滤器时调用
public void doFilter(ServletRequest request,ServletResponse response, FilterChain chain) throws IOException,ServletException	对请求进行过滤处理
public void destroy()	销毁方法以释放资源

相关的对象还有 FilterConfig 与 FilterChain。FilterConfig 主要用于获取过滤器中的配置信息，其方法声明及说明如表 5-7 所示。

表 5-7　FilterConfig 接口的方法声明及说明

方法声明	说　明
public String getFilterName()	用于获取过滤器名
public ServletContext getServletContext()	获取 Servlet 上下文
public String getInitParameter(String name)	获取过滤器的初始化参数值
public Enumeration getInitParameterNames()	获取过滤器的所有初始化参数

FilterChain 接口的方法用于将过滤后的请求传递给下一个过滤器，如果此过滤器是过滤器链中的最后一个过滤器，那么请求将传送给目标资源，其方法声明如下：

```
public void doFilter(ServletRequest request,ServletResponse response)
 throws IOException,ServletException
```

创建过滤器对象时需要实现 javax.servlet.Filter 接口及其 3 个方法(初始化方法、过滤方法、销毁方法)，代码如下：

```
//实现接口
public class MyFilter implements Filter {
  //初始化方法
   public void init(FilterConfig filterConfig) throws ServletException {
      //初始化处理
   }
   //过滤处理方法
   public void doFilter(ServletRequest request,ServletResponse response,
   FilterChain chain)
  throws IOException,ServletException {
    //过滤处理
    Chain.doFilter(request,response);    //请求向下传递
  }
  public void destroy()  {   //销毁方法
      //释放空间
  }
  }
```

过滤器中的 init()方法用于初始化过滤器；destroy()方法是过滤器的销毁方法，主要用于释放资源；过滤处理业务逻辑需要编写在 doFilter()方法中，在请求过滤处理后，需要调用

chain 参数的 doFilter()方法将请求传递给下一个过滤器或目标资源。

【例 5-6】编写一个编码过滤器 EcondingFilter.java。

首先创建一个表单文件 queryForm.jsp，用于输入学生姓名，代码如下：

```
<%@ page language="java" pageEncoding="GB2312" %>
<html>
   <body>
      <h1>输入学生信息</h1>
      <hr/>
      <form action="queryResult.jsp" method="post">
        请输入学生的姓名：<input type="text" name="stuname">
        <input type="submit" value="提交">
        </form>
    </body>
</html>
```

然后在 queryResult.jsp 页面显示输入的学生姓名，queryResult.isp 的代码如下：

```
<%@ page language="java" pageEncoding="GB2312" %>
<html>
   <body>
      您输入的学生姓名为：<%=request.getParameter("stuname")%>
   </body>
</html>
```

运行 queryForm.jsp，单击“提交”按钮，未添加过滤器时，显示的效果如图 5-6 所示。

图 5-6　未使用编码过滤前的结果

【例 5-7】下面编写一个过滤器 EcondingFilter.java 对编码进行处理：

```
package ch05
import java.io.IOException;
import javax.servlet.Filter;
import javax.servlet.FilterChain;
import javax.servlet.FilterConfig;
import javax.servlet.ServletException;
import javax.servlet.ServletRequest;
import javax.servlet.ServletResponse;
public class EncodingFilter implements Filter {
public void init(FilterConfig config) throws ServletException {}
```

```
  public void destroy()  {}
  public void doFilter(ServletRequest request,
ServletResponse response,FilterChain chain)
  throws IOException,ServletException {
    request.setCharacterEncoding("GB2312");  //编码设置简体中文
    chain.doFilter(request, response);    //请求向下处理
  }
}
```

过滤器还需要在 web.xml 中进行配置才能使用，配置代码如下：

```
<filter>
   <filter-name> EncodingFilter </filter-name>
   <filter-class> ch05.EncodingFilter </filter-class>
</filter>
<filter-mapping>
   <filter-name> EncodingFilter </filter-name>
   <url-pattern>/* </url-pattern>
</filter-mapping>
```

其中，<filter>用来定义过滤器，<filter-name>用来定义过滤器的名字，<filter-class>用来定义过滤器的类路径，< filter-mapping>用来配置过滤器的映射，<url-pattern>用来指定过滤模式。一般常见的过滤模式有 3 种。

(1) 过滤所有文件：

```
<filter-mapping>
   <filter-name>FilterName</filter-name>
   <url-pattern>/* </url-pattern>
</filter-mapping>
```

(2) 过滤一个或多个 Servlet(JSP)：

```
<filter-mapping>
   <filter-name> FilterName </filter-name >
   <url-pattern> /path/ServletNam1(JSPName1) </url-pattern>
</filter-mapping>
<filter-mapping>
   <filter-name> FilterName </filter-name>
   <url-pattern> /path/ServletNam2(JSPName2) </url-pattern>
</filter-mapping>
```

(3) 过滤一个或多个文件目录：

```
<filter-mapping>
   <filter-name> FilterName </filter-name>
   <url-pattern> /path/*</url-pattern>
</filter-mapping>
```

配置完成后即可运行 queryForm.jsp，单击“提交”按钮，添加过滤后的显示效果如图 5-7 所示。

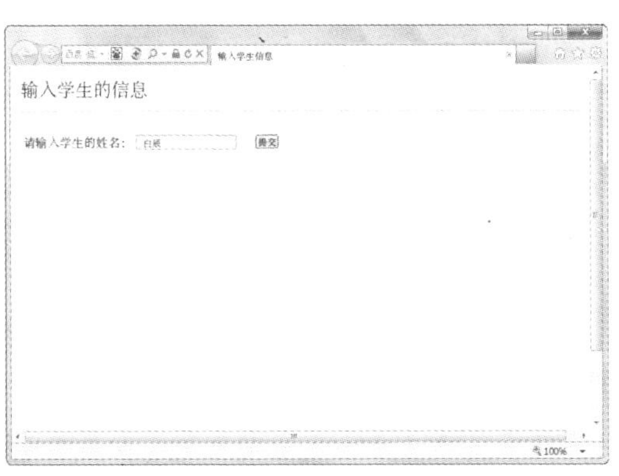

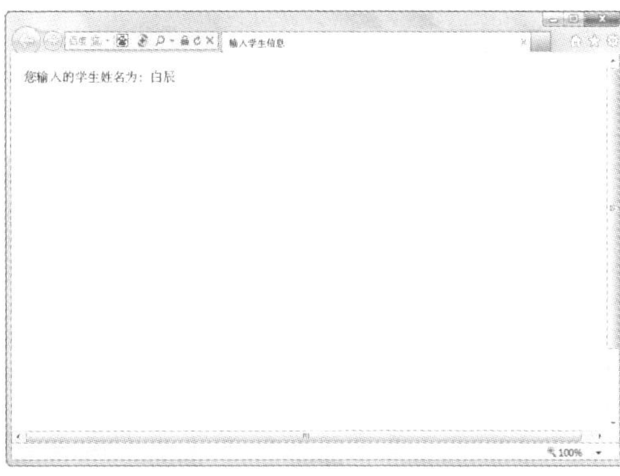

图 5-7 使用编码过滤后的结果

乱码问题通过过滤器就解决了。该例子的代码还可以进行改进，GB2312 的编码可以不用硬编码在源文件内，可以通过参数获得，在 web.xml 文件中可以给其设置相应的参数，代码如下：

```
<filter>
  <filter-name> EncodingFilter </filter-name>
  <filter-class> ch05.EncodingFilter </filter-class>
<init-param>
  <param-name> encoding </param-name>
  <param-value> gb2312 </param-value>
</init-param>
</filter>
<filter-mapping>
  <filter-name> EncodingFilter </filter-name >
  <url-pattern> /* </url-pattern>
</filter-mapping>
```

在过滤器中读取配置文件，设置过滤：

```
package ch05
import java.io.IOException;
import javax.servlet.Filter;
import javax.servlet.FilterChain;
import javax.servlet.FilterConfig;
import javax.servlet.ServletException;
import javax.servlet.ServletRequest;
import javax.servlet.ServletResponse;
public class EncodingFilter implements Filter {
  private String encodingName;
  public void init(FilterConfig config) throws ServletException {
    encodingName=config.getInitParameter("encoding");
  }
  public void destroy()  {}
  public void doFilter(ServletRequest request,
ServletResponse response,FilterChain chain)
  throws IOException,ServletException  {
    request.setCharacterEncoding(encodingName);  //编码设为 encodingName
    chain.doFilter(request, response);    //请求向下处理
```

```
    }
}
```

过滤器除了进行编码处理外，还经常用于 Session 检查和 Cookie 检查以及权限检查。

5.2.5 监听器

在程序开发过程中，通常会对 session 或者 application 中的数据在创建、销毁或者内部内容改变时做一些额外的工作。比如用户登录、退出时需要将其登录、退出时间记录在日志中，如果按传统的方法，应在 Servlet 源码中登录成功后写一段“访问日志”代码，在退出成功后写一段“访问日志”代码。这样一来，我们就将额外的“访问日志”工作和业务逻辑混在了一起，万一以后决定取消记录“访问日志”的工作，还需要修改 Servlet 源码，这为程序的设计与维护增添了许多弊端。使用监听器可以对 Web 容器事件进行监听，以解决这些问题。

Servlet 监听器是实现一个特定接口的 Java 程序，专门用于监听 Web ServletContext、HttpSession 和 ServletRequest 等范围对象的创建与销毁过程，监听这些对象属性的修改，当相关的事件触发后，对事件做处理。

通过使用 Servlet 监听器，可极大地增强 Web 事件的处理能力，根据监听事件的不同可将其分为三类事件的监听器。

(1) 用于监听域对象创建和销毁的事件监听器，通常使用 ServletContextListener、HttpSessionListener 和 ServletRequestListener 接口。

(2) 用于监听对象属性增加和删除事件的监听器，通常使用 HttpSessionAttributeListener、ServletRequestAttributeListener、ServletContextAttributeListener 接口。

(3) 用于绑定到 HttpSession 域中某个对象状态的事件监听器，通常使用 HttpSession-BindingListener、HttpSessionActivationListener 接口。

在 Servlet 规范中有相应的接口，在编写事件监听程序时，只需要对相应的接口编程即可。Web 服务器会根据监听器所实现的接口，把它们注册到被监听的对象上，当触发了某个对象的监听事件时，Web 容器将会调用 Servlet 监听器相应的方法对该事件进行处理。

实现一个监听器需要有两个步骤，一是实现接口，二是重写与之对应的方法。各种监听器都有自己的方法，大体可分为 Servlet 上下文监听、HTTP 会话监听和监听 Servlet 请求三种。

1. Servlet 上下文监听

Servlet 上下文监听可以监听 ServletContext 对象的创建、删除和添加属性，以及删除和修改操作，该监听器需要用到如下两个接口。

1) ServletContextListener 接口

该接口存放在 javax.servlet 包中，主要监听 ServletContext 的创建和删除。它提供了如表 5-8 所示的两种方法，也称为“Web 应用程序的生命周期方法”。

2) ServletAttributeListener 接口

该接口存放在 javax.servlet 包内，主要监听 ServletContext 属性的增加、删除及修改，提供了如表 5-9 所示的 3 种方法。

5-8　ServletContextListener 接口的方法及说明

方法声明	说　明
contextInitialized(ServletContextEvent event)	通知正在收听的对象应用程序已经被加载及初始化
contextDestroyed(ServletContextEvent event)	通知正在收听的对象应用程序已经被载出，即关闭

表 5-9　ServletAttributeListener 接口的方法及说明

方法声明	说　明
attributeAdded(ServletContextAttributeEvent event)	若有对象加入 application 的范围，通知正在收听的对象
attributeReplaced(ServletContextAttributeEvent event)	若在 application 的范围内一个对象取代另一个对象，通知正在收听的对象
attributeRemoved(ServletContextAttributeEvent event)	若有对象从 application 的范围内移除，通知正在收听的对象

2. HTTP 会话监听

有 4 个接口可以监听 HTTP 会话(HttpSession)信息。

(1) HttpSessionListener 接口为监听 HTTP 会话的创建及销毁提供了如表 5-10 所示的两种方法。

表 5-10　HttpSessionListener 接口的方法及说明

方法声明	说　明
sessionCreated(HttpSessionEvent event)	通知正在收听的对象，session 已经被加载及初始化
sessionDestroyed(HttpSessionEvent event)	通知正在收听的对象，session 已经被载出(HttpSessionEvent 类的主要方法是 getSession()，可以使用该方法回传一个 session 对象)

(2) HttpSessionAttributeListener 接口用于监听 HTTP 会话中属性的设置要求，它提供了如表 5-11 所示的 3 种方法。

表 5-11　HttpSessionAttributeListener 接口的方法及说明

方法声明	说　明
attributeAdded(HttpSessionBindingEvent event)	若有对象加入 session 的范围，通知正在收听的对象
attributeReplaced(HttpSessionBindingEvent event)	若在 session 的范围中一个对象取代了另一个对象，通知正在收听的对象
attributeRemoved(HttpSessionBindingEvent event)	若有对象从 session 的范围内移除，通知正在收听的对象(HttpSessionBindingEvent 类主要有 3 种方法：getName()、getSession()、getValues()

(3) HttpBindingListener 接口用于监听 HTTP 会话中对象的绑定信息。它是唯一不需要在 web.xml 中设置 Listener 的，并提供了如表 5-12 所示的两种方法。

表 5-12 HttpBindingListener 接口的方法及说明

方法声明	说 明
valueBound(HttpSessionBindingEvent event)	当有对象加入 session 的范围时，会被自动调用
valueUnBound(HttpSessionBindingEvent event)	当有对象从 session 的范围移除时，会被自动调用

(4) HttpSessionActivationListener 接口用于监听 HTTP 会话的 active 和 passivate 情况，它提供了如表 5-13 所示的两种方法。

表 5-13 HttpSessionActivationListener 接口的方法及说明

方法声明	说 明
sessionDidActivate(HttpSessionEvent event)	通知正在收听的对象，session 已经变为有效状态
sessionWillPassivate(HttpSessionEvent event)	通知正在收听的对象，session 已经变为无效状态

3. 监听 Servlet 请求

监听客户端的请求，一旦能够在监听程序中获取客户端的请求，即可统一处理请求。要实现客户端的请求和请求参数设置的监听，需要实现如下两个接口。

1) ServletRequestListener 接口

ServletRequestListener 接口提供了如表 5-14 所示的两个方法。

表 5-14 ServletRequestListener 接口的方法及说明

方法声明	说 明
requestInitialized(ServletRequestEvent event)	通知正在收听的对象，ServletRequest 已经被加载及初始化
requestDestroyed(ServletRequestEvent event)	通知正在收听的对象，ServletRequest 已经被载出，即关闭

2) ServletRequestAttributeListener 接口

ServletRequestAttributeListener 接口提供了如表 5-15 所示的 3 种方法。

表 5-15 ServletRequestAttributeListener 接口的方法及说明

方法声明	说 明
attributeAdded(ServletRequestAttributeEvent event)	若有对象加入 request 的范围，通知正在收听的对象
attributeReplaced(ServletRequestAttributeEvent event)	若在request的范围中一个对象取代了另一个对象，通知正在收听的对象
attributeRemoved(ServletRequestAttributeEvent event)	若有对象从 equest 的范围移除，通知正在收听的对象

【例 5-8】记录登录日志。实现一个简单的日志监听，如果客户登录成功，能自动将其登录信息记录到日志中，该日志用控制台模拟显示。

首先编写一个客户登录成功页面，实际上是实现向 session 中保存信息，这里做简单的模拟。loginSuccess.jsp 的代码如下：

```
<%@ page language="java" pageEncoding="GB2312" %>
<html>
  <body>
    <%
     //模拟登录成功
    session.setAttribute("account","guokehua");
     %>
    欢迎<%=session.getAttribute("account") %> 登录成功!
  </body>
</html>
```

程序运行结果如图 5-8 所示。

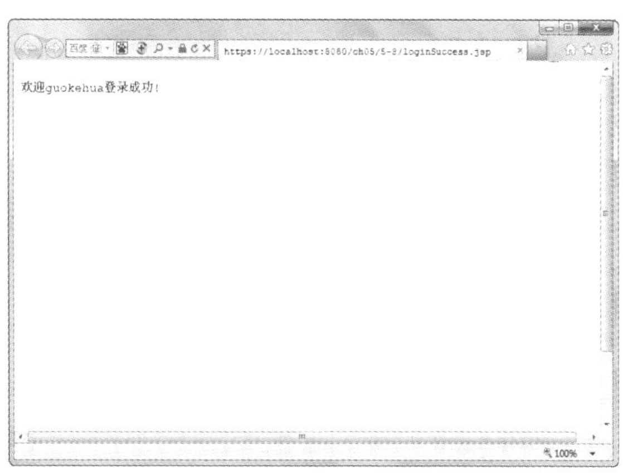

图 5-8　监听器用户登录成功页面

然后根据前面的需求，编写一个监听器来实现对 session 的监听，此处应该选择 HttpSessionAttributeListener 监听器，此监听器可以监听 HttpSession 中属性发生的变化。LoginListener.java 的代码如下：

```
package listener

import javax.servlet.http.HttpSessionAttributeListener;
import javax.servlet.http.HttpSessionBindingEvent;

public class LoginListener implements HttpSessionAttributeListener {
public void attributeAdded(HttpSessionBindingEvent event) {
  if(event.getName().equals("account")) {
   System.out.println("日志信息: "+event.getValue()+"登录!");
   }
}
public void attributeRemoved(HttpSessionBindingEvent event) {}
public void attributeReplaced(HttpSessionBindingEvent event) {}
}
```

使用监听器需要在 web.xml 文件中配置监听器的路径。本例在 web.xml 中加入如下代码：

```
…
<listener>
```

```
  <listener-class> listener.LoginListener </listener-class>
</listener>
...
```

运行程序，可以发现在 session 中放入的信息保存在 event 参数内。

5.3 异步处理

在 Servlet 中，一个普通的 Servlet 工作流程分为以下三个步骤：

(1) Servlet 接收请求，对数据进行处理。

(2) 调用业务接口方法，完成业务处理。

(3) 将结果返回到客户端。

Servlet 中最耗时的是第二步的业务处理，因为它会完成一些数据库操作或者其他的跨网络调用等。在处理业务的过程中，该线程占用的资源不会被释放，这有可能造成性能的瓶颈。

异步处理是 Servlet 3.0 中新增的一个特性，它可以先释放容器被占用的资源，将请求交给异步线程来执行，业务方法执行完成后再生成响应数据。

5.3.1 什么是 AsyncContext

在 Servlet 3.0 中，ServletRequest 提供了两种方法启动 AsyncContext：

```
AsyncContext startAsync()
```

与

```
AsyncContext startAsync(ServletRequest servletRequest servletRequest,
ServletResponse servletResponse)
```

上述两种方法都能得到 AsyncContext 接口实现对象。当一个 Servlet 调用了 startAsync() 方法之后，该 Servlet 的响应就会被延迟，并释放容器分配的线程。AsyncContext 接口的主要方法如表 5-16 所示。

表 5-16 AsyncContext 接口的方法及说明

方法声明	说 明
void addListener(AsyncContext listener)	添加 AsyncContext 监听器
complete()	响应完成
dispatch()	指定 URL 进行响应完成
getRequest()	获取 servlet 请求对象
getResponse()	获取 servlet 响应对象
setTimeout(long timeout)	设置超时时间
Start(java.lang.Runnable run)	异步启动线程

在 Servlet 3.0 中，有两种方式可以实现 Servlet 支持异步处理：注入声明和 web.xml。其形式分别如下：

```
@WebServlet(
  asyncSupported=true,
  urlPatterns={"asyncedmo.do"},
  name="myAsyncServlet"
 )
public class MyAsyncServlet extends HttpServlet {
…
}
```

web.xml 中的配置如下：

```
<servlet>
  <servlet-name> MyAsyncServlet </servlet-name>
  <!-异步 servlet 类路径->
<servlet-class> com.eshor.MyAsyncServlet </servlet-class>
<!-异步支持属性->
  <async-supported> true </async-supported>
</servlet>
```

【例 5-9】 演示异步处理 Servlet。

编写一个支持异步通信的 Servlet 类，对于每个请求，该 Servlet 会取得异步信息 AsyncContext，同时释放占用的内存，延迟响应。然后启动 AsyncRequest 对象定义的线程，在该线程中做业务处理，等业务处理完成后，输出页面信息并调用 AsyncContext 的 complete() 方法表示异步完成。异步处理 Servlet(MyAsyncServlet.java)的源代码如下：

```
package ch05;
import java.io.IOException;
import java.io.PrintWriter;
import java.util.Date;
import java.util.concurrent.ExecutorService;
import java.util.concurrent.Executors;
import javax.servlet.AsyncContext;
import javax.servlet.ServletException;
import javax.servlet.annotation.WebServlet;
import javax.servlet.http.HttpServlet;
import javax.servlet.http.HttpServletRequest;
import javax.servlet.http.HttpServletResponse;
@WebServlet(asyncSupported = true, urlPatterns = { "/async.do" },
name = "asyncServlet")
public class MyAsyncServlet extends HttpServlet {
    private ExecutorService executorService =
Executors.newFixedThreadPool(10);

    public void doGet(HttpServletRequest request,
            HttpServletResponse response)
            throws ServletException, IOException {
        response.setContentType("text/html;charset=utf-8");
        AsyncContext ctx = request.startAsync();
        executorService.submit(new AsyncRequest(ctx));
    }
```

```
    public void doPost(HttpServletRequest request,
            HttpServletResponse response)
            throws ServletException, IOException {
        doGet(request, response);
    }
    public void destroy(){
        executorService.shutdown();
    }

    public class AsyncRequest implements Runnable{

        private AsyncContext ctx;
        public AsyncRequest(AsyncContext ctx){
            this.ctx = ctx;
        }
        public void run() {
            // TODO Auto-generated method stub
            try {
              //等待十秒钟，以模拟业务方法的执行
              Thread.sleep(2000);
              PrintWriter out = ctx.getResponse().getWriter();
              out.println("久等了: " + new Date() + ".");
              //out.flush();
              ctx.complete();
           } catch (Exception e) {
              e.printStackTrace();
           }
        }

    }
}
```

提示

运行时如果报 is not surpported 错误，可能是没有将所有的过滤都设置成支持异步处理。

5.3.2 模拟服务器推送

模拟服务器推送是指模拟由服务器端向客户端推送消息。在 HTTP 协议中，服务器无法直接对客户端传送消息，必须得有一个请求服务器端才能够响应。可以利用 Servlet 的异步处理技术，做到类似服务器主动推送消息到客户端。下面以一个例子来说明这种技术的实现过程。

【例 5-10】模拟服务器推送。

首先，编写一个负责存储消息的队列类 ClientService，该类的作用是用 Queue 添加所有的 AsyncContext 对象，用 BlockingQueue 阻塞队列存储页面请求的消息队列，当 Queue 队列中有数据时，启动一线程，将 BlockingQueue 阻塞的内容输出到页面中。ClientService.java 的源代码如下：

```
package ch05;
import java.io.IOException;
import java.io.PrintWriter;
import java.util.Queue;
import java.util.concurrent.BlockingQueue;
import java.util.concurrent.ConcurrentLinkedQueue;
import java.util.concurrent.LinkedBlockingQueue;
import javax.servlet.AsyncContext;
public class ClientService {
    private final Queue<AsyncContext> ASYNC_QUEUE =
        new ConcurrentLinkedQueue<AsyncContext>();//异步Servlet上下文队列
    private final BlockingQueue<String> INFO_QUEUE =
        new LinkedBlockingQueue<String>();      //消息队列
    private static ClientService instance  = new ClientService();
    private ClientService() {
         new Thread(this.notifyRunnable).start();
    }
    public static ClientService getInstance() {
        return instance;
    }
    public void addAsyncContext(final AsyncContext asyncContext) {
        ASYNC_QUEUE.add(asyncContext);//添加异步Servlet上下文
    }
    public void removeAsyncContext(final AsyncContext asyncContext) {
        ASYNC_QUEUE.remove(asyncContext);//删除异步Servlet上下文
    }

    /**
     *
     * 发送消息到异步线程，最终输出到http response 流 <br>
     * @param str 发送给客户端的消息<br>
     */

    public void callClient(final String str) {
        try {
            INFO_QUEUE.put(str);
        } catch (Exception ex) {
            throw new RuntimeException(ex);
        }
    }

    /**
     * 当消息队列中有数据时，调用take()方法，
     * 将数据发送到response流上
     */
    private Runnable notifyRunnable = new Runnable() {
        public void run() {
            boolean done = false;
            while (!done) {
                try {System.out.println("开始INFO_QUEUE.take()");
                    final String script = INFO_QUEUE.take();
```

```
                    System.out.println("已经取出: "+script);
                    System.out.println(ASYNC_QUEUE.size());
                    for (AsyncContext ac : ASYNC_QUEUE) {
                        try {
                            PrintWriter writer =
ac.getResponse().getWriter();
                            writer.println(escapeHTML(script));
                            writer.flush();
                        } catch (IOException ex) {
                            ASYNC_QUEUE.remove(ac);
                            throw new RuntimeException(ex);
                        }
                    }
                }catch(InterruptedException e) {
                    done = true;
                    e.printStackTrace();
                }
            }
        }
    };

    /**
     *
     * 删除多余的空格
     */
    private String escapeHTML(String str) {

        return "<script type='text/javascript'>\n"
        + str.replaceAll("\n", "").replaceAll("\r", "")
        + "</script>\n";
    }
}
```

其次，编写异步的 Servlet 类，该类的作用是将客户端注册到发送消息的监听队列中，当产生超时、错误等事件时，将异步上下文对象从队列中移除。同时，当访问该 Servlet 的客户端时，在 ASYNC_QUEUE 中注册一个 AsyncContext 对象，这样当服务端需要调用客户端时，就会输出 AsyncContext 内容到客户端。AsyncContextServlet.java 的源代码如下：

```
package ch05;
import java.io.IOException;
import javax.servlet.AsyncContext;
import javax.servlet.AsyncEvent;
import javax.servlet.AsyncListener;
import javax.servlet.ServletException;
import javax.servlet.annotation.WebServlet;
import javax.servlet.http.HttpServlet;
import javax.servlet.http.HttpServletRequest;
import javax.servlet.http.HttpServletResponse;
@WebServlet(urlPatterns = { "/AsyncContextServlet" }, asyncSupported = true)
public class AsyncContextServlet extends HttpServlet {
    private static final long serialVersionUID = 1L;
    @Override
    protected void doGet(HttpServletRequest request,
```

```
        HttpServletResponse response)
                throws ServletException, IOException {
        request.setCharacterEncoding("UTF-8");
        response.setContentType("text/html;charset=UTF-8");
        final AsyncContext asyncContext = request.startAsync();
        //注册 AsyncContext 对象超时时间
        asyncContext.setTimeout(100000000);
        asyncContext.addListener(new AsyncListener() {
            public void onComplete(AsyncEvent event) throws IOException {

    ClientService.getInstance().removeAsyncContext(asyncContext);
            }
            public void onTimeout(AsyncEvent event) throws IOException {
    ClientService.getInstance().removeAsyncContext(asyncContext);
            }
            public void onError(AsyncEvent event) throws IOException {
    ClientService.getInstance().removeAsyncContext(asyncContext);
            }
            public void onStartAsync(AsyncEvent event) throws IOException {
            }
        });
        ClientService.getInstance().addAsyncContext(asyncContext);
    }
}
```

为了显示通过隐藏的 frame 读取这个异步 Servlet 发出的信息，在 ch05 文件夹下编写的 testpush.jsp 其源代码如下(需要从 jquery 网站下载 jquery-1.8.1.js 并放到网站的 js 文件夹下)：

```
<%@ page language="java" pageEncoding="GB2312"%>
<head>
<script type="text/javascript" src="../js/jquery-1.8.1.js"></script>
<style>
.textareaStyle {
    width: 100%;
    height: 100%;
    border: 0;
}
</style>
<script type="text/javascript">
   function update(data)  {
    var result=$('#result')[0];
     result.value=result.value+data+'\n';
    }
</script>
</head>
<body style="margin: 0; overflow: hidden">
    <form method="post">
        <table table width="800" height="600" >
            <tr>
                <td><textarea name="result" id="result" readonly="true"
```

```
                        wrap="off" style="padding: 10; overflow: auto"
                        class="textareaStyle"></textarea></td>
            <tr>
        </table>
    </form>

 <iframe id="autoFrame1" style="display:none;"
src="<%=request.getContextPath() %>/AsyncContextServlet">
</body>
</html>
```

然后编写 Servlet，每隔 2 秒调用一次客户端方法。TestServlet.java 的代码如下：

```
import java.io.IOException;
import javax.servlet.ServletException;
import javax.servlet.annotation.WebServlet;
import javax.servlet.http.HttpServlet;
import javax.servlet.http.HttpServletRequest;
import javax.servlet.http.HttpServletResponse;
@WebServlet("/test.action")
public class TestServlet extends HttpServlet {
    public void doGet(HttpServletRequest request,
            HttpServletResponse response)throws ServletException, IOException {
        try {
            //隔 2 秒钟调用一次客户端方法
            for (int i = 0; i < 20; i++) {
                final String str = "window.parent.update(\""
                        + String.valueOf("内容--"+i) + "\");";
                ClientService.getInstance().callClient(str);
                Thread.sleep(2 * 1000);  //线程暂停 2 秒，模拟业务执行方法
                if (i == 10) {          //执行到第 10 次，跳出循环
                    break;
                }
            }
        } catch (InterruptedException e) {
            e.printStackTrace();
        }
    }
}
```

同时运行 testpush.jsp 和 TestServlet 后，程序运行结果如图 5-9 所示(其中 jspbook 是项目名)。

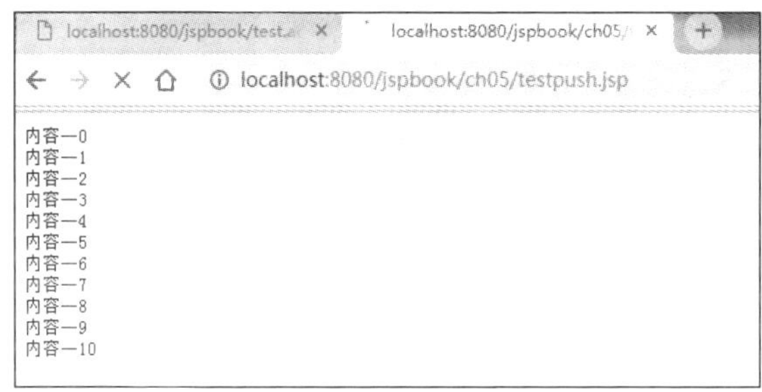

图 5-9　模拟服务器推送效果

5.4 案例：通过表单向 Servlet 提交数据

实训内容和要求

JSP 页面 example-sjsx.jsp 通过表单向名字为 computer 的 Servlet 对象提交一个正整数，computer 负责计算并显示该整数的全部因子。

实训步骤

(1)先在 ch05\上机实训\WEB-INF 目录下的 web.xml 文件中添加如下子标记：

```
<servlet>
   <servlet-name>computer</servlet-name>
   <servlet-class>ch05.Computer</servlet-class>
</servlet>
<servlet-mapping>
   <servlet-name>computer</servlet-name>
   <url-pattern>/getNumber</url-pattern>
</servlet-mapping>
```

(2) 在 ch05 文件夹下编写 example-sjsx.jsp 的代码如下：

```
<%@ page contentType="text/html;charset=GB2312" %>
<html>
<body bgcolor=cyan>
<Font size=2>
<form action="<%=request.getContextPath() %>/getNumber" method=post>
 输入一个正整数：<input Type=text name=number>
 <br><input Type=submit value="提交">
</form>
</Font>
</body>
</html>
```

程序的运行结果如图 5-10 所示。

图 5-10　JSP 页面使用表单请求 Servlet

(3) 定义 Servlet 类，Computer.java 的代码如下：

```
package ch05;
import java.io.IOException;
import java.io.PrintWriter;
import javax.servlet.ServletConfig;
import javax.servlet.ServletException;
import javax.servlet.http.HttpServlet;
import javax.servlet.http.HttpServletRequest;
```

```
import javax.servlet.http.HttpServletResponse;
public class Computer extends HttpServlet{
   String servletName;
   public void init(ServletConfig config) throws ServletException{
      super.init(config);
      servletName=getServletName();
   }
   public void service(HttpServletRequest request,
                  HttpServletResponse response)
                  throws IOException{
      response.setContentType("text/html;charset=GB2312");
      PrintWriter out=response.getWriter();
      out.println("<html><body>");
      String str=request.getParameter("number");
      out.print("我是一个 servlet 对象，名字是:"+servletName+"。<br>");
      out.print("我负责计算并显示"+str+"的因子:<br>");
      int n=0;
      try{  n=Integer.parseInt(str);
            for(int i=1;i<=n;i++){
               if(n%i==0)
                  out.println(" "+i);
            }
      }
      catch(NumberFormatException e){
            out.print(" "+e);
      }
      out.println("</body></html>");
   }
}
```

程序的运行结果如图 5-12 所示。

```
我是一个servlet对象，名字是:Computer。
我负责计算并显示10的因子:
1 2 5 10
```

图 5-12　Servlet 的运行结果

本 章 小 结

本章主要介绍 Servlet 的定义、特点、生命周期、类的方法、跳转的使用、异步处理。通过对本章的学习，读者可以掌握 Servlet 的应用技巧。

习　　题

一、填空题

1. 与 HttpSessionListener 接口有关的方法是________________、________________。

2. Servlet 在容器中经历的阶段，按顺序为________、________、________、________、________。

3. JSP 会先解释成 Servlet 源文件，然后编译成________________类文件。

4. 每当用户端运行 JSP 时，_____________方法都会运行一次。

5. 在 HttpServlet 中，用来处理 GET 请求的方法是_____________。

二、选择题

1. 在部署 Servlet 时，web.xml 文件中的<servlet>标签应该包含(　　)标签。

   A. <servlet-mapping>　　B. <servlet-name>

   C. <url-pattern>　　D. <servlet-class>

2. 假设 web 应用的文档根目录为 MyApp，那么可以从(　　)找到 database.jar 文件。

   A. MyApp 目录下　　B. MyApp\images 目录下

   C. MyApp\WEB-INF\lib 目录下　　D. MyApp\WEB-INF 目录下

3. 为了获得用户提交的表单参数，可以从(　　)的一个接口中得到。

   A. ServletResponse　　B. Servlet

   C. RequestDispatcher　　D. ServletRequest

4. 下面(　　)对象可用于获得浏览器发送的请求。

   A. HttpServletRequest　　B. HttpServletResponse

   C. HttpServlet　　D. Http

5. 当 Web 应用程序被关闭时，Servlet 容器会调用 Servlet Context“监听器”的(　　)方法。

   A. contextInitialized()　　B. contextDestroyed()

   C. contextFinalized()　　D. contextShutdown()

三、问答题

1. 什么是 Servlet？其生命周期有哪些？

2. 什么是 Servlet 过滤器？

第6章 JSP Servlet 的 MVC 模式

本章要点

1. MVC 模型的生命周期。
2. MVC 模式的配置、数据库连接。
3. MVC 的视图、控制器操作。

学习目标

1. 掌握 MVC 模型的生命周期和视图更新。
2. 掌握 MVC 模式与注册登录。
3. 掌握 MVC 模式与数据库的操作。
4. 掌握 MVC 模式与文件的操作。

6.1 模型的生命周期与视图更新

在JSP中的MVC模式中，当需要用控制器Servlet创建JavaBean时，就可以使用JavaBean类带参数的构造方法，类中方法的命名继续保留get规则(可以不遵守set规则)，原因是：不希望JSP页面修改JavaBean中的数据，只需要它显示JavaBean中的数据。

在JSP中的MVC模式中，Servlet创建的JavaBean也涉及生命周期(有效期限)，生命周期分为request、session和application三种。以下假设创建JavaBean类的名字是BeanClass，该类的包名为user.yourbean，本节分三种情况讲解。

6.1.1 MVC的定义

模型-视图-控制器(Model-View-Controller，MVC)是一种设计模式，其目的是以会话形式提供方便的GUI支持。MVC设计模式首先出现在Smalltalk编程语言中。

MVC是一种通过三个不同部分构造一个软件或组件的理想办法：

(1) 模型(Model)用于存储数据的对象。

(2) 视图(View)向控制器提交所需数据、显示模型中的数据。

(3) 控制器(Controller)负责具体的业务逻辑操作，即控制器根据视图提出的要求对数据做出处理，将有关结果存储到模型中，并负责让模型和视图进行必要的交互，当模型中的数据变化时，让视图更新显示。

从面向对象的角度看，MVC结构可以使程序更具有对象化特性，也更容易维护。在设计程序时，可以将某个对象看作“模型”，然后为“模型”提供恰当的显示组件，即“视图”。在MVC模式中，“视图”“模型”和“控制器”之间是松耦合结构，便于系统的维护和扩展。MVC模式也被应用于各种应用程序中，在JSP设计中，“视图”“模型”和“控制器”的具体实现如下。

(1) 模型(Model)：一个或多个JavaBean对象，用于存储数据，JavaBean主要提供简单的setXxx方法和getXxx方法，在这些方法中不涉及对数据的具体处理细节，以便增强模型的通用性。

(2) 视图(View)：一个或多个JSP页面，其作用是向控制器提交必要的数据和显示数据。JSP页面可以使用HTML标记、JavaBean标记以及Java程序片或Java表达式来显示数据。视图的主要工作就是显示数据，对数据的逻辑操作由控制器负责。

(3) 控制器(Controller)：一个或多个Servlet对象，根据视图提交的要求进行数据处理，并将有关的结果存储到JavaBean中，然后Servlet使用转发或重定向的方式请求视图的某个JSP页面显示数据，比如让某个JSP页面通过使用JavaBean标记显示控制器存储JavaBean中的数据。

MVC模式的结构如图6-1所示。

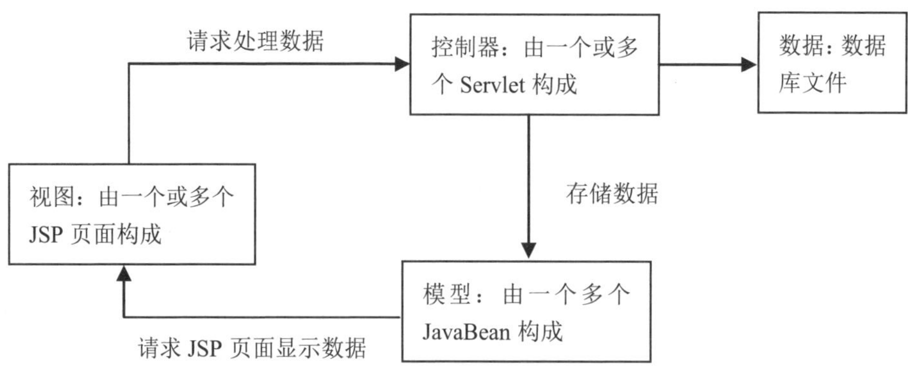

图 6-1　MVC 模式的结构

6.1.2　request 周期的 JavaBean

1. JavaBean 的创建

Servlet 负责创建 bean。那么创建生命周期为 request 的 bean 的步骤如下：

(1) 用 BeanClass 类的某个构造方法创建 bean 对象。例如：

```
BeanClass bean = new BeanClass();
```

(2) 将创建的 bean 对象存放到 HttpServletRequest 对象的 request 中，并指定查找该 bean 的关键字，该步骤决定了 bean 的生命周期为 request。例如：

```
request.setAttribute("keyWord",bean);
```

执行上述操作，就会把 bean 存放到 Tomcat 引擎管理的内置对象 pageContext 中，该 bean 被指定的 id 是“keyWord”，生命周期是 PageContext.REQUEST_SCOPE(request)。

2. 视图更新

在 JSP 的 MVC 模式中，由 servlet 负责根据模型中数据的变化通知视图(JSP 页面)更新，其手段是使用转发，即使用 RequestDispatcher 对象向某个 JSP 页面发出请求，让所请求的 JSP 页面显示模型(bean)中的数据。

因为 Servlet 创建 bean 的第(2)步决定了 bean 的生命周期为 request，因此，当 Servlet 使用 RequestDispatcher 对象向某个 JSP 页面发出请求时(进行转发操作)，该 bean 对 Servlet 所请求的 JSP 页面有效。Servlet 所请求的 JSP 页面可以使用相应的标记显示 bean 中的数据，该 JSP 页面对请求做出响应之后，bean 所占有的内存被释放，结束自己的使命。

Servlet 请求一个 JSP 页面，比如 show.jsp 的代码如下：

```
RequestDispatcher dispatcher = request.getRequestDispatcher( "show.jsp") ;
dispatcher.forward( request, response) ;
```

Servlet 所请求的 JSP 页面，比如 show.jsp 页面，可以使用如下标记获得 Servlet 所创建的 bean 的引用(type 属性使得该 JSP 页面不负责创建 bean)：

```
<jsp:useBean  id = "keyWord"  type = "user.yourbean.BeanClass"
scope = "request"  />
```

该标记中的 id 是 Servlet 所创建的 bean 索引关键字。

然后 JSP 页面使用如下标记显示 bean 中的数据。

```
< jsp:getProperty  name = " keyWord"  property = " bean 的变量"  />
```

如果上述代码执行成功，用户就看到了 show.jsp 页面的执行效果。

提示

如果 Servlet 所请求的 JSP 页面，比如 show.jsp 页面，使用如下标记获得 Servlet 所创建的 bean 的引用(注意没有用 type 属性而是用 class 属性):

```
<jsp:useBean id = "keyWord" class = "user.yourbean.BeanClass"  scope =
"request"/>
```

该标记中的 id 是 Servlet 所创建的 bean 索引关键字。那么即使 Servlet 所请求的 JSP 页面事先已经有了 id 是 keyWord、scope 是 request 的 bean，那么这个 bean 也会被 Servlet 所创建的 bean 替换。原因是 Servlet 所请求的 JSP 页面被刷新时，就会根据当前页面使用的 <jsp:useBean id = “keyword” class = “user.yourbean.BeanClass” scope = “request” />标记到 Tomcat 引擎管理的内置对象中寻找 id 是 keyword，生命周期是 request 的 bean，而该 bean 已经被 Servlet 更新。

6.1.3 session 周期的 JavaBean

1. JavaBean 的创建

Servlet 创建生命周期为 session 的 bean 的步骤如下：

(1) 用 BeanClass 类的某个构造方法创建 bean 对象。例如：

```
BeanClass bean = new BeanClass() ;
```

(2) 将所创建的 bean 对象存放到 HttpServletSession 对象的 session 中，并指定查找该 bean 的关键字，该步骤决定了 bean 的生命周期为 session。例如：

```
HttpSession  session = request.getSession(true) ;
session.setAttribute( "keyWord" , bean) ;
```

内置对象执行上述操作，就会把 bean 存放到 Tomcat 引擎管理的内置对象 PageContext 中，该 bean 被指定的 id 是 keyWord、生命周期是 PageContext.SESSION_SCOPE(session)。

2. 视图更新

Servelt 创建 bean 的第(2)步决定了 bean 的生命周期为 session，只要用户的 session 不消失，该 bean 就一直存在，一个用户在访问 Web 服务目录的各个 JSP 中都可以使用如下标记得到 Servlet 所创建的 bean 的引用。

```
< jsp:useBean id = "keyWord" type = "usern. yourbean. BeanClass"
scope = "session"/>
```

然后使用如下标记显示该 bean 中的数据。

```
<jsp:getProperty name = "keyWord"  property = "bean 的变量"/>
```

对于生命周期为 session 的 bean，如果 Servlet 希望某个 JSP 页面显示其中的数据，可以使用 RequestDispatcher 对象向该 JSP 页面发出请求，也可以使用 HttpServletResponse 类中的重定向方法(sendRedirect)。

提示

不同用户的 session 生命周期的 bean 是互不相同的，即占用不同的内存空间。另外需要特别注意的是，如果 Servlet 所请求的 JSP 页面，比如 show.jsp 页面，使用如下标记获得 Servlet 所创建的 bean 的引用(注意没有用 type 属性而是用 class 属性):

```
<jsp:useBean  id = "keyWord"  class = "user.yourbean.BeanClass"
scope = "session" />
```

上面标记中的 id 是 Servlet 所创建的 bean 索引关键字。那么即使 Servlet 所请求的 JSP 页面或其他页面事先已经有了 id 是 keyWord、scope 是 session 的 bean，那么这个 bean 也会被 Servlet 所创建的 bean 替换。原因是 Servlet 所请求的 JSP 页面或其他页面被刷新时，就会根据当前页面使用的标记<jsp:useBean id = “keyword” class = “user.yourbean.BeanClass” scope = “session” />在 Tomcat 引擎管理的内置对象 PageContext 中寻找 id 是 keyWord、生命周期是 session 的 bean，而该 bean 已经被 Servlet 更新。

6.1.4　application 周期的 JavaBean

1. JavaBean 的创建

Servlet 创建生命周期为 application 的 bean 的步骤如下：

(1) 用 BeanClass 类的某个构造方法创建 bean 对象。例如：

```
BeanClass bean = new BeanClass() ;
```

(2) Servlet 使用 getServletContext()方法返回服务器的 ServletContext 内置对象的引用，将所创建的 bean 对象存放到服务器的这个 ServletContext 内置对象中，并指定查找该 bean 的关键字，该步骤决定了 bean 的生命周期为 application。例如：

```
getServletContext( ).setAttribute( "keyWord" , bean)  ;
```

上述操作，就会把 bean 存放到 Tomcat 引擎管理的内置对象 pageContext 中，该 bean 被指定的 id 是 keyWord、有效期限(生命周期)是 application。

2. 视图更新

Servlet 创建 bean 的第(2)步决定了 bean 的生命周期为 application，当 Servlet 创建生命周期为 application 的 bean 后，只要 Web 应用程序不结束，该 bean 就一直存在。用户在访问 Web 服务目录的各个 JSP 中都可以使用如下标记获得 Servlet 所创建的 bean 的引用。标记中的 id 是 Servlet 所创建的 bean 索引关键字。

```
<jsp:useBean id = "keyWord" type = "user.yourbean.BeanClass" scope =
"application"/>
```

然后使用如下标记显示 JavaBean 中的数据。

```
<jsp:getProperty name = "keyWord"  property = "bean 的变量"  />
```

对于生命周期为application的bean，如果Servlet希望某个JSP页面显示其中的数据，可以使用RequestDispatcher对象向该JSP页面发出请求，也可以使用HttpServletResponse类中的重定向方法(sendRedirect)。

提示

所有用户在同一个Web服务目录中的application生命周期的bean是相同的，即占用相同的内存空间。另外需要特别注意的是，如果Servlet所请求的JSP页面，比如show.jsp页面，使用如下标记获得Servlet所创建的bean的引用(注意没有用type属性而是用class属性):

```
<jsp:useBean id = "keyWord" class = "user. yourbean. BeanClass"  scope =
"application"/>
```

该标记中的id是Servlet所创建的bean索引关键字。那么即使Servlet所请求的JSP页面或其他事先已经有了id是keyWord、scope是application的bean，那么这个bean也会被Servlet所创建的bean替换。原因是，Servlet所请求的JSP页面或其他页面被刷新时，就会根据当前页面使用的< jsp:useBean id = “keyWord” class = “user.yourbean.BeanClass” scope = “application”/>标记到Tomcat引擎管理的内置对象PageContext中寻找id是“keyWord”、生命周期是application的bean，而该bean已经被Servlet更新。

6.2 MVC模式与注册登录

大部分Web应用都会涉及注册与登录模块。下面介绍如何使用MVC模式设计注册、登录模块。

6.2.1 JavaBean与Servlet管理

本节的JavaBean类的包名均为mybean.data；Servlet类的包名均为myservlet.control。由于Servlet类中要使用JavaBean，所以为了能顺利地编译Servlet类，不要忘记将Tomcat安装目录lib子目录中的servlet-api.jar文件复制到Tomcat服务器所使用的JDK的扩展目录中，比如，复制到D:\jdkl.7\jre\lib\ext中。然后，按下列步骤进行编译和保存相关的字节码文件。

1) 保存JavaBean类和Servlet类的源文件

将JavaBean类和Servlet类的源文件分别保存到D: \mybean\data和D : \myservlet\control目录中。保存时，让Servlet类的包名和JavaBean类的包名形成的父目录相同。

2) 编译JavaBean类

用如下格式进行编译，即目录中包含包名：

```
D: >  javac  mybean\data\JavaBean 的源文件
```

例如：

```
D: >  javac  mybean\data\Login.java
```

3) 编译Servlet类

用如下格式进行编译，即目录中包含包名：

```
D: > javac myservlet\control\ Servlet 的源文件
```

例如：

```
D: > javac myservlet\control\HandleLogin.java
```

4) 将字节码保存到服务器

将编译通过的 JavaBean 类和 Servlet 类的字节码分别复制到 Ch06 \ WEB-INF\ classes\mybean\ data 和 Ch06 \ WEB-INF\classes\ myservlet\control 目录中(其中 Ch06 是项目名，需要根据自己的实际项目名来写)。

提示

若想调试程序，可以将 JavaBean 和 Servlet 源文件分别保存到 Web 服务目录的下述目录中：

```
WEB-INF\classes\mybean\data
WEB-INF\classes\myservlet\control
```

5) web.xml 文件

编写 web.xml 文件，保存到 Web 服务目录的 WEB-INF 子目录中，即 ch06\WEB-INF 中。web.xml 文件的代码如下(可以使用文本编辑，使用 ANSI 编码保存)：

```
<?xml version="1.0" encoding="ISO-8859-1"?>
<web-app>
<servlet>
   <servlet-name>computerArea</servlet-name>
   <servlet-class>myservlet.control.HandleArea</servlet-class>
</servlet>
<servlet-mapping>
  <servlet-name>computerArea</servlet-name>
  <url-pattern>/lookArea</url-pattern>
</servlet-mapping>
</web-app>
```

其中 HandleArea 是类名，需要根据自己的实际类名来写。

如果 web.xml 文件已存在，只需要将新的<servlet>和<servlet-mapping>标记添加到已有的 web.xml 文件即可。如果修改了 web.xml 文件，必须重新启动 Tomcat 服务器。

6.2.2 配置文件管理

本节中的 Servlet 类的包名均为 myservlet.control，需要配置 Web 服务目录下面的 web.xml 文件，即将 web.xml 文件保存到 Tomcat 安装目录的 Web 服务目录 ch06 中。根据本书使用的 Tomcat 安装目录及 Web 服务目录，需要将 web.xml 文件保存到 D：\ apache_toracat-8.0.3\ webapps\ch06\ WEB-INF 目录中。如果 web.xml 文件已经存在，需要将下述内容添加到已有的 web.xml 文件中。web.xml 文件需要包含的内容如下：

```
<servlet>
   <servlet-name> register </servlet-name>
   <servlet-class> myservlet.control.HandleRegister </servlet-class>
</servlet>
```

```
<servlet-mapping>
  <servlet-name>resgister</servlet-name>
  <url-pattern>/ch06/helpRegister</url-pattern>
</servlet-mapping>
<servlet>
   <servlet-name>login</servlet-name>
   <servlet-class>myservlet.control.HandleLogin</servlet-class>
</servlet>
<servlet-mapping>
   <servlet-name>Login</servlet-name>
   <url-pattern>/ch06/helpLogin</url-pattern>
</servlet-mapping>
```

6.2.3 数据库设计与连接

1. 创建数据库和表

使用 MySQL 建立一个数据库 student，库中有一个 user 表，如表 6-1 所示。

表 6-1 user 表

名 称	类 型	长 度	小 数 点	允许空值	主 键
logname	char				有
password	char			√	无
email	char			√	无

user 表的用途：存储用户的注册信息。即会员的注册信息存入 user 表中，user 表的主键是 logname，各个字段值的说明如下。

(1) logname：存储注册的用户名(属性是字符型，主键)。

(2) password：存储密码(属性是字符型)。

(3) email：存储 emall(属性是字符型)。

2. 数据库连接

避免操作数据库出现中文乱码，需要使用如下方法建立连接：

```
Connection getConnection(java.lang.String)
```

连接中的代码如下(假设用户名是 root，其密码为 123)：

```
String uri = "jdbc:mysql://127.0.0.1/student?" +
"user = root&password =123 &characterEncoding=GB2312";
Connection con = DriverManager.getConnection(uri) ;
```

6.2.4 注册

当注册新会员时，该模块要求用户必须输入会员名、密码信息，否则不允许注册。用户的注册信息被存入数据库的 user 表中。

该模块的视图部分由一个 JSP 页面构成，这个 JSP 页面 register.jsp 负责提交用户的注册信息到 Servlet 控制器 register(见配置文件 web.xml)，并负责显示注册是否成功的信息。模块的 JavaBean 模型 userBean 存储用户的注册信息。Servlet 控制器 register 负责将视图提交的信息写入数据库的 user 表中，并将有关反馈信息存储到 JavaBean 模型 userBean 中，然后将用户转发到 register.jsp，register.jsp 将显示 JavaBean 模型 userBean 中的数据(更新视图)，效果如图 6-2 所示。

用户名由字母、数字、下划线构成，*注释的项必须填写。

*用户名称:		*用户密码:	
*重复密码:		*email:	

[提交]

注册反馈：注册成功

会员名称:	gxygeng
email地址:	we@163.com

图 6-2　注册效果

1. 视图(JSP 页面)

文件夹 ch06(ch06 不是项目名，是项目名下的单独的文件夹)下的 register.jsp 的代码如下：

```
<%@ page contentType="text/html;charset=GB2312" %>
<jsp:useBean id="userBean" class="mybean.data.Register" scope="request"/>
<title>注册页面</title>
<html><body bgcolor=yellow><Font size=2>
<div align="center">
<form action="helpRegister" method="post" name="form">
<table>
   用户名由字母、数字、下划线构成，*注释的项必须填写。
  <tr><td>*用户名称:</td><td><Input type=text name="logname" ></td>
     <td>*用户密码:</td><td><Input type=password name="password">
     </td></tr>
  <tr><td>*重复密码:</td><td>
     <Input type=password name="again_password"></td>
     <td>email:</td><td><Input type=text name="email"></td></tr>
     <tr><td><Input type=submit name="g" value="提交"></td> </tr>
</table>
</form>
</div>
<div align="center">
<p> 注册反馈:
<jsp:getProperty name="userBean" property="backNews" />
<table border=3>
    <tr><td>会员名称:</td>
    <td><jsp:getProperty name="userBean" property="logname"/></td>
    </tr>
    <tr><td>email 地址:</td>
    <td><jsp:getProperty name="userBean" property="email"/></td>
```

```
    </tr>
</table></div >
</body></html>
```

2. 模型(JavaBean)

下列 JavaBean 用来描述用户注册的重要信息。在该模块中，JavaBean 的实例的 id 是 userBean，生命周期是 request。该 JavaBean 的实例由控制器负责创建或更新。

Register.java 的代码如下：

```
package mybean.data;
public class Register{
  String  logname="" , email="",
          backNews="请填注册信息";
  public void setLogname(String logname){
    this.logname=logname;
  }
  public String getLogname(){
    return logname;
  }
  public void setEmail(String email){
    this.email=email;
  }
  public String getEmail(){
    return email;
  }
  public void setBackNews(String backNews){
    this.backNews=backNews;
  }
  public String getBackNews(){
    return backNews;
  }
}
```

3. 控制器(Servlet)

控制器 Servlet 对象的名字是 register。控制器 register 负责连接数据库，将用户提交的信息写入 user 表中，并将用户转发到 inputRegisterMess.jsp 页面查看注册反馈信息。

HandleRegister. Java 的代码如下：

```
package myservlet.control;
import mybean.data.*;
import java.sql.*;
import java.io.*;
import javax.servlet.*;
import javax.servlet.http.*;
public class HandleRegister extends HttpServlet {
  public void init(ServletConfig config) throws ServletException {
    super.init(config);
    try {  Class.forName("com.mysql.jdbc.Driver");
    }
```

```
    catch(Exception e){}
  }
  public String handleString(String s)
  {   try{ byte bb[]=s.getBytes("iso-8859-1");
          s=new String(bb);
     }
     catch(Exception ee){}
     return s;
  }
  public  void  doPost(HttpServletRequest request,
HttpServletResponse response)
                        throws ServletException,IOException {
    String uri="jdbc:mysql://127.0.0.1/student?"+
                           "user=root&password=123&characterEncoding=gb2312";
    Connection con;
    PreparedStatement sql;
    Register userBean=new Register();  //创建的 JavaBean 模型
    request.setAttribute("userBean",userBean);//将更新 id 是 userBean 的 bean
    String logname=request.getParameter("logname").trim();
    String password=request.getParameter("password").trim();
    String again_password=request.getParameter("again_password").trim();
    String email=request.getParameter("email").trim();
    if(logname==null)
        logname="";
    if(password==null)
        password="";
    if(!password.equals(again_password)) {
      userBean.setBackNews("两次密码不同，注册失败，");
      RequestDispatcher dispatcher=
      request.getRequestDispatcher("/ch06/register.jsp");
      dispatcher.forward(request, response);//转发
      return;
    }
    boolean isLD=true;
    for(int i=0;i<logname.length();i++){
       char c=logname.charAt(i);
        if(!((c<='z'&&c>='a')||(c<='Z'&&c>='A')||(c<='9'&&c>='0')))
          isLD=false;
    }
    boolean boo=logname.length()>0&&password.length()>0&&isLD;
    String backNews="";
    try{   con=DriverManager.getConnection(uri);
           String insertCondition="INSERT INTO user VALUES (?,?,?)";
           sql=con.prepareStatement(insertCondition);
           if(boo)
           { sql.setString(1,handleString(logname));
             sql.setString(2,handleString(password));
             sql.setString(3,handleString(email));
             int m=sql.executeUpdate();
```

```
                if(m!=0){
                    backNews="注册成功";
                    userBean.setBackNews(backNews);
                    userBean.setLogname(logname);
                    userBean.setEmail(handleString(email));
                }
            }
            else {
                backNews="信息填写不完整或名字中有非法字符";
                userBean.setBackNews(backNews);
            }
            con.close();
        }
        catch(SQLException exp){
            backNews="该会员名已被使用，请您更换名字"+exp;
            userBean.setBackNews(backNews);
        }
        RequestDispatcher dispatcher=
        request.getRequestDispatcher("/ch06/register.jsp");
        dispatcher.forward(request, response);//转发
    }
    public  void  doGet(HttpServletRequest request,
HttpServletResponse response)
                throws ServletException,IOException {
        doPost(request,response);
    }
}
```

6.2.5　登录与验证

用户可在该模块中输入会员名和密码，系统将对会员名和密码进行验证。如果输入的用户名或密码有错误，将提示用户输入的用户名或密码不正确。

该模块的视图部分由两个 JSP 页面 login.jsp 和 lookPic.jsp 构成，login.jsp 页面负责提供用户的登录信息到控制器，并显示登录是否成功的信息。登录成功后，lookPic.jsp 页面显示一幅图像；如果没有登录，用户访问 lookPic.jsp 页面会被转发到 login.jsp 登录页面。该模块的 JavaBean 模型 loginBean 存储用户登录的信息。

该模块的 Servlet 控制器 login 负责验证会员名和密码是否正确，并负责让视图显示更新后的数据。

1. 视图(JSP 页面)

视图部分由一个 JSP 页面 login.jsp 构成。login.jsp 页面提供输入登录信息界面，并负责显示登录反馈信息，比如登录是否成功，是否已经登录等。效果如图 6-3 所示。

图 6-3　登录效果

文件夹 ch06(ch06 不是项目名，是项目名下的单独的文件夹)下的 login.jsp 的代码如下：

```
<%@ page contentType="text/html;charset=GB2312" %>
<jsp:useBean id="loginBean" class="mybean.data.Login" scope="session"/>
<html><body bgcolor=cyan><font size=2>
<div align="center">
<table border=2>
<tr> <th>登录</th></tr>
<form action="helpLogin" Method="post">
<tr><td>登录名称:<Input type=text name="logname"></td></tr>
<tr><td>输入密码:<Input type=password name="password"></td></tr>
</table>
<input type=submit name="g" value="提交">
</form>
<a href = "lookPic.jsp?logname=<jsp:getProperty name="loginBean"
                          property="logname"/>">
  登录后看图片</a>
</div >
<div align="center" >
登录反馈信息:<br>
<jsp:getProperty name="loginBean" property="backNews"/>
<br>登录名称:<br><jsp:getProperty name="loginBean" property="logname"/>
<div></font>
</body></html>
```

2. 模型(JavaBean)

JavaBean 的实例用来存储用户登录信息，在该模块中，JavaBean 的实例的 id 是 loginBean，生命周期是 session。该 JavaBean 的实例由控制器负责创建或更新。

Login. Java 的代码如下：

```
package mybean.data;
public class Login {
  String logname="",
        backNews="未登录";
  public void setLogname(String logname){
    this.logname=logname;
  }
  public String getLogname(){
     return logname;
  }
  public void setBackNews(String s) {
     backNews=s;
  }
  public String getBackNews() {
    return backNews;
  }
}
```

3. 控制器(Servlet)

该 Servlet 对象的名字是 loginServlet。控制器 loginServlet 负责连接数据库，查询 user 表，验证用户输入的会员名和密码是否在该表中，即验证是否是已注册的用户。若是注册用户，就将用户设置成登录状态。用户的名称存放到 JavaBean 模型 loginBean 中，并将用户转发到 login.jsp 页面查看登录反馈信息。如果该用户不是注册用户，控制器将提示登录失败。

HandleLogin. Java 的代码如下：

```
package myservlet.control;
import mybean.data.*;
import java.sql.*;
import java.io.*;
import javax.servlet.*;
import javax.servlet.http.*;
public class HandleLogin extends HttpServlet{
  public void init(ServletConfig config) throws ServletException{
    super.init(config);
    try{
        Class.forName("com.mysql.jdbc.Driver");
    }
    catch(Exception e){}
  }
  public String handleString(String s){
    try{  byte bb[]=s.getBytes("iso-8859-1");
        s=new String(bb);
    }
    catch(Exception ee){}
    return s;
  }
  public void doPost(HttpServletRequest request,
HttpServletResponse response)
                throws ServletException,IOException{
    Connection con;
    Statement sql;
    String logname=request.getParameter("logname").trim(),
    password=request.getParameter("password").trim();
    logname=handleString(logname);
    password=handleString(password);
    String uri="jdbc:mysql://127.0.0.1/student?"+
                  "user=root&password=123&characterEncoding=gb2312";
    boolean boo=(logname.length()>0)&&(password.length()>0);
    try{
        con=DriverManager.getConnection(uri);
        String condition="select * from user where logname = '"+logname+
         "' and password ='"+password+"'";
        sql=con.createStatement();
        if(boo){
          ResultSet rs=sql.executeQuery(condition);
          boolean m=rs.next();
          if(m==true){
             //调用登录成功的方法:
             success(request,response,logname,password);
             RequestDispatcher dispatcher=
```

```
                request.getRequestDispatcher("/ch06/login.jsp");//转发
                dispatcher.forward(request,response);
            }
            else{
                String backNews="您输入的用户名不存在，或密码不匹配";
                //调用登录失败的方法
                fail(request,response,logname,backNews);
            }
        }
        else{
                String backNews="请输入用户名和密码";
                fail(request,response,logname,backNews);
        }
        con.close();
    }
    catch(SQLException exp){
        String backNews=""+exp;
        fail(request,response,logname,backNews);
    }
  }
  public void doGet(HttpServletRequest request,
HttpServletResponse response)
                throws ServletException,IOException{
    doPost(request,response);
  }
  public void success(HttpServletRequest request,HttpServletResponse
response, String logname,String password) {
    Login loginBean=null;
    HttpSession session=request.getSession(true);
    try{  loginBean=(Login)session.getAttribute("loginBean");
          if(loginBean==null){
            loginBean=new Login();  //创建新的数据模型
            session.setAttribute("loginBean",loginBean);
            loginBean=(Login)session.getAttribute("loginBean");
          }
          String name =loginBean.getLogname();
          if(name.equals(logname)) {
            loginBean.setBackNews(logname+"已经登录了");
            loginBean.setLogname(logname);
          }
          else {  //数据模型存储新的登录用户
             loginBean.setBackNews(logname+"登录成功");
             loginBean.setLogname(logname);
          }
    }
    catch(Exception ee){
          loginBean=new Login();
          session.setAttribute("loginBean",loginBean);
          loginBean.setBackNews(logname+"登录成功");
          loginBean.setLogname(logname);
    }
```

```
    }
    public void fail(HttpServletRequest request,HttpServletResponse
response, String logname,String backNews) {
        response.setContentType("text/html;charset=GB2312");
        try {
         PrintWriter out=response.getWriter();
         out.println("<html><body>");
         out.println("<h2>"+logname+"登录反馈结果<br>"+backNews+"</h2>");
         out.println("返回登录页面或主页<br>");
         out.println("<a href ='login.jsp'>登录页面</a> ");
         out.println("</body></html>");
        }
        catch(IOException exp){}
    }
}
```

4. 验证

登录的用户有权利访问某些JSP页面。比如登录的用户可以通过超链接访问lookPic.jsp，如图6-4所示。lookPic.jsp将验证用户是否为登录用户，如果用户没有登录，则单击超链接进入该页面时，将被重定向到login.jsp登录页面。

图6-4 登录用户访问效果

文件夹ch06(ch06不是项目名，是项目名下的单独的文件夹)下的lookPic.jsp的代码如下：

```
<%@ page contentType="text/html;charset=GB2312" %>
<%@ page import="mybean.data.Login" %>
<jsp:useBean id="loginBean" class="mybean.data.Login" scope="session"/>
<%@ page import="java.util.*" %>
<html><body bgcolor=cyan><Font size=2><center>
<table>
 <td><A href="register.jsp"><font size=2>用户注册</font></A></td>
 <td><A href="login.jsp"><font size=2>用户登录</font></A></td>
</table>
<%   if(loginBean==null){
        response.sendRedirect("login.jsp");//重定向到登录页面
     }
     else {
       boolean b =loginBean.getLogname()==null||
                 loginBean.getLogname().length()==0;
       if(b)
        response.sendRedirect("login.jsp");//重定向到登录页面
```

```
    }
%>
 <image src="image.jpg" width=3456 height=5184></image>
</center></body></html>
```

6.3 MVC 模式与数据库操作

下面介绍如何使用 MVC 模式分页显示数据表中的记录。

6.3.1 JavaBean 与 Servlet 管理

本节中的 JavaBean 类的包名均为 mybean.data；Servlet 类的包名均为 myservlet.control。由于 Servlet 类中要使用 JavaBean，所以为了能顺利地编译 Servlet 类，不要忘记将 Tomcat 安装目录 lib 子目录中的 servlet-api.jar 文件复制到 Tomcat 服务器所使用的 JDK 的扩展目录中，比如，复制到 D:\jdkl.7\jre\lib\ext 中。然后，按下列步骤进行编译和保存有关的字节码文件。

1) 保存 JavaBean 类和 Servlet 类的源文件

将 JavaBean 类和 Servlet 类源文件分别保存到：D : \ mybean\data 和 D : \myservlet\control 目录中。保存时，让 Servlet 类的包名和 JavaBean 类的包名形成的父目录相同。

2) 编译 JavaBean 类

用如下格式进行编译，即目录中包含包名：

```
D: > javac mybean\data\JavaBean 的源文件
```

3) 编译 Servlet 类

用如下格式进行编译，即目录中包含包名：

```
D:> javac myservlet\control\servlet 的源文件
```

4) 将字节码保存到服务器

编译通过的 JavaBean 类和 Servlet 类的字节码分别复制到 ch06 \WEB-INF\classes\ mybean\ data 和 ch06 \WEB-INF\classes\myservlet\control 目录中(这里的 ch06 是项目名)。

6.3.2 配置文件与数据库连接

本节中的 Servlet 类的包名均为 myservlet.control，需要配置 Web 服务目录下的 web. xml 文件，即将 web.xml 文件保存到 Tomcat 安装目录的 Web 服务目录 ch06 中。根据本书使用的 Tomcat 安装目录及 Web 服务目录，需要将 web.xml 文件保存到下面位置：

```
D: \apache-tomcat-8.0.3\webapps\ch06\WEB-INF
```

如果 web.xml 文件已经存在，需要将下述内容添加到已有的 web.xml 文件中。web.xml 文件需要包含的内容如下：

```
<servlet>
<servlet-name>database </servlet-name>
<servlet-class>myservlet.control.HandleDatabase</servlet-class>
</servlet>
```

```
<servlet-mapping>
<servlet-name>database </servlet-name>
<url-pattern>/ch06/helpReadRecord</url-pattern>
</servlet-mapping>
```

为了避免操作数据库出现中文乱码，加入连接代码(假设用户名是 root，其密码为 123)：

```
String uri = "jdbc:mysql://127.0.0.1/数据库名? "+
"user=root&password=123&characterEncoding=GB2312 " ;
Connection con = DriverManager.getConnection(uri) ;
```

6.3.3 MVC 设计细节

在 MVC 模式中，Servlet 对象负责查询记录，bean 只负责存储 Servlet 对象所查询到的记录。

1. 视图(JSP 页面)

本节设计的 Web 应用有两个 JSP 页面：choiceDatabase.jsp 和 showRecord.jsp。在 choiceDatabase.jsp 页面可以输入 MySQL 数据库的名字以及相应的表名(用户名是默认的 root，密码为空)，并提交给名字为 database 的 Servlet 对象。database 负责读取数据表中的记录，并将读取的内容以及相关的数据存储到数据模型 bean 中，然后请求 showRecord.jsp 页面显示模型中的数据。showRecord.jsp 页面提供了“上一页”和“下一页”按钮，用户在该页面可以继续请求控制器 Servelt，以便继续查询记录。效果如图 6-5 和图 6-6 所示。

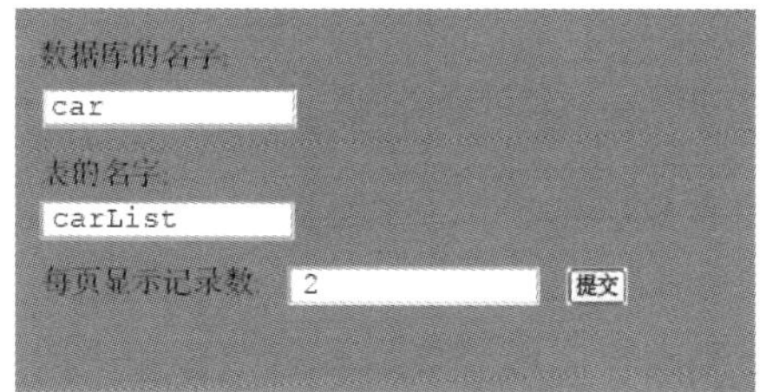

图 6-5　输入数据库和表名

您查询的数据库：car，查询的表：carList。
记录分 3 页，每页最多显示 2 条记录，目前显示第 1 页。

number	name	price
001	奥迪A4	32898.9
002	奔驰S600	26879.2

上一页　下一页

图 6-6　显示记录

choiceDatabase.jsp(放在项目名文件夹下的 ch06 文件夹下)的代码如下：

```
<%@ page contentType="text/html;charset=GB2312" %>
<html><body bgcolor=cyan><Font size=2>
   <form action="helpReadRecord" method="post" name="form">
     数据库的名字:<br><input type="text" name="databaseName">
    <br>表的名字: <br><input type="text" name="tableName">
    <br>每页显示记录数:
       <input type="text" value="2" name="pageSize" size=6>
       <input type="submit" value="提交" name="submit">
   </form>
</Font></body></html>
```

showRecord.jsp(放在项目名文件夹下的 ch06 文件夹下)的代码如下：

```
<%@ page contentType="text/html;charset=GB2312" %>
<%@ page import="mybean.data.ShowRecordByPage" %>
```

```
<html><body bgcolor=yellow><Font size=2>
 <jsp:useBean id="database"
     type="mybean.data.ShowRecordByPage" scope="session"/>
   您查询的数据库：
<jsp:getProperty name="database" property= "databaseName"/>,
   查询的表：<jsp:getProperty name="database" property="tableName"/>。
   <BR>记录分 <jsp:getProperty name="database" property="pageAllCount"/> 页，
   每页最多显示 <jsp:getProperty name="database" property="pageSize"/> 条记录，
目前显示第 <jsp:getProperty name="database" property="showPage"/> 页。
   <table border=1>
     <jsp:getProperty name="database" property="formTitle"/>
     <jsp:getProperty name="database" property="presentPageResult"/>
   </table>
    <table>
      <tr><td>
         <form action="helpReadRecord" method="post" name="form">
         <input type="hidden" value="previousPage" name="whichPage">
         <input type="submit" value="上一页" name="submit">
         </form>
         </td>
        <td>
         <form action="helpReadRecord" method="post" name="form">
         <input type="hidden" value="nextPage" name="whichPage">
         <input type="submit" value="下一页" name="submit">
         </form>
         </td>
     </tr>
    </form>
</Font></body></html>
```

2. 模型(JavaBean)

ShowRecordByPage.java 模型中的 getXxx 和 setXxx 方法可以显示和修改模型中的数据，但不参与数据的处理。

ShowRecordByPage.java 的代码如下：

```
package mybean.data;
import com.sun.rowset.*;
public class ShowRecordByPage{
   CachedRowSetImpl rowSet=null;          //存储表中全部记录的行集对象
   int pageSize=10;                       //每页显示的记录数
   int pageAllCount=0;                    //分页后的总页数
   int showPage=1;                        //当前显示页
   StringBuffer presentPageResult;        //显示当前页内容
   String databaseName="";                //数据库名称
   String tableName="";                   //表名称
   StringBuffer formTitle=null;           //表头
   public void setRowSet(CachedRowSetImpl set){
      rowSet=set;
   }
   public CachedRowSetImpl getRowSet(){
```

```
      return rowSet;
   }
   public void setPageSize(int size){
      pageSize=size;
   }
   public int getPageSize(){
      return pageSize;
   }
   public int getPageAllCount(){
      return pageAllCount;
   }
   public void setPageAllCount(int n){
      pageAllCount=n;
   }
   public void setShowPage(int n){
      showPage=n;
   }
   public int getShowPage(){
      return showPage;
   }
   public void setPresentPageResult(StringBuffer p){
      presentPageResult=p;
   }
   public StringBuffer getPresentPageResult(){
      return presentPageResult;
   }
   public void setDatabaseName(String s){
      databaseName=s.trim();
   }
   public String getDatabaseName(){
      return databaseName;
   }
   public void setTableName(String s){
      tableName=s.trim();
   }
   public String getTableName(){
      return tableName;
   }
   public void setFormTitle(StringBuffer s){
      formTitle=s;
   }
   public StringBuffer getFormTitle(){
      return formTitle;
   }
}
```

3. 控制器(Servlet)

控制器是名字为 database 的 Servlet 对象(见 web.xml 中的配置)，由 HandleDatabase 类负责创建。

HandleDatabase. java 的代码如下：

```
package myservlet.control;
import mybean.data.ShowRecordByPage;
import com.sun.rowset.*;
import java.sql.*;
import java.io.*;
import javax.servlet.*;
import javax.servlet.http.*;
public class HandleDatabase extends HttpServlet{
   int 字段个数;
   CachedRowSetImpl rowSet=null;
   public void init(ServletConfig config) throws ServletException{
      super.init(config);
      try {  Class.forName("com.mysql.jdbc.Driver");
      }
      catch(Exception e){}
   }
   public void doPost(HttpServletRequest request,
           HttpServletResponse response)
  throws ServletException,IOException{
      Connection con;
      StringBuffer presentPageResult=new StringBuffer();
      ShowRecordByPage databaseBean=null;
      HttpSession session=request.getSession(true);

try{   databaseBean=(ShowRecordByPage)session.getAttribute("database");
           if(databaseBean==null){
             databaseBean=new ShowRecordByPage(); //创建 JavaBean 对象
             session.setAttribute("database",databaseBean);
           }
      }
      catch(Exception exp){
           databaseBean=new ShowRecordByPage();
           session.setAttribute("database",databaseBean);
      }
      String databaseName=request.getParameter("databaseName");
      String tableName=request.getParameter("tableName");
      String ps=request.getParameter("pageSize");
      if(ps!=null){
         try{  int mm=Integer.parseInt(ps);
              databaseBean.setPageSize(mm);
         }
         catch(NumberFormatException exp){
              databaseBean.setPageSize(1);
         }
      }
      int showPage=databaseBean.getShowPage();
      int pageSize=databaseBean.getPageSize();
      boolean boo=databaseName!=null&&tableName!=null&&
                databaseName.length()>0&&tableName.length()>0;
      if(boo){
         //数据存储在 databaseBean 中
```

```
    databaseBean.setDatabaseName(databaseName);
    //数据存储在 databaseBean 中
    databaseBean.setTableName(tableName);
    String uri="jdbc:mysql://127.0.0.1/"+databaseName;
    try{   字段个数=0;
          con=DriverManager.getConnection(uri,"root","123");
          DatabaseMetaData metadata=con.getMetaData();
          ResultSet rs1=metadata.getColumns(null,null,tableName,null);
          int k=0;
          String 字段[]=new String[100];
          while(rs1.next()){
            字段个数++;
            字段[k]=rs1.getString(4); //获取字段的名字
            k++;
          }
          StringBuffer str=new StringBuffer();
          str.append("<tr>");
          for(int i=0;i<字段个数;i++)
            str.append("<th>"+字段[i]+"</th>");
          str.append("</tr>");
          databaseBean.setFormTitle(str);  //数据存储在 databaseBean 中
          Statement sql=
          con.createStatement(ResultSet.TYPE_SCROLL_SENSITIVE,
                                    ResultSet.CONCUR_READ_ONLY);
          ResultSet rs=sql.executeQuery("SELECT * FROM "+tableName);
          rowSet=new CachedRowSetImpl();  //创建行集对象
          rowSet.populate(rs);
          con.close();                      //关闭连接
          databaseBean.setRowSet(rowSet);  //数据存储在 databaseBean 中
          rowSet.last();
          int m=rowSet.getRow();            //总行数
          int n=pageSize;
          int pageAllCount=((m%n)==0)?(m/n):(m/n+1);
          databaseBean.setPageAllCount(pageAllCount);
    }
    catch(SQLException exp){}
  }
  String whichPage=request.getParameter("whichPage");
  if(whichPage==null||whichPage.length()==0){
      showPage=1;
      databaseBean.setShowPage(showPage);
      CachedRowSetImpl rowSet=databaseBean.getRowSet();
      if(rowSet!=null){
        presentPageResult=show(showPage,pageSize,rowSet);
        databaseBean.setPresentPageResult(presentPageResult);
      }
  }
  else if(whichPage.equals("nextPage")){
      showPage++;
      if(showPage>databaseBean.getPageAllCount())
        showPage=1;
```

```
        databaseBean.setShowPage(showPage);
        CachedRowSetImpl rowSet=databaseBean.getRowSet();
        if(rowSet!=null){
          presentPageResult=show(showPage,pageSize,rowSet);
          databaseBean.setPresentPageResult(presentPageResult);
        }
    }
    else if(whichPage.equals("previousPage")){
        showPage--;
        if(showPage<=0)
          showPage=databaseBean.getPageAllCount();
        databaseBean.setShowPage(showPage);
        CachedRowSetImpl rowSet=databaseBean.getRowSet();
        if(rowSet!=null){
          presentPageResult=show(showPage,pageSize,rowSet);
          databaseBean.setPresentPageResult(presentPageResult);
        }
    }
    databaseBean.setPresentPageResult(presentPageResult);
    RequestDispatcher dispatcher=
        request.getRequestDispatcher("showRecord.jsp");
    dispatcher.forward(request,response);//请求 showRecord.jsp 显示数据
  }
  public StringBuffer show(int page,int pageSize,CachedRowSetImpl rowSet){
    StringBuffer str=new StringBuffer();
    try{   rowSet.absolute((page-1)*pageSize+1);
           for(int i=1;i<=pageSize;i++){
               str.append("<tr>");
               for(int k=1;k<=字段个数;k++)
                  str.append("<td>"+rowSet.getString(k)+"</td>");
               str.append("</tr>");
               rowSet.next();
           }
     }
     catch(SQLException exp){}
     return str;
  }
   public void doGet(HttpServletRequest request,
                    HttpServletResponse response)
                    throws ServletException,IOException{
     doPost(request,response);           //转发
  }
}
```

6.4 MVC 模式与文件操作

在 MVC 模式中，读取文件的工作由 servlet 对象负责，bean 只负责存储 Servlet 对象所读取的文件内容。

下面设计一个 Web 应用，在该 Web 应用中有两个 JSP 页面：choiceFile.jsp 和

showFile.jsp，使用一个 JavaBean 和一个 Servlet。用户在 JSP 页面 choiceFile.jsp 选择一个文件，提交给 Servlet，该 Servlet 负责读取文件的有关信息存放到 JavaBean 中，并请求 JSP 页面 showFile.jsp 显示 JavaBean 中的数据。

要为 ch06\WEB-INF 中的 web.xml 文件添加如下子标记(本节 Servlet 的包名是 myservlet.control)：

```
<servlet>
<servlet-name> helpReadFile</servlet-name>
<servlet-class> myservlet.control.HandleFile</servlet-class>
</servlet>
<servlet-mapping>
<servlet-name> helpReadFile</servlet-name>
<url-pattern>/ch06/helpReadFile</url-pattern>
</servlet-mapping>
```

6.4.1 模型(JavaBean)

本节的 JavaBean 类的包名为 mybean.data。FileMessage.java 模型中的 getXxx()和 setXxx()方法可以显示和修改模型中的数据，但不参与数据的处理。

JavaBean 类的源文件 FileMessage.Java 保存到 D: \mybean\data，按下列格式编译源文件，即目录中包含包名：

```
D:> javac mybean\data\FileMessage.java
```

将编译得到的字节码文件 FileMessage.class 复制到如下目录：

```
Ch06\WEB-INF\classes\mybean\data
```

FileMessage. java 的代码如下：

```
package mybean.data;
public class FileMessage {
   String filePath,fileName,fileContent;
   long fileLength;
   public void setFilePath(String str){
      filePath=str;
   }
   public String getFilePath(){
      return filePath;
   }
   public void setFileName(String str){
      fileName=str;
   }
   public String getFileName(){
      return fileName;
   }
   public void setFileContent(String str){
      fileContent=str;
   }
   public String getFileContent(){
```

```
    return fileContent;
  }
  public void setFileLength(long len){
    fileLength=len;
  }
  public long getFileLength(){
    return fileLength;
  }
}
```

6.4.2 控制器(Servlet)

控制器是名字为 helpReadFile 的 Servlet 对象(见 web.xml 中的配置)，由 HandleFile 类负责创建。由于 Servlet 类中要使用 JavaBean，所以为了能顺利地编译 Servlet 类，不要忘记将 Tomcat 安装目录下 lib 子目录中的 servlet-api.jar 文件复制到 Tomcat 服务器所使用的 JDK 的扩展目录中，比如，复制到 D:\jdkl.7\jre\lib\ext 中。Servlet 类的包名为 myservlet.control，将 Servlet 类的源文件 HandleFile.java 保存到 D : \myservlet\control 目录中，即保存时，让 Servlet 类的包名和 JavaBean 类的包名形成的目录的父目录相同。用如下格式进行编译，即目录中包含包名：

```
D: > javac myservlet\control\HandleFile.java
```

将编译得到的字节码文件 HandleFile.class 复制到 ch06\WEB-INF\classes\myservlet\control。

HandleFile. java 的代码如下：

```
package myservlet.control;
import mybean.data.FileMessage;
import java.io.*;
import javax.servlet.*;
import javax.servlet.http.*;
public class HandleFile extends HttpServlet{
  public void init(ServletConfig config) throws ServletException{
    super.init(config);
  }
  public void doPost(HttpServletRequest request,
                HttpServletResponse response)
                throws ServletException,IOException{
    FileMessage file=new FileMessage();  //创建 JavaBean 对象
    request.setAttribute("file",file);
    String filePath=request.getParameter("filePath");
    String fileName=request.getParameter("fileName");
    file.setFilePath(filePath);   //将数据存储在 file 中
    file.setFileName(fileName);
    try{  File f=new File(filePath,fileName);
         long length=f.length();
         file.setFileLength(length);
         FileReader in=new FileReader(f) ;
         BufferedReader inTwo=new BufferedReader(in);
```

```
            StringBuffer stringbuffer=new StringBuffer();
            String s=null;
            while ((s=inTwo.readLine())!=null)
               stringbuffer.append("\n"+s);
            String content=new String(stringbuffer);
            file.setFileContent(content);
      }
      catch(IOException exp){}
      RequestDispatcher dispatcher=
request.getRequestDispatcher("showFile.jsp");
      dispatcher.forward(request, response);
   }
   public void doGet(HttpServletRequest request,
                     HttpServletResponse response)
                     throws ServletException,IOException{
      doPost(request,response);
   }
}
```

6.4.3 视图(JSP 页面)

在 choiceFile.jsp 页面可以输入文件的路径和名字，并提交给名字为 HandleFile 的 Servlet 对象。Servlet 对象负责读取文件，并将读取的内容以及相关的数据存储到数据模型 bean 中，然后请求 showFile.jsp 页面显示模型中的数据。choiceFile.jsp 和 showFile.jsp 的效果分别如图 6-7 和图 6-8 所示(两个 jsp 页面都放在项目名下的 ch06 文件夹下)。

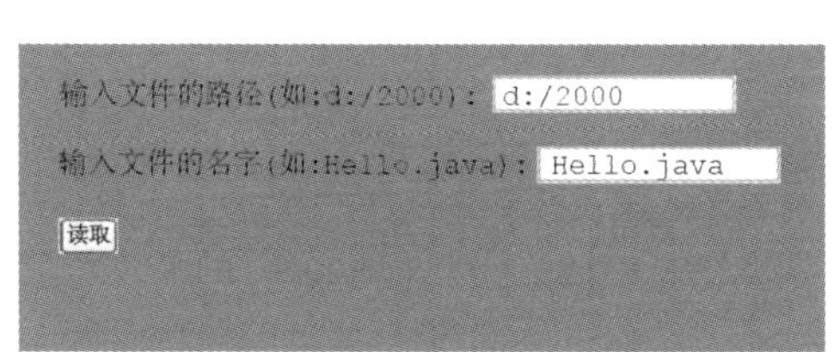

图 6-7　输入目录和文件名

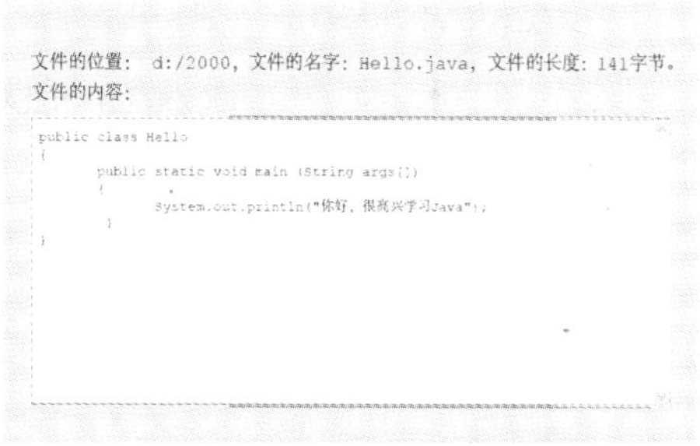

图 6-8　显示文件内容和数据

choiceFile.jsp 的代码如下：

```
<%@ page contentType="text/html;charset=GB2312" %>
<html><body bgcolor=cyan><Font size=2>
 <form action="helpReadFile" method="post" name="form">
 输入文件的路径(如:d:/2000):
 <input type="text" name="filePath" size=12>
 <br>输入文件的名字(如:Hello.java):
 <input type="text" name="fileName" size=9>
 <br><input type="submit" value="读取" name="submit">
 </form>
</Font></body></html>
```

showFile.jsp 的代码如下：

```
<%@ page import="mybean.data.FileMessage" %>
<%@ page contentType="text/html;charset=GB2312" %>
 <jsp:useBean id="file" type="mybean.data.FileMessage" scope="request"/>
<html><body bgcolor=yellow><Font size=2>
  文件的位置：<jsp:getProperty name="file" property="filePath"/>,
  文件的名字：<jsp:getProperty name="file" property="fileName"/>,
  文件的长度：<jsp:getProperty name="file" property="fileLength"/> 字节。
  <br>文件的内容：
  <br><TextArea  rows="6" cols="60">
      <jsp:getProperty name="file" property="fileContent"/>
    </TextArea>
</Font></body></html>
```

6.5 案例：计算三角形与梯形的面积

实训内容和要求

Web 应用提供两个 JSP 页面，一个页面用于输入三角形与梯形值，另一个页面显示三角形和梯形的面积值。Web 应用提供一个名字为 computerArea 的 Servlet 对象，computerArea 计算三角形和梯形的面积(computerArea 由 HandleArea 类负责创建，访问它的 url-pattern 为 lookArea)，然后存储到 JavaBean 中。Web 应用提供的 JavaBean 负责存储数据结果。

实训步骤

1. 模型(JavaBean)

模型 Area.java 中的 getXxx()和 setXxx()方法不涉及数据细节的处理，以便增强模型的通用性。set.Area(double s)将参数 s 值赋值给 area。Area.java 的代码如下：

```
package mybean.data;
public class Area{
   double a,b,c,area;
   String mess;
   public void setMess(String mess){
      this.mess=mess;
   }
   public String getMess(){
      return mess;
   }
   public void setA(double a){
      this.a=a;
   }
   public void setB(double b){
      this.b=b;
   }
   public void setC(double c){
      this.c=c;
   }
```

```
    public void setArea(double s){
       area=s;
    }
    public double getArea(){
       return area;
    }
}
```

2. 控制器(Servlet)

控制器是名字为computerArea的Servlet对象，由下面的Servlet类创建。控制器使用doPost方法计算三角形的面积；使用doGet方法计算梯形的面积。HandleArea.java的代码如下：

```
package myservlet.control;
import mybean.data.Area;
import java.io.*;
import javax.servlet.*;
import javax.servlet.http.*;
public class HandleArea extends HttpServlet{
   public void init(ServletConfig config) throws ServletException{
      super.init(config);
   }
   public void doPost(HttpServletRequest request,
HttpServletResponse response)
                        throws ServletException,IOException{
      Area dataBean=new Area();                //创建 JavaBean 对象
      request.setAttribute("data",dataBean);//将 dataBean 存储到 request 对象中
      try{  double a=Double.parseDouble(request.getParameter("a"));
            double b=Double.parseDouble(request.getParameter("b"));
            double c=Double.parseDouble(request.getParameter("c"));
            dataBean.setA(a);                //将数据存储在 dataBean 中
            dataBean.setB(b);
            dataBean.setC(c);
            double s=-1;
            double p=(a+b+c)/2.0;
            if(a+b>c&&a+c>b&&b+c>a)
              s=Math.sqrt(p*(p-a)*(p-b)*(p-c));
            dataBean.setArea(s);             //将数据存储在 dataBean 中
            dataBean.setMess("三角形面积");
      }
      catch(Exception e){
            dataBean.setArea(-1);
            dataBean.setMess(""+e);
      }
      RequestDispatcher dispatcher=
request.getRequestDispatcher("showResult.jsp");
       //请求 showResult.jsp 显示 dataBean 中的数据
       dispatcher.forward(request,response);
    }
   public void doGet(HttpServletRequest request,
                        HttpServletResponse response)
                        throws ServletException,IOException{
```

```
    Area dataBean=new Area();              //创建 JavaBean 对象
    request.setAttribute("data",dataBean);//将 dataBean 存储到 request 对象中
    try{  double a=Double.parseDouble(request.getParameter("a"));
         double b=Double.parseDouble(request.getParameter("b"));
         double c=Double.parseDouble(request.getParameter("c"));
         dataBean.setA(a);              //将数据存储在 dataBean 中
         dataBean.setB(b);
         dataBean.setC(c);
         double s=-1;
         s=(a+b)*c/2.0;
         dataBean.setArea(s);           //将数据存储在 dataBean 中
         dataBean.setMess("梯形面积");
    }
    catch(Exception e){
         dataBean.setArea(-1);
         dataBean.setMess(""+e);
    }
    RequestDispatcher dispatcher=
request.getRequestDispatcher("showResult.jsp");
    //请求 showResult.jsp 显示 dataBean 中的数据
    dispatcher.forward(request,response);    //转发
  }
}
```

在 web.xml 中添加该 Servlet 的配置如下：

```
<servlet>
    <servlet-name>computerArea</servlet-name>
    <servlet-class>myservlet.control.HandleArea</servlet-class>
</servlet>
<servlet-mapping>
    <servlet-name>computerArea</servlet-name>
    <url-pattern>/ch06/lookArea</url-pattern>
</servlet-mapping>
```

3. 视图(JSP 页面)

在 inputDate.jsp 页面输入三角形、梯形的值，将输入的三角形三条边的值和梯形的上、下底以及高的值分别用 post 方法和 get 方法提交给名字为 computerArea 的 Servlet 对象。computerArea 使用 doPost 方法计算三角形的面积；用 doGet 方法计算梯形的面积，将结果存储到数据模型 bean 中，请求 showResult.jps 页面显示模型中的数据。inputData.jsp 和 showResult.jsp 的效果如图 6-9 和图 6-10 所示。

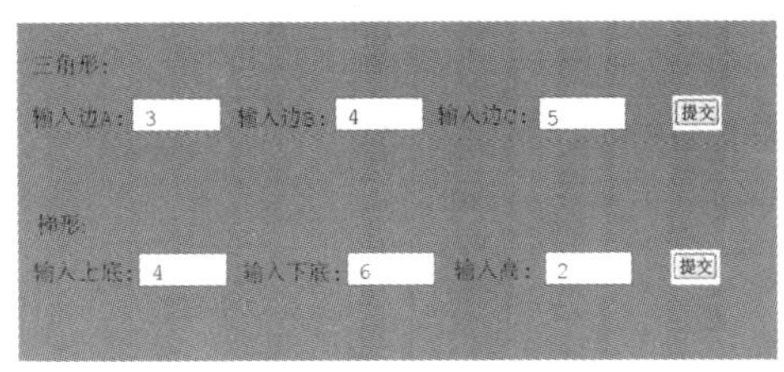

图 6-9　输入三角形和梯形值

三角形的面积：6.0

梯形的面积：10.0

图 6-10　显示三角形、梯形的面积

inputData.jsp 的代码如下：

```
<%@ page contentType="text/html;charset=GB2312" %>
<html><body bgcolor=cyan><Font size=2>
<form action="lookArea" Method="post" >
   三角形：
  <br>输入边 A:<input type=text name="a" size=3>
      输入边 B:<input type=text name="b" size=4>
      输入边 C:<input type=text name="c" size=5>
  <input type=submit value="提交">
</form>
<form action="lookArea" Method="get" >
   梯形：
  <br>输入上底:<input type=text name="a" size=4>
      输入下底:<input type=text name="b" size=6>
      输入高： <input type=text name="c" size=2>
  <input type=submit value="提交">
</form>
</Font></body></html>
```

showResult.jsp 的代码如下：

```
<%@ page contentType="text/html;charset=GB2312" %>
<%@ page import="mybean.data.Area"%>
<jsp:useBean id="data" type="mybean.data.Area" scope="request"/>
<html><body bgcolor=yellow>
  <jsp:getProperty name="data" property="mess"/>:
  <jsp:getProperty name="data" property="area"/>
</body></html>
```

本章小结

本章主要讲解 JSP Servlet 的 MVC 模式，包括模型的生命周期与视图更新、注册登录、与数据库的连接以及文件操作。通过对本章内容的学习，读者可以掌握 MVC 的基础模式，并制作小型的实例。

习　题

一、填空题

1. JSP 中的 MVC 模式的生命周期分为__________、__________和__________。

2. 在 JSP 的 MVC 模式中，由__________负责根据模型中数据的变化通知视图(JSP 页面)更新。

3. 在 MVC 中，Action 方法如果要显示一个页面可执行__________方法。

4. Repeater 有两个重要的事件，分别是________和________。其中一个，可以与体内的 button 结合使用完成一些功能，此时应设置 button 的____________属性和____________属性。

5. 在 MVC 中，借助 ActionResult，使用________完成文件下载的功能。

二、选择题

1. 从视图读取数据到控制器，可以使用的方法有(　　)。

A. Request　　B. formCollection

C. Collection　　D. ContextServer

2. 在进行 Repeater 开发时，经常需要对当前的行号进行判断，以下能成功获取行号的语句为(　　)。

A. <%#Content.ItemIndex%>　　B. <%#Content.Index%>

C. <%#Container.ItemIndex%>　　D. <%#Container.ListIndex%>

3. 要返回 ViewResult 结果的内容，应使用(　　)方法。

A. View()　　B. File()　　C. JavaScript()　　D. Java()

4. 对 MVC 架构里的实体类描述正确的是(　　)。

A. 实体类属于三层里的一层 dal+helper+…

B. 实体类在三层里起到数据传递的作用

C. 实体类必须被继承

D. 实体类命名必须与数据库表一致

5. 控制器的命名规则是(　　)。

A. 类名+Controller　　B. 类名

C. 类名+方法名　　D. Controller

三、问答题

1. 简述 MVC 的定义。

2. 编写代码可实现简单的上传 MVC 文件的功能。

第 7 章 表达式语言

本章要点

1. EL 运算符、常量、变量。
2. 对象的作用域。
3. EL 表达式内置对象。

学习目标

1. 掌握 EL 表达式的基本语法。
2. 掌握 EL 表达式数据访问的实质。
3. 掌握 EL 表达式对象的作用域。
4. 掌握 EL 表达式访问 JavaBean、集合的方法。
5. 掌握 EL 表达式的 Param 对象、Cookie 对象和 initParam 对象。

7.1 EL 表达式的语法

表达式是 JSP 必备的语法元素，下面介绍 EL、运算符、变量、常量、保留字的定义以及应用技巧。

7.1.1 EL 简介

EL 表达式语言来自于标准化脚本语言 ECMAScript 和 XPath，EL 表达式简化了 JSP 语言的写法。在 EL 表达式出现之前，开发 Java Web 应用时经常需要将大量的 Java 代码嵌入 JSP 页面中，使页面的可读性变得很差，使用 EL 可以使页面变得很好。例如，对应于以下 Java 代码片段：

```
<%
if(session.getAttribute("uname")!==null){
  Out.println(session.getAtribute("uname").toString());
}
%>
```

如果使用 EL 表达式，则只需要下面一行代码：

```
$ {uname}
```

在 Web 开发中常用的表达式是 EL，它除了具有语法简单和使用方便的性质外，还具有以下几方面的特点。

(1) 可以与 JSTL 以及 JavaScript 结合使用。

(2) 可自动执行数值转换。例如，如果想输出两个字符串数值型 numberl 和 number2 的和，可以通过“+”连接，即${numberl+number2}。

(3) 可以访问 JavaBean 中的属性、嵌套属性和集合属性。

(4) 可实现算术、逻辑、关系、条件等多种运算。

(5) 可以获得命名和空间(pageContext 对象是页面中所有其他内置对象的最大范围的继承对象，通过它可以访问内置对象)。

(6) 执行除法时如果除数是 0，则返回无穷大(Infinity)，不返回错误。

(7) 可访问 4 种 JSP 的作用域(request、session、application、page)。

(8) 扩展函数可以与 Java 类的静态方法执行映射。

如果 Web 容器不支持 EL，可以禁用 EL，方法有三种。

第一种：使用斜杠符号“\”，该方法只须在 EL 表达式前加“\”。例如：

```
\${uname}
```

第二种：使用 page 指令，该方法将 page 指令中的 isELIgnored 设置为 true。例如：

```
<%@ page isELIgnored="true" %>
```

第三种：在 web.xml 文件中配置<el-ignored>元素。例如，下面的配置禁止 Web 中的所有 JSP 页面使用 EL：

```
<jsp-property-group>
   <url-pattern>*jsp</url-pattern>
   <el-ignored> false</el-ignored>
</jsp-propery-group>
```

7.1.2 运算符

EL 表达式定义了许多运算符，如算术运算符、关系运算符、逻辑运算符等，使用这些运算符，将使得 JSP 页面更加简洁。因此，复杂的操作可以使用 Servlet 或 JavaBean 完成，而简单的内容则可以使用 EL 提供的运算符。

1. EL 语法

EL 表达式的基本语法很简单，它以“${”开头，以“}”结束，中间为合法的表达式。语法格式如下：

```
${EL 表达式}
```

EL 表达式可以是字符串或是 EL 运算符组成的表达式。例如：

```
${sessionScope.user.name}
```

上述 EL 范例的意思是从 session 取得用户的 name。使用 EL 之前，JSP 的代码如下：

```
<%
User user=(User)session.getAttribute("user");
String name = user.getName();
%>
```

两者相比较之下可以发现，EL 的语法比传统的 JSP 代码更为方便、简洁。

在运算符参与混合运算的过程中，优先权如下所示(由高至低，由左至右)：

◎ []

◎ ()

◎ -(负)、not、!、empty

◎ *、/、div、%、mod

◎ +、-(减)

◎ <、>、<=、>=、lt、gt、le、ge

◎ ==、!-、eq、ne

◎ & &、and

◎ ||、or

◎ ${A?B:C}

2. “.”和[ ]运算符

EL 提供“.”(点操作)和[ ]两种运算符来实现数据存取运算。“.”(点操作)和[ ]是等价的，可以相互替换。例如，下面两者所代表的意思是一样的。

```
${ sessionScope.user.sex }等价于$ { sesionScope.user ["sex"]}
```

但是，需要保证要取得对象的那个属性有相应的 setXxx()和 getXxx()方法才行。

有时，. 和[ ]也可以混合使用，例如：

```
$ { sessionScope . shoppingCart[0].price }
```

提示

注意下面两种情况，“.”(点操作)和[]不能互换。

① 当要存取的数据名称中包含不是字母或数字的特殊字符时，只能使用[ ]。例如：

```
${sessionScope.user.[ "user-sex" ] }
```

不能写成

```
$ { sessionScope .user . usis-sex}
```

② 当取得的数据为动态值时，只能使用[]。例如：

```
${sessionScope.user [param] }
```

其中，param 是自定义的变量，其值可以是 user 对象的 name、sex、age 等。

3. 算术运算符

EL 表达式提供了可以进行加、减、乘、除和求余的 5 种算术运算符，各种算术运算符以及用法如表 7-1 所示。

表 7-1 EL 提供的算术运算符

EL 算术运算符	说 明	范 例	结 果
+	加	${15+2}	17
-	减	${15-2}	13
*	乘	${15*2}	30
/或 div	除	${15/2}或${15 div 2}	7
%或 mod	求余	${15%2}或${15 mod 2}	1

EL 的“+”运算符与 Java 的“+”运算符不一样，它无法实现两个字符串的连接运算，如果该运算符连接的两个值不能转换为数值型的字符串，则会抛出异常。如果使用该运算符连接两个可以转换为数值型的字符串，EL 会自动地将这两个字符转换为数值型数据，再进行加法运算。

【例 7-1】算术运算符演示(math_demo.jsp，本章中所有 jsp 页面默认都放在 ch07 文件夹下)：

```
<%@ page contentType="text/html" pageEncoding="GBK"%>
<html>
<head> <title>EL 算术运算符操作演示</title> </head>
<body>
<%
//存放的是数字
pageContext.setAttribute("num1",2);
pageContext.setAttribute("num2",4); %>
<h1>EL 算术运算符操作演示</h1>
```

```
<hr/>
<h3>加法操作：${num1+num2}</h3>
<h3>减法操作：${num1-num2}</h3>
<h3>乘法操作：${num1*num2}</h3>
<h3>除法操作：${num1/num2}和${num1 div num2}</h3>
<h3>取模操作：${num1%num2}和${num1 mod num2}</h3>
```

程序运行结果如图 7-1 所示。

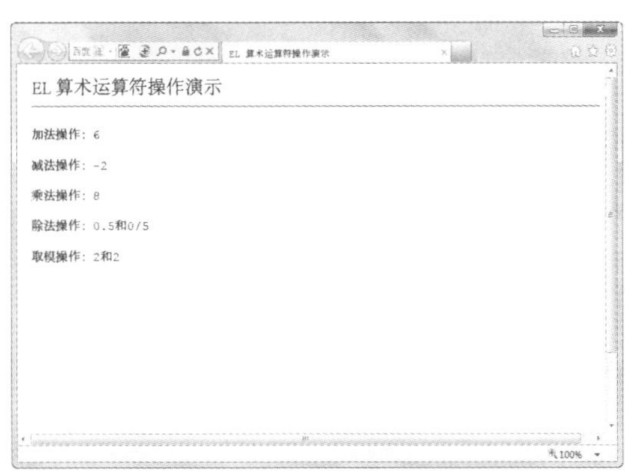

图 7-1　EL 算术运算符的操作演示

4. 关系运算符

用 EL 表达式可以实现关系运算。关系运算符用于实现两个表达式的比较。进行比较的表达式可以是数值型的或字符串。EL 中提供的各种关系运算符如表 7-2 所示。

表 7-2　EL 中的关系运算符

EL 算术运算符	说　明	范　例	结　果
==或 eq	等于	${6==6}或${6 eq 6} ${“A”==“a”}或${“A”eq“a”}	true false
!=或 ne	不等于	${6!=6}或${6 ne 6} ${“A”!=“a”}或$${“A” ne “a”}	false true
<或 lt	小于	${3<8}或${3 lt 8} ${“A”<“a”}或${“A” lt “a”}	true true
>或 gt	大于	${3>8}${3 gt 8} ${“A”>“a”}或${“A” gt “a”}	false false
<=或 le	小于等于	${3<=8}${3 le 8} ${“A”<=“a”}或${“A” le “a”}	true true
>=或 ge	大于等于	${3>=8}8}${3 ge 8} ${“A”>=“a”}或${“A” ge “a”}	false false

【例 7-2】关系运算符演示(rel_demo.jsp)：

```
<%@ page contentType="text/html;charset=gb2312"%>
<html>
<head>
```

```
<title>EL 关系运算符操作演示</title>
</head>
<body>
   <h1> EL 关系运算符操作演示 </h1>
   <hr>
   <h3>\${6==6}结果为${6==6}</h3>
<h3>\${6!=6}结果为${6!=6}</h3>
<h3>\${2<6}结果为${2<6}</h3>
<h3>\${2>6}结果为${2>6}</h3>
<h3>\${2<=6}结果为${2<=6}</h3>
<h3>\${2>=6}结果为${2>=6}</h3>
</body></html>
```

程序运行结果如图 7-2 所示。

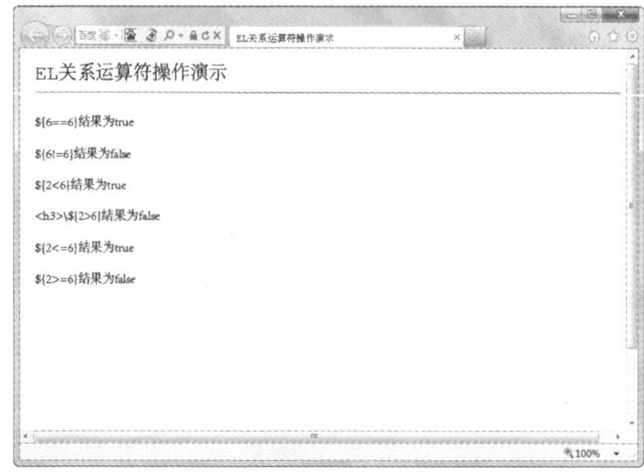

图 7-2 EL 关系运算符的操作演示

5. 逻辑运算符

在进行比较运算时，如果涉及两个或两个以上判断，就需要使用逻辑运算符。逻辑运算符两边的表达式必须是布尔型(Boolean)变量，其结果也是布尔型(Boolean)。EL 中的逻辑运算符如表 7-3 所示。

表 7-3 EL 中的逻辑运算符

EL 算术运算符	范例(A、B 为逻辑型表达式)	结　果
&&或 and	${A && B}或${A and B}	true/false
||或 or	${A \|\| B}或${A or B}	true/false
!或 not	${!A}或${not A}	true/false

关系运算表达式从左向右进行运算，一旦表达式的值可以确定，将停止执行。例如，表达式 A and B and C 中，如果 A 为 true，B 为 false，则只计算 A and B；又如，表达式 A or B or C 中，如果 A 为 true，B 为 true，则只计算 A or B。

【例 7-3】EL 逻辑运算符演示(logical.jsp)：

```
<%@ page language="java" contentType="text/html;charset=gb2312"%>
<html>
<head>
```

```
<title>EL 逻辑运算符操作演示</title>
</head>
<body>
<h1> EL 逻辑运算符操作演示</h1>
   <hr>
   <h3>\${(10<14) &&(10<14)}结果为${(10<14) &&(10<14)}</h3>
<h3>\${(10>14) &&(10>14)}结果为${(10>14) &&(10>14)}</h3>
<h3>\${!(10==14) }结果为${!(10==14) }</h3>
</body>
</html>
```

程序运行结果如图 7-3 所示。

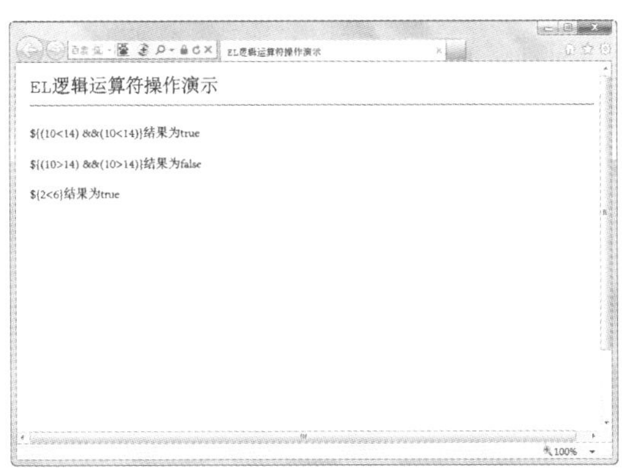

图 7-3　EL 逻辑运算符的操作演示

6. 条件运算符

在 EL 表达式中，条件运算符的用法与 Java 语言的语法完全一致。格式如下：

```
${条件表达式? 表达式 1:表达式 2}
```

其中，条件表达式用于指定一个判定条件，该表达式的结果为 Boolean 型值。可以由关系运算、逻辑运算、判空运算等运算得到。如果该表达式的运算结果为真，则返回表达式 1 的值；如果运算结果为假，则返回表达式 2 的值。

【例 7-4】EL 条件运算符演示(condition_demo.jsp)：

```
<%@ page contentType="text/html;charset=gb2312"%>
<html>
<head>
<title>EL 条件运算符操作演示</title>
</head>
<body>
<h1> EL 条件运算符操作演示</h1>
   <hr>
   <h3>\${(6==8)?(9==9):(9!=9)}结果为${(6==8)?(9==9):(9!=9)}
   </h3>
<h3>\${(6!=8)?(9==9):(9!=9)}结果为${(6!=8)?(9==9):(9!=9)}
</h3>
</body>
</html>
```

程序运行结果如图 7-4 所示。

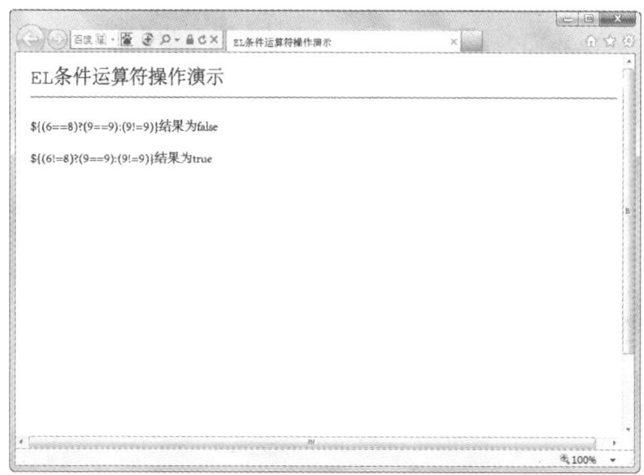

图 7-4　EL 条件运算符的操作演示

7. 判空运算符

通过 empty 运算符，可以实现在 EL 表达式中判断对象是否为空。该运算符用于确定一个对象或者变量是否为 null 或空。若为空或者 null，返回空字符串、空数组，否则返回 false。

例如，应用条件运算符来实现，当 cart 变量为空时，输出购物车为空，否则输出购物车的代码如下：

```
${empty cart? "购物车为空":cart}
```

【例 7-5】empty 运算符演示(empty_demo.jsp)：

```
<%@ page contentType="text/html;charset=gb2312"%>
<html>
<head>
<title>EL empty 等运算符操作演示</title>
</head>
<body>
<%
   //存放的是数字
   pageContext.setAttribute("num1",10);
   pageContext.setAttribute("num2",20);
   pageContext.setAttribute("num3",30);
%>
<h1> EL empty 等运算符操作演示 </h1>
<hr/>
<h3>empty 操作: ${empty info}</h3>
<h3>条件运算操作: ${num1>num2? "大于": "小于"}</h3>
<h3>括号操作: ${ num1*( num2+ num3)} </h3>
</body>
</html>
```

程序运行结果如图 7-5 所示。

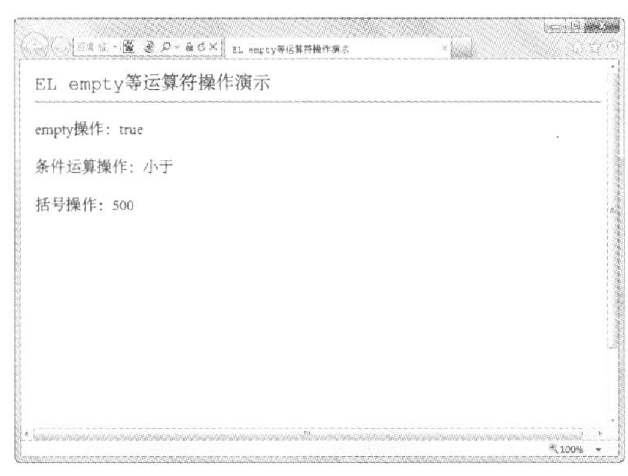

图 7-5　EL empty 等运算符的操作演示

7.1.3　常量与变量

下面介绍 EL 表达式中常量与变量的定义和用法。

1. 常量

EL 表达式中的常量也称为字面常量，它是不可改变的数据。EL 表达式中有以下几种常量。

(1) Null 常量：Null 常量用于表示常量引用的对象为空，它只有一个 null 值。

(2) 整型常量：整型常量与 Java 中的十进制整型常量相似，它的取值范围与 Java 语言中 long 范围的整型常量相同，即在-2^{63}～ $2^{63}-1$ 之间。

(3) 浮点数常量：浮点数常量用整数部分加小数部分来表示，也可以用指数的形式来表示。例如，1.3e4 和 1.3 都是合法的浮点数常量，它的取值范围是 Java 语言中定义的范围，即其绝对值介于 4.9E-324～1.8E-308 之间。

(4) 布尔常量：布尔常量用于区分一个事物的正反两方面，它的值只有两个，分别是 true 和 false。

(5) 字符串常量：字符串常量是使用单引号或者双引号括起来的一连串字符。如果字符串常量本身又含有单引号或双引号，则需要在前面加上“\”进行转义，即用“\'”表示单引号，用“\"”表示双引号。如果字符本身包含“\”，则需要用“\\”表示字面意义上的反斜杠。

(6) 符号常量：在 EL 表达式语言中，可以使用符号常量，它类似于 Java 中 final 说明的常量。使用符号常量的目的是为了减少代码的维护量。

【例 7-6】常量的使用(symbol_const_demo.jsp)：

```
<%@ page contentType="text/html;charset=gb2312"%>
<html>
<head>
<title>EL 中的符号常量</title>
</head>
<%
      String color="#66FFFF";
      String size="12";
      String textclr="Blue";
      String foregr="Red";
      pageContext.setAttribute("color", color);
```

```
        pageContext.setAttribute("size", size);
        pageContext.setAttribute("textclr", textclr);
        pageContext.setAttribute("foregr", foregr);
%>
   <body bgcolor='${pageScope.color}'>
        text="${ pageScope .textclr}">
        <h1>EL 中的符号常量的用法</h1>
        <Font color="${ pageScope.foregr }"
          size="${pageScope.size}"/>
            背景色和文本颜色已经修改
          </Font> <br/>
    </body>
</html>
```

程序运行结果如图 7-6 所示。

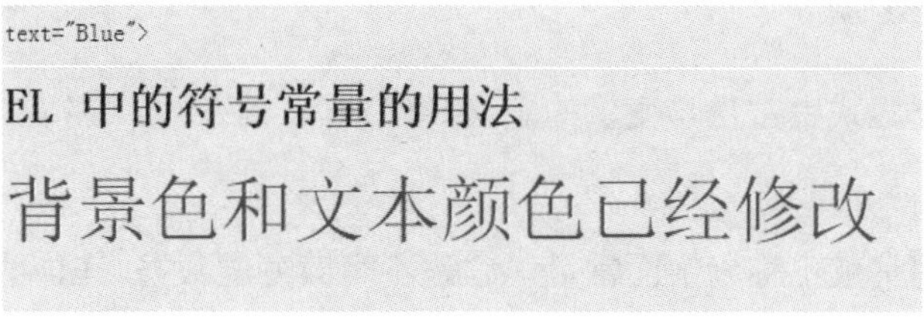

text="Blue">

EL 中的符号常量的用法

背景色和文本颜色已经修改

图 7-6　用符号常量定义颜色

2. 变量

EL 存取变量数据的方法很简单，如${username}。它的意思是取出某一范围中的名为 username 的变量值。因为没有指定哪一个范围的 username，所以，它的默认值是在 page 范围内查找，如果找不到，则按照 request、session、application 范围依次查找，如果此期间找到 username，则直接回传，不再继续找下去，如果没有找到，则返回 null。表 7-4 为 EL 变量的使用范围。

表 7-4　EL 变量的使用范围

属性范围	在 EL 中的名称
page	pageScope
request	requestScope
session	sessionScope
application	applicationScope

如果出现重名的情况，我们也可以根据实际需要指定要取出哪一个范围的变量，如表 7-5 所示。其中，pageScope、requestScope、sessionScope 和 applicationScope 都是 EL 的内部对象，由它们的名称，可以很容易猜出它们所代表的意思。例如：

```
${sessionScope.username }
```

即取出 session 范围的 username 变量。这种写法比先前 JSP 的写法容易许多：

```
String username = (String)session.getAttribute("username");
```

另外，EL 支持预定义的变量，即 EL 对象。

表 7-5　取出不同范围的变量

属性范围	在 EL 中的名称
${pageScope.username}	取出 page 范围的 username 变量
${requestScope.username}	取出 request 范围的 username 变量
${sessionScope.username}	取出 session 范围的 username 变量
${applicationScope.username}	取出 application 范围的 username 变量

EL 拥有自动转变类型的功能，下面通过实例说明一下。

```
${param. Coun+10}
```

假若窗体传来的结果为 10，那么上面的结果为 20。先前没接触过 JSP 的读者可能会认为上面的例子是理所当然的。但是，在 EL 之前的 JSP 1.2 中不能这样做，原因是窗体传来的值类型一律是 String。所以，当我们接收后，必须再将它转为其他类型，如 int、float 等，然后才能执行一些数学运算。下面是先前的做法：

```
String str_ount=request.getParameter("count");
int count=Integer.parseInt(str_count);
count= count+10;
```

EL 类型变量在使用过程中也经常需要转换。接下来，我们介绍 EL 类型转换的基本规则，先假设 X 是某一类型的一个变量。

(1) 将 X 转为 String 类型。

① 当 X 为 String 时：回传 X。

② 当 X 为 null 时：回传“ ”。

③ 当 X.toString()产生异常时，返回错误。

④ 其他情况则传回 X.toString()。

(2) 将 X 转为 Number 类型的 N。

① 当 X 为 null 或“ ”时，回传 0。

② 当 X 为 Character 时，将 X 转为 new Short((short)x.charValue())。

③ 当 X 为 Boolean 时，返回错误。

④ 当 X 为 Number 类型，与 N 一样时，则回传 X。

⑤ 当 X 为 String 时，回传 N.valueOf(X)。

(3) 将 X 转为 Boolean 类型。

① 当 X 为 null 或“ ”时，回传 false。

② 当 X 为 Boolean 时，回传 X。

③ 当 X 为 String 且 Boolean.valueOf(X)没有产生异常时，回传 Boolean.valueOf(X)。

(4) 将 X 转为 Character 类型。

① 当 X 为 null 或“ ”时，回传(char)0。

② 当 X 为 Character 时，回传 X。

③ 当 X 为 Boolean 时，返回错误。

④ 当 X 为 Number 时，转换为 Short 后，回传 Character。

⑤ 当 X 为 String 时，回传 X.charAt(0)。

7.1.4 保留字

保留字是系统预留的名称。在为变量命名时，应该避开这些预留的名称，以免程序编译时发生错误。EL 表达式的保留字如表 7-6 所示。

表 7-6 EL 表达式的保留字

and	eq	gt	div
or	ne	le	mod
no	lt	ge	true
instanceof	empty	null	false

这里 empty 和 null 都表示空，下面通过一个例子来明 empty 和 null 之间的区别。

【例 7-7】 empty 和 null 的区别(reservedword_demo.jsp)：

```
<%@ page contentType="text/html;charset=GB2312"%>
<html>
<head>
<title>empty 和 null 的区别</title>
</head>
<body>
   <h1>EL 中的 empty 和 null 的区别</h1>
   <hr/>
   <h3>name:${param.name}</h3>
   <h3>empty 处理结果：${empty param.name}</h3><br/>
   <h3>==null 处理结果：${ param.name==null}</h3>
</body>
</html>
```

在浏览器的地址栏中输入 http://localhost:8080/ch7/reservedword_demo.jsp，显示结果如图 7-7 所示。

在浏览器的地址栏中输入 http://localhost:8080/ch7/reservedword.demo.jsp?name=，显示结果如图 7-8 所示。

图 7-7 对“”的显示结果

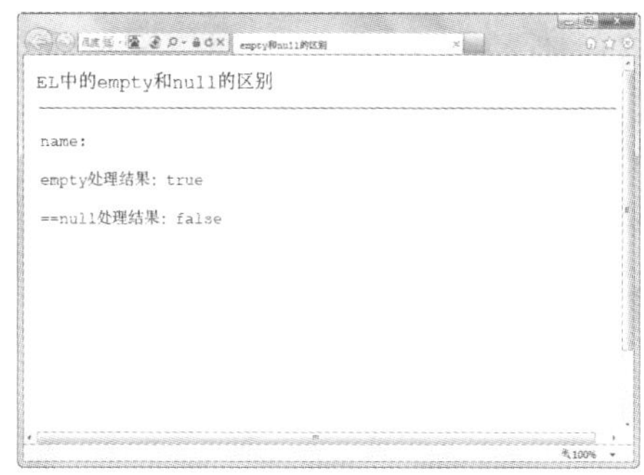

图 7-8 对 null 的显示结果

由此可知，在 EL 中，empty 对" "和 null 的处理结果都返回 true，而==null 对" "的处理结果返回 false，对 null 的处理结果返回 true。

7.2 EL 数据访问

EL 表达式的主要功能是进行内容显示。为了显示方便，在表达式语言中，提供了许多内置对象，通过不同的内置对象的设置，表达式语言可以输出不同的内容，这些内置对象如表 7-7 所示。

表 7-7　EL 表达式的内置对象

内置对象	类　型	说　明
pageContext	javax.servlet .ServletContext	表示 JSP 的 pageContext
pageScope	java.util.Map	取得 page 范围的属性名称所对应的值
requestScope	java.util.Map	取得 request 范围的属性名称所对应的值
sessionScope	java.util.Map	取得 session 范围的属性名称所对应的值
applicationScope	java.util.Map	取得 application 范围的属性名称所对应的值
param	java.util.Map	如同 ServletRequest.getParameter(String name)，返回 string[]类型的值
param Values	java.util.Map	如同 ServletRequest.getParameter Values(String name)，返回 string[]类型的值
header	java.util.Map	如同 ServletRequest.getHeader(String name)，返回 string[]类型的值
header Values	java.util.Map	如同 ServletRequest.getHeaders(String name)，返回 string[]类型的值
cookie	java.util.Map	如同 HttpServletRequest.getCookies()
initParam	java.util.Map	如同 ServletContext.getInitParameter(String name)，返回 string[]类型的值

7.2.1　对象的作用域

使用 EL 表达式语言可以输出 4 种属性范围的内容，属性的范围在 EL 中的名称如表 7-8 所示。

表 7-8　EL 表达式的属性范围

属性范围	EL 中的名称
page	pageScope
request	requestScope
session	sessionScope
application	applicationScope

如果在不同的属性范围中设置了同一个属性名称，则按照 page、request、session、application 的范围进行查找。我们也可以指定要取出哪一个范围的变量，如表 7-9 所示。其中，pageScope、requestScope、sessionScope 和 applicationScope 都是 EL 内置对象，由它们的名称可知所代表的意思。例如，${sessionScope.username}是取出 session 范围的 username 变量，显然这种写法比先前 JSP 的写法 String username =(String)session.getAttribute ("username")要简洁许多。

表 7-9　通过 EL 取出相应属性范围内的变量

范　例	说　明
${pagesScope.username}	取出 page 范围的 username 变量
${requestScope.username}	取出 request 范围的 username 变量
${sessionScope.username}	取出 session 范围的 username 变量
${applicationScope.username}	取出 application 范围的 username 变量

下面通过例子来演示 EL 如何读取 4 种属性范围的内容。

【例 7-8】EL 读取 4 种属性范围的内容(attribute_demo.jsp)：

```
<%@ page contentType="text/html;charset=GB2312"%>
<html>
<head>
<title> EL 读取四种属性范围的内容 </title>
<body>
<%
   pageContext.setAttribute("info","page 属性范围");
   request.setAttribute("info"," request 属性范围");
   session.setAttribute("info"," session 属性范围");
   application.setAttribute("info"," application 属性范围");
%>
<h1>四种属性范围</h1>
<hr/>
<h3>PAGE 属性内容: ${pageScope.info}</h3>
<h3>REQUEST 属性内容: ${requestScope.info}</h3>
<h3>SESSION 属性内容: ${sessionScope.info}</h3>
<h3>APPLICATION 属性内容: ${applicationScope.info}</h3>
</body>
</html>
```

程序运行结果如图 7-9 所示。

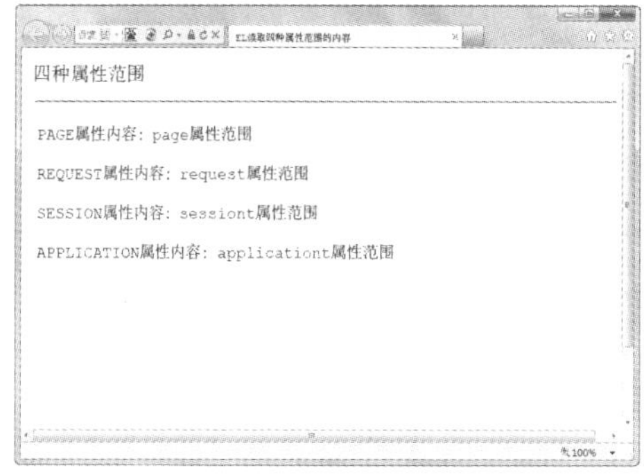

图 7-9　EL 读取四种属性范围的内容

我们也可以通过表达式的 pageContext 内置对象获取 JSP 内置对象 request、session、application 的实例，可以通过 pageContext 内置对象调用 JSP 内置对象中提供的方法。

【例 7-9】调用 JSP 内置对象的方法(method.jsp)：

```
<%@ page contentType="text/html;charset=GB2312"%>
<html>
<head>
<title> 调用 JSP 内置对象的方法 </title>
</head>
<body>
   <h1> EL 调用 JSP 内置对象的方法 </h1>
   <hr/>
   <h3> IP 地址:${pageContext.request.remoteAddr}</h3>
   <h3> SESSION ID:${ pageContext.session.id}</h3>
</body>
</html>
```

程序运行结果如图 7-10 所示。

EL调用JSP内置对象的方法

IP地址:0:0:0:0:0:0:0:1

SESSION ID:9DF55D20B1E8C2F460714C938CAB7289

图 7-10　EL 调用 JSP 内置对象的方法

7.2.2　访问 JavaBean

在实际开发过程中，Servlet 通常用于处理业务逻辑，由 Servlet 来实例化 JavaBean，最后在指定的 JSP 程序中显示 JavaBean 中的内容。使用 EL 表达式可以访问 JavaBean，基本语法格式如下：

```
$ {bean.property }
```

这里，bean 表示 JavaBean 实例对象的名称，property 代表该 JavaBean 的某一个属性。使用 EL 表达式，可以清晰简洁地显示 JavaBean 的内容。下面通过一个例子，来看一下在 JSP 中如何用 EL 表达式展示 JavaBean 中的内容。

【例 7-10】通过 EL 表达式展示 JavaBean 中的内容。

先定义 JavaBean，在 vo 包中定义 Person.java 类，程序代码如下：

```
package vo;
public class Person {
  private String name;
  private String ID;
  public String getName() {
    return name;
  }
```

```
    public void setName(String name) {
        this.name=name;
    }
    public String getID() {
        return ID;
    }
    public void setID(String ID) {
        this.ID=ID;
    }
}
```

在 JavaBean 中定义了两个属性，即 name 和 ID，表示人的姓名和身份证号。然后在 showPerson.jsp 文件中设置 JavaBean 的属性。在下面的程序中，创建了一个 Person 的实例 p1，接着对 p1 的属性设置值，然后将该对象放入 session 作用域中，最后取出 p1 对象，将其属性显示出来，代码如下：

```
<%@ page language="java" contentType="text/html;charset=gb2312"%>
<%@ page import="vo.Person"%>
<html>
<head>
<title>使用 EL 表达式访问 JavaBean</title>
</head>
<body>
<h1>使用 EL 表达式访问 JavaBean </h1>
      <HR>
       <%
          Person p1=new Person();
          p1.setID("240225288303453578");
          p1.setName("夜华");
        session.setAttribute("p1",p1);
       %>
       <h3>学生学号是：${sessionScope.p1.ID} </h3>
       <br>
       <h3>学生姓名是：${p1.name}</h3>
    </body>
<html/>
```

程序运行结果如图 7-11 所示。

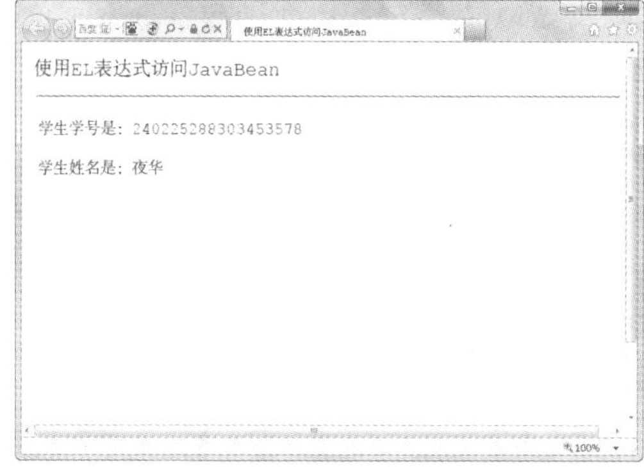

图 7-11　使用 EL 表达式访问 JavaBean

7.2.3 访问集合

在 EL 表达式中，同样可以获取集合的数据，这些集合可能是 Vector、List、Map、数组等。可以在 JSP 中获取这些对象，继而显示其中的内容，其语法格式如下：

```
${collection [序号]}
```

其中，collection 代表集合对象的名称。例如：

```
$ {books [0]}
```

表示集合 books 中下标为 0 的元素。

上面表示的是一维集合，如数组、List 等，若操作的集合为二维集合，如 HashMap，其值是 key 和 value 值对的形式，则值(value)可以这样显示：

```
${collection.key}
```

例如：

```
${pl.ID)
```

表示显示名为 pl 的 HashMap 中的 key 为 ID 的元素的值。下面是通过 EL 表达式访问集合的一个案例。

【例 7-11】 通过 EL 表达式访问集合(collection_demo.jsp)：

```
<%@ page language="java"  contentType="text/html;charset=gb2312"%>
<%@ page import="java.util.*" %>
<html>
<head>
<title>使用 EL 访问集合</title>
</head>
<body>
     <h1>使用 EL 访问集合</ h1>
     <hr/>
     <%
       List books=new ArrayList();
       books.add("Java 语言程序设计");
       books.add("高等数学");
       session.setAttribute("books",books);

       HashMap stu=new HashMap();
       stu.put("stuno","00002");
       stu.put("stuname","夜华");
       session.setAttribute("stu",stu);
    %>
    <h3>books 中的内容是：${books[0]},${books[1]}</h3>
    <br>
    <h3>stu 中的内容是：${stu.stuno},${stu.stuname}</h3>
    <br>
</body>
</html>
```

程序运行结果如图 7-12 所示。

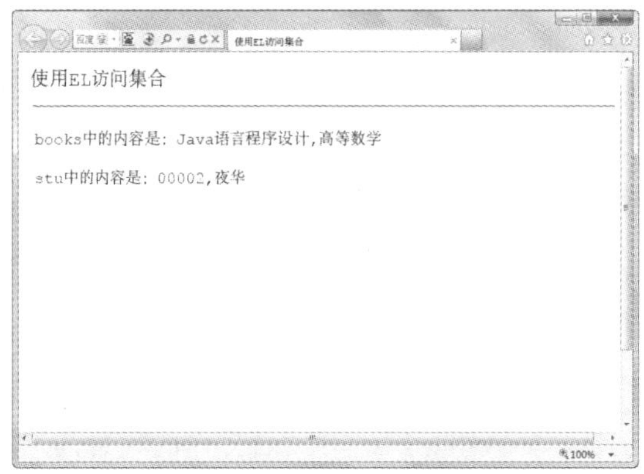

图 7-12　使用 EL 访问集合

7.3 其他内置对象

除了 4 种对象作用域外，EL 表达式还定义了一些其他的内置对象，可以使用它们完成程序中数据的快速调用。其他的常用内置对象如表 7-10 所示，其中，比较常见的是 param、cookie、initParam 三种内置对象。

表 7-10　其他常用内置对象

内置对象	说　明
param	获取单个表单参数
parmValues	获取捆绑数组参数
cookie	获取 cookie 中的值
initParam	获取 web.xml 文件中的参数值

7.3.1　param 和 paramValues 对象

param 对象用于获取某个请求参数的值，它是 Map 类型，与 request.getParameter()方法相同，在 EL 获取参数时，如果参数不存在，则返回空字符串。

param 对象的使用方法如下：

```
$ {param.username }
```

【例 7-12】EL 表达式中 param 对象的使用。

在 param-l.jsp 页面定义一个带 username 和 userpassword 两个参数的超级链接，链接到 param-2.jsp 上，在 param-2.jsp 上通过 EL 表达式接收这两个参数。代码如下：

```
<!--param-1.jsp-->
<%@ page contentType="text/html;charset=gb2312"%>
<html>
<body>
```

```
<a href="param-2.jsp?username=Mike&userpassword=666666" />
     链接到 param-2.jsp 页面
     </a>
</body>
</html>
<!--param-2.jsp-->
<%@ page contentType="text/html;charset=gb2312"%>
<html>
<body>
      <h1>利用 param 对象获得请求参数</h1>
      <hr/>
      <h3>${param.username}</h3>
      <br>
      <h3>${param.userpassword}</h3>
</body>
</html>
```

程序运行结果如图 7-13 和图 7-14 所示。

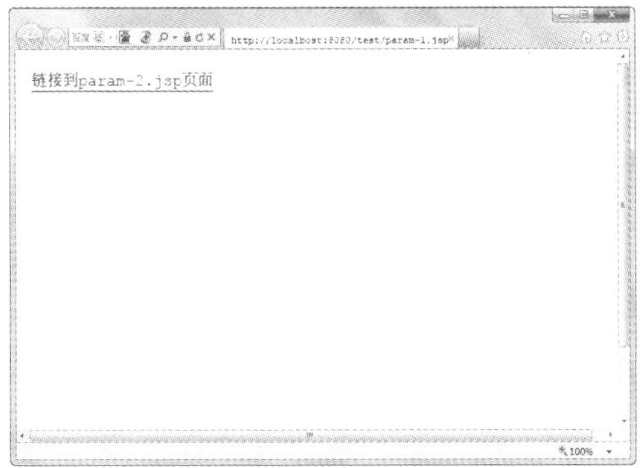

图 7-13　带参数链接的页面

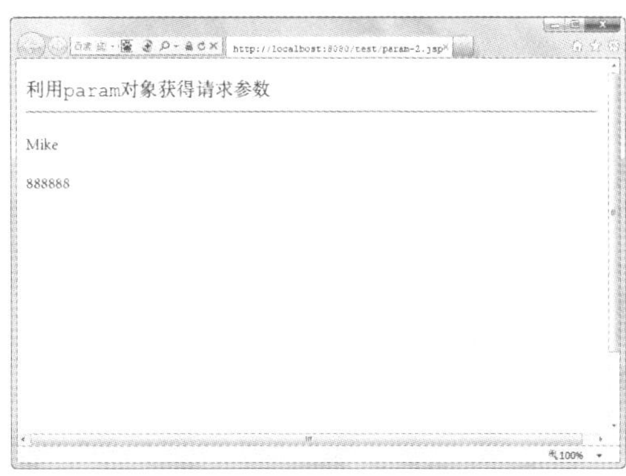

图 7-14　参数通过 param 对象获取

与 param 对象类似，paramValues 对象返回请求参数的所有值，该对象用于返回请求参数所有值组成的数组，如果想获取某个请求参数的第一个值，可以使用如下代码：

```
${paramValues.nums [0]}
```

【例 7-13】通过 paramValues 对象获取请求参数的值(paramValues.jsp)：

```
<%@ page language="java"  contentType="text/html;charset=utf-8"
 pageEncoding="utf-8" %>

<html>
<head></head>
<body style="text-align:center;">
<form action="${pageContext.request.contextPath}/ch07/paramValues.jsp">

num1:<input  type="text"  name="num"> <br>
num2:<input  type="text"  name="num"> <br>
<input  type="submit"  value="提交" />  
<input  type="reset"  value="重置" /> <p> <hr>
```

```
num1:${paramValues.num[0]}<br>
num2:${paramValues.num[1]}<br>
</form>
</body>
</html>
```

程序运行结果如图 7-15 所示。

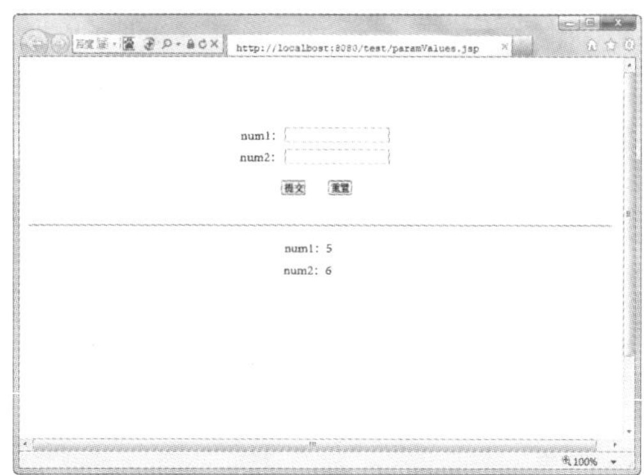

图 7-15　paramValues 对象获取请求参数的值

提示

表单的 action 属性也是一个 EL 表达式。${pageContext.request.contextPath}等价于<%=request.getContextPath()%>，或者可以说是<%=request.getContextPath()%>的 EL 版，意思就是取出部署的应用程序名，或者是当前的项目名称。项目名称是 pro01，在浏览器中输入“http://localhost:8080/pro0l/ch07/login.jsp”。${pageContext.request.contextPath}或<%=request.getContextPath()%>取出来的就是/pro01，而“/”代表的含义就是 http://localhost: 8080。因此，项目中应该这样写：${pageContext.request.contextPath}/login.jsp。

7.3.2　cookie 对象

EL 表达式的 cookie 内置对象可以获取 cookie 的值。使用方法如下：

```
${ cookie.Cookie 名称.value)
```

例如：

```
${ cookie.username.value }
```

显示名称为 username 的 cookie 的值。

【例 7-14】获取 cookie 的值：

```
<!--cookie-1.jsp-->
<%@ page contentType="text/html;charset=gb2312"%>
<html>
    <body>
        <%
            response.addCookie(new Cookie("username","Make"));
        %>
```

```
        <a href="cookie-2.jsp" />跳转 cookie-2.jsp 页面
    </body>
</html>
<!--cookie-2.jsp-->
<%@ page contentType="text/html;charset=gb2312"%>
<html>
    <body>
       <h1>获得 cookie 对象</h1>
       <hr>
       <h3>${cookie.username.value}</h3>
    </body>
</html>
```

程序运行结果如图 7-16 和图 7-17 所示。

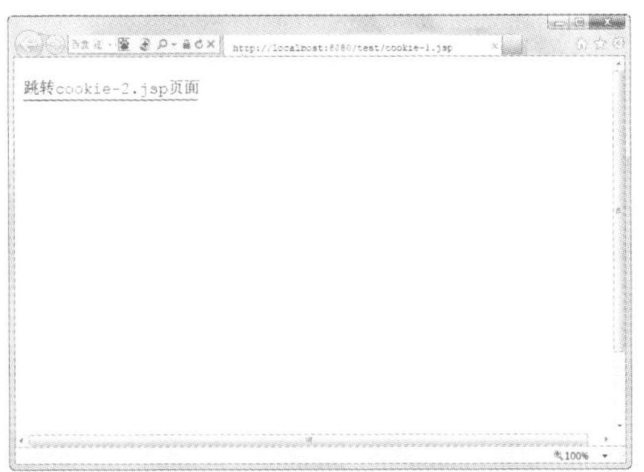

图 7-16　链接跳转到 cookie-2.jsp 页面

图 7-17　获取 cookie 的值

7.3.3　initParam 对象

EL 表达式中的 initParam 内置对象可以获取 web.xml 文件中初始化参数的值，使用方法如下：

```
${initParam.参数名称}
```

例如：

```
${initParam.encoding }
```

表示获取 web.xml 中定义的参数 encoding 的值。

【例 7-15】获取 web.xml 文件中初始化参数的值。

先在 web.xml 文件中配置一个 encoding 参数，值是 utf-8，然后通过${initParam.encoding}获得值。web.xml 文件中的内容如下：

```
<?xml version="1.0" encoding="UTF-8"?>
<web-app version="2.5"  xmlns=http://java.sun.com/xml/ns/javaee
 xmlns:xsi=http://www.w3.org/2001/XMLSchema-instance
 xsi:schemaLocation=http://java.sun.com/xml/ns/javaee
 http://java.sun.com/xml/ns/javaee/web-app_2_5.xsd">
   <context-param>
```

```
        <param-name>encoding</param-name>
        <param-value>utf-8</param-value>
    </context-param>
</web-app>
```

创建 initParam.jsp 文件：

```
<%@ page contentType="text/html;charset=gb2312"%>
<html>
    <body>
        initParam(初始化参数)encoding 的值是：${initParam.encoding}
     </body>
<html>
```

程序运行结果如图 7-18 所示。

图 7-18　获取 web.xml 文件中初始化参数的值

7.4 案例：EL 表达式的运算应用

实训内容和要求

本章讲解了 EL 的各种运算，如算术运算、关系运算、逻辑运算、条件运算等。下面运用 EL 表达式进行各种运算。

实训步骤

EL 表达式的代码如下(ELDemo.jsp，放在 ch07 文件夹下。需要把 tomcat 安装目录下的 jstl.jar 和 standard.jar 拷贝到 WEB-INF\lib 下，并在 src\ch07 下建立 User 类)：

```
<%@ page language="java" import="java.util.*" pageEncoding="UTF-8"%>
<%@taglib uri="http://java.sun.com/jsp/jstl/core" prefix="c" %>
<%@page import="ch07.User"%>
<!DOCTYPE HTML>
<html>
    <head>
      <title>el 表达式运算符</title>
    </head>
```

```
<body>
<h3>el 表达式进行四则运算：</h3>
    加法运算：${365+24}<br/>
    减法运算：${365-24}<br/>
    乘法运算：${365*24}<br/>
    除法运算：${365/24}<br/>
  <h3>el 表达式进行关系运算：</h3>
  <%--${user == null}和 ${user eq null}两种写法等价--%>
    ${user == null}<br/>
    ${user eq null}<br/>
    <h3>el 表达式使用 empty 运算符检查对象是否为 null(空)</h3>
  <%
    List<String> list = new ArrayList<String>();
    list.add("gacl");
    list.add("xdp");
    request.setAttribute("list",list);
  %>
  <%--使用 empty 运算符检查对象是否为 null(空) --%>
  <c:if test="${!empty(list)}">
    <c:forEach var="str" items="${list}">
      ${str}<br/>
    </c:forEach>
  </c:if>
  <br/>
  <%
    List<String> emptyList = null;
  %>
  <%--使用 empty 运算符检查对象是否为 null(空) --%>
  <c:if test="${empty(emptyList)}">
    对不起，没有您想看的数据
  </c:if>
  <br/>
  <h3>EL 表达式中使用二元表达式</h3>
  <%
    session.setAttribute("user",new User("孤傲苍狼"));
  %>
  ${user==null? "对不起，您没有登录 " : user.username}
  <br/>
  <h3>EL 表达式数据回显</h3>
  <%
    User user = new User();
    user.setGender("male");
    //数据回显
    request.setAttribute("user",user);
  %>
     <input type="radio" name="gender" value="male"
       ${user.gender=='male'?'checked':''}>男
     <input type="radio" name="gender" value="female"
       ${user.gender=='female'?'checked':''}>女
   <br/>   </body>
</html>
```

User.java 的代码如下：

```
package ch07;
public class User {
    private String username;
    private String gender;
    public String getUsername() {
        return username;
    }
    public void setUsername(String username) {
        this.username = username;
    }
    public String getGender() {
        return gender;
    }
    public void setGender(String gender) {
        this.gender = gender;
    }
    public User(String username) {
        super();
        this.username = username;
    }
    public User() {
    }
}
```

程序运行结果如图 7-19 所示。

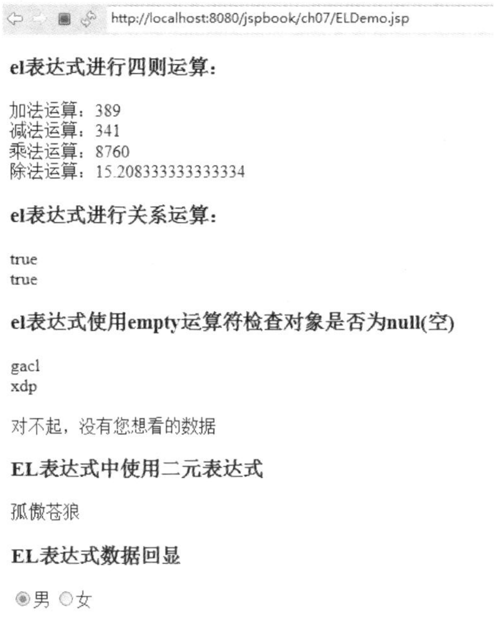

http://localhost:8080/jspbook/ch07/ELDemo.jsp

el表达式进行四则运算：

加法运算：389
减法运算：341
乘法运算：8760
除法运算：15.208333333333334

el表达式进行关系运算：

true
true

el表达式使用empty运算符检查对象是否为null(空)

gacl
xdp

对不起，没有您想看的数据

EL表达式中使用二元表达式

孤傲苍狼

EL表达式数据回显

◉男 ○女

图 7-19　EL 表达式的运行结果

本章小结

EL 提供了一种可以让 Web 页面与 JavaBean 管理进行通信的技术，在 JSP 和 JSF 技术中普遍应用。EL 简化了 JSP 开发中对象的应用，规范了页面代码，增强了程序的可读性和可维护性。本章主要介绍了 EL 表达式的定义及特点，讲解了 EL 表达式的语法、运算规则、内置对象。通过对本章的学习，读者可以掌握 EL 表达式的基本语法。

习　题

一、填空题

1. ___________对象用于获取某个请求参数的值。
2. EL 表达式语言来自于标准化脚本语言___________和___________，EL 表达式简化了 JSP 语言的写作。
3. EL 表达式可以访问 JavaBean 中的__________、__________和__________。
4. 在实际开发过程中，Servlet 通常用于处理业务逻辑，由 Servlet 来实例化__________。
5. EL 表达式的__________内置对象可以获取 web.xml 文件中初始化参数的值。

二、选择题

1. 在 JSP 表达式中要想输出两个字符串数值型 numberl 和 number2 的和，可以通过(　　)连接。

   A. +　　B. -　　C. *　　D. /

2. EL 提供了(　　)和(　　)两种运算符来实现数据存取运算。

   A. .　[]　　B. ;　.　　C. ()　.　　D. {}　;

3. JSP 表达式中的整型常量的取值范围在(　　)之间。

   A. -2^{61}～ $2^{61}-1$　　B. -2^{63}～ $2^{63}-1$　　C. -2^{62}～ $2^{62}-1$　　D. -2^{63}～ $2^{62}-1$

4. EL 表达式的基本语法很简单，它以(　　)开头，以(　　)结束。

   A. ${　}　　B. {}　　C. &　*　　D. $(　)

5. 下面(　　)可以获取捆绑数组参数。

   A. parmValues　　B. initParam　　C. cookie　　D. page

三、问答题

1. EL 表达式有哪些内置对象？
2. 简述 EL 表达式常量的定义和常量类型。

第8章 JSP与JDBC

本章要点

1. 建立 JDBC 连接。
2. 用 JDBC 发送 SQL 语句。

学习目标

1. 掌握 JDBC 的定义与产品组件。
2. 掌握 JDBC 连接的建立。
3. 掌握 JDBC 包的应用。

8.1 认识 JDBC

JDBC 可以执行 SQL 语句，它有安全、易用的特征，可以很好地与数据库连接进行编程。本节介绍有关 JDBC 的基本概念。

8.1.1 JDBC 的定义与产品组件

1. JDBC 的定义

JDBC 是一种可用于执行 SQL 语句的 JavaAPI。它由 Java 语言编写的一些类和界面组成。JDBC 为数据库应用开发人员、数据库前台工具开发人员提供了一种标准的应用程序设计接口，使开发人员可以用纯 Java 语言编写完整的数据库应用程序。

通过使用 JDBC，开发人员可以很方便地将 SQL 语句传送给几乎任何一种数据库。也就是说，开发人员可以不必写一个程序访问 Sybase，写另一个程序访问 Oracle，再写一个程序访问 Microsoft 的 SQL Server。不但如此，使用 Java 编写的应用程序可以在任何支持 Java 的平台上运行，而不必在不同的平台上编写不同的应用。

JDBC 是一种底层 API，这意味着它将直接调用 SQL 命令。JDBC 完全胜任这个任务，而且比其他数据库互联更加容易实现。同时它也是构造高层 API 和数据库开发工具的基础。高层 API 和数据库开发工具应该是用户界面更加友好，使用更加方便，更易于理解的。但所有这样的 API 将最终被翻译为类似 JDBC 这样的底层 API。

JDBC 还扩展了 Java 的功能。例如，用 Java 和 JDBC API 可以发布含有 applet 的网页，而该 applet 使用的信息可能来自远程数据库，企业也可以用 JDBC 通过 Intranet 将所有职员连到一个或多个内部数据库中(即使这些职员所用的计算机有 Windows、Macintosh 和 UNIX 等各种不同的操作系统)。随着越来越多的程序员开始使用 Java 编程语言，对从 Java 中便捷地访问数据库的需求也在日益增加。

2. JDBC 的产品组件

JavaSoft 提供了三种 JDBC 产品组件，即 Java 开发工具包(JDK)的组成部分：JDBC 驱动程序管理器、JDBC 驱动程序测试工具包和 JDBC-ODBC 桥。

- ◎ JDBC 驱动程序管理器是 JDBC 体系结构的支柱。它实际上很小，也很简单；其主要作用是把 Java 应用程序连接到正确的 JDBC 驱动程序上，然后即退出。
- ◎ JDBC 驱动程序测试工具包为使用 JDBC 驱动程序运行提供了一定的可信度。只有通过 JDBC 驱动程序测试的驱动程序才被认为是符合 JDBC 标准。
- ◎ JDBC-ODBC 桥使 ODBC 驱动程序可被用作 JDBC 驱动程序。它的实现为 JDBC 的快速发展提供了一条途径，其长远目标是提供一种访问某些不常见的 DBMS(如果对这些不常见的 DBMS 未实现 JDBC)的方法。

JDBC 驱动程序可分为以下四个种类型：

(1) JDBC-ODBC 桥加 ODBC 驱动程序。JavaSoft 桥产品利用 ODBC 驱动程序提供 JDBC 访问。注意，必须将 ODBC 二进制代码(许多情况下还包括数据库客户机代码)加载到使用该驱动程序的每个客户机上。因此，这种类型的驱动程序比较适合于企业网，或者是用 Java 编写的三层结构的应用程序服务器代码。

(2) 本地 API。这种类型的驱动程序把客户机 API 上的 JDBC 调用转换为 Oracle、Sybase、Informix、DB2 或其他 DBMS 的调用。注意，与桥驱动程序类似，这种类型的驱动程序要求将某些二进制代码加载到每台客户机上。

(3) JDBC 网络纯 Java 驱动程序。这种驱动程序将 JDBC 转换为与 DBMS 无关的网络协议，之后这种协议又被某个服务器转换为一种 DBMS 协议。这种网络服务器中间件能够将它的纯 Java 客户机连接到多种不同的数据库上，所用的具体协议取决于提供者。通常，这是最为灵活的 JDBC 驱动程序。有可能所有这种解决方案的提供者都只提供适合于 Intranet 的产品。为了使这些产品也支持 Internet 访问，它们必须处理 Web 所提出的安全性、通过防火墙的访问等方面的额外要求。目前有几家提供者正将 JDBC 驱动程序加到他们现有的数据库中间件产品中。

(4) 本地协议纯 Java 驱动程序。这种类型的驱动程序将 JDBC 调用直接转换为 DBMS 所使用的网络协议。这将允许从客户机上直接调用 DBMS 服务器，是 Intranet 访问的一个很实用的解决方法。

据专家预计第(3)、(4)类驱动程序将成为从 JDBC 访问数据库的首选方法。第(1)、(2)类驱动程序在直接的纯 Java 驱动程序还没有上市前会作为过渡方案来使用。对第(1)、(2)类驱动程序可能会有一些变种，这些变种要求有连接器，但通常这些是更加不可取的解决方案。第(3)、(4)类驱动程序提供了 Java 的所有优点，包括自动安装(例如，通过使用 JDBC 驱动程序的 applet 来下载该驱动程序)。

8.1.2 建立 JDBC 连接

Connection 对象代表与数据库的连接。连接过程包括所执行的 SQL 语句和在该连接上返回的结果。一个应用程序可与单个数据库有一个或多个连接，或者可与许多数据库有连接。

1. 打开连接

与数据库建立连接的标准方法是调用 DriverManager.getConnection 方法。该方法接受含有某个 URL 的字符串。DriverManager 类(即所谓的 JDBC 管理层)将尝试找到可与那个 URL 所代表的数据库进行连接的驱动程序。DriverManager 类存有已注册的 Driver 类的清单。当调用 getConnection 方法时，它将检查清单中的每个驱动程序，直到找到可与 URL 中指定的数据库进行连接的驱动程序为止。Driver 的方法 connect 使用这个 URL 来建立实际的连接。

用户可绕过 JDBC 管理层直接调用 Driver 方法。这在以下特殊情况很有用：当两个驱动器可同时连接到数据库中，而用户需要明确地选用其中特定的驱动器时。但一般情况下，让 DriverManager 类处理打开连接这种事将更为简单。

下述代码显示了如何打开一个 URL=“JDBC:ODBC:wombat”的数据库连接。所用的用户名为 sa，口令为 sa：

```
String url = "JDBC:ODBC:wombat";
Connection  con = DriverManager.getConnection(url,"sa","sa");
```

或

```
private static String dbdriver=" com.mysql.jdbc.Driver";
private static String connstr=
"jdbc:mysql://localhost/example?user=sa&password=sa&useUnicode=true&char
acterEncoding=utf-8";
```

2. 一般用法的 URL

URL 的中文含义是统一资源定位符，提供在 Internet 上定位资源所需的信息，可将它想象为一个地址。URL 的第一部分指定了访问信息所用的协议，后面总是跟着冒号。常用的协议有 ftp(代表“文件传输协议”)和 http(代表“超文本传输协议”)。如果协议是 file，表示资源是在某个本地文件系统上而非在 Internet 上(下例用于表示我们所描述的部分；它并非 URL 的组成部分)。

```
ftp://Javasoft.com/docs/JDK-1_apidocs.zip
http://Java.sun.com/products/jdk/CurrentRelease
file:/home/haroldw/docs/books/tutorial/summary.html
```

URL 的其余部分(冒号后面的)给出了数据资源所处位置的有关信息。如果协议是 file，则 URL 的其余部分是文件的路径。对于 ftp 和 http 协议，URL 的其余部分标识了主机并可选地给出某个更详尽的地址路径。例如，以下是 JavaSoft 主页的 URL。该 URL 只标识了主机：http://Java.sun.com。从该主页开始浏览，就可以进入其他网页，其中之一就是 JDBC 主页。JDBC 主页的 URL 更为具体，它的具体表示如下：

```
http://Java.sun.com/products/JDBC
```

3. JDBC URL

JDBC URL 提供了一种标识数据库的方法，可以使相应的驱动程序能识别该数据库并与之建立连接。实际上，驱动程序编程员将决定用什么 JDBC URL 来标识特定的驱动程序。用户不必关心如何形成 JDBC URL，他们只需使用与所用的驱动程序一起提供的 URL 即可。JDBC 的作用是提供某些约定，驱动程序编程员在构造他们的 JDBC URL 时应该遵循这些约定。

由于 JDBC URL 要与各种不同的驱动程序一起使用，因此这些约定应非常灵活。首先，它们应允许不同的驱动程序使用不同的方案来命名数据库。例如，ODBC 子协议允许(但并不是要求)URL 含有属性值。

其次，JDBC URL 应允许驱动程序编程员将一切所需的信息编入其中。这样就可以让要与给定数据库对话的 applet 打开数据库连接，而无须要求用户去做任何系统管理工作。

最后，JDBC URL 应允许某种程度的间接性。也就是说，JDBC URL 可指向逻辑主机或数据库名，而这种逻辑主机或数据库名将由网络命名系统动态地转换为实际的名称。这可以使系统管理员不必将特定主机声明为 JDBC 名称的一部分。网络命名服务有多种(例如 DNS、NIS 和 DCE)，而对于使用哪种命名服务并无限制。

JDBC URL 由三部分组成，各部分之间用冒号分隔。

JDBC URL 的三个部分可分解如下：

(1) JDBC 协议：JDBC URL 中的协议总是 JDBC。

(2) <子协议>：驱动程序名或数据库连接机制(这种机制可由一个或多个驱动程序支持)的名称。子协议名的典型示例是 ODBC，该名称是为用于指定 ODBC 风格的数据资源名称的 URL 专门保留的。例如，为了通过 JDBC-ODBC 桥来访问某个数据库，可以使用 JDBC:ODBC:BOOK。本例中，子协议为 ODBC，子名称 BOOK 是本地 ODBC 数据资源。如果要用网络命名服务(这样 JDBC URL 中的数据库名称不必是实际名称)，则命名服务可以作为子协议。例如，可使用 JDBC:dcenaming:accounts，该 URL 指定了本地 DCE 命名服务应该将数据库名称 accounts 解析为更为具体的可用于连接真实数据库的名称。

(3) <子名称>：标识数据库的方法。子名称可以依不同的子协议而变化。使用子名称的目的是为定位数据库提供足够的信息。因为 ODBC 将提供其余部分的信息，因此用 book 就已足够。然而，位于远程服务器上的数据库需要更多的信息。例如，如果数据库是通过 Internet 来访问的，则在 JDBC URL 中应将网络地址作为子名称的一部分包括进去，且必须遵循如下所示的标准 URL 命名约定：//主机名：端口/子协议。

假设 dbnet 是用于将某个主机连接到 Internet 上的协议，则 JDBC URL 应为 JDBC:dbnet://wombat:356/fred。

4. ODBC 子协议

子协议 ODBC 是一种特殊情况。它是为用于指定 ODBC 风格的数据资源名称的 URL 而保留的，并具有下列特性：允许在子名称(数据资源名称)后面指定任意多个属性值。ODBC 子协议的完整语法如下：

```
JDBC:ODBC:<数据资源名称>;<属性名>=<属性值>
```

以下都是合法的 JDBC:ODBC 名称：

```
JDBC:ODBC:qeor7
JDBC:ODBC:wombat
JDBC:ODBC:wombat;CacheSize=20;ExtensionCase=LOWER
JDBC:ODBC:qeora;UID=kgh;PWD=fooey
```

5. 注册子协议

驱动程序编程员可保留某个名称以将其用作 JDBC URL 的子协议名。当 DriverManager 类将此名称加到已注册的驱动程序清单时，为之保留该名称的驱动程序应能识别该名称并与它所标识的数据库建立连接。例如，ODBC 是为 JDBC-ODBC 桥保留的。假设有个 Miracle 公司，它可能会将 miracle 注册为连接到其 Miracle DBMS 上的 JDBC 驱动程序的子协议，从而使其他人都无法使用这个名称。

JavaSoft 目前作为非正式代理负责注册 JDBC 子协议名称。要注册某个子协议名称，请发送电子邮件到下述地址：JDBC@wombat.eng.sun.com。

6. 发送 SQL 语句

连接一旦建立，就可用来向它所涉及的数据库传送 SQL 语句。JDBC 对可被发送的 SQL 语句类型不加任何限制。这就提供了很大的灵活性，即允许使用特定的数据库语句甚至于非 SQL 语句。然而，它要求用户自己负责确保所涉及的数据库可以处理所发送的 SQL 语句，否则将自食其果。例如，如果某个应用程序试图向不支持储存程序的 DBMS 发送储存程序调用，就会失败并抛出异常。JDBC 要求驱动程序应至少能提供 ANSI SQL -2 Entry Level 功能才可算是符合 JDBC 标准 TM 的。这意味着用户至少可信赖这一标准级别的功能。

JDBC 提供了三个类，用于向数据库发送 SQL 语句。Connection 接口中的三个方法可用于创建这些类的实例。下面列出这些类及其创建方法。

(1) Statement：由方法 createStatement 创建。Statement 对象用于发送简单的 SQL 语句。

(2) PreparedStatement：由方法 prepareStatement 创建。PreparedStatement 对象用于发送带有一个或多个输入参数(IN 参数)的 SQL 语句。PreparedStatement 拥有一组方法，用于设置 IN 参数的值。执行语句时，这些 IN 参数将被送到数据库中。PreparedStatement 的实例扩展了 Statement，因此它们都包括 Statement 的方法。PreparedStatement 对象有可能比 Statement 对象的效率更高，因为它已被预编译过并存放在那以供将来使用。

(3) CallableStatement：由方法 prepareCall 创建。CallableStatement 对象用于执行 SQL 储存程序——一组可通过名称来调用(就像函数的调用那样)的 SQL 语句。CallableStatement 对象从 PreparedStatement 中继承了用于处理 IN 参数的方法，而且还增加了用于处理 OUT 参数和 INPUT 参数的方法。

不过通常来说，createStatement 方法用于调用简单的 SQL 语句(不带参数)、prepareStatement 方法用于调用带一个或多个 IN 参数的 SQL 语句或经常被执行的简单的 SQL 语句，而 prepareCall 方法用于调用已储存过程。

7. 事务

事务由一个或多个已被执行、完成并被提交或还原的语句组成。当调用方法 commit 或 rollback 时，当前事务即告结束，另一个事务随即开始。缺省情况下，新连接将处于自动提交模式。也就是说，当语句执行完后，将自动对那个语句调用 commit 方法。这种情况下，由于每个语句都是被单独提交的，因此一个事务只由一个语句组成。如果禁用自动提交模式，事务将要等到 commit 或 rollback 方法被显式调用时才结束，因此它将包括上一次调用 commit 或 rollback 方法以来所有执行过的语句。对于这种情况，事务中的所有语句将作为组来提交或还原。

方法 commit 使 SQL 语句对数据库所做的任何更改都成为永久性的，它还将释放事务持有的全部锁。而方法 rollback 将弃去那些更改。若用户在另一个更改生效前不想让此更改生效，可通过禁用自动提交并将两个更新组合在一个事务中来实现。如果两个更新都是成功，则调用 commit 方法，从而使两个更新结果成为永久性的；如果其中之一或两个更新都失败了，则调用 rollback 方法，以将值恢复为更新之前的值。

大多数 JDBC 驱动程序都支持事务。事实上，符合 JDBC 的驱动程序必须支持事务。DatabaseMetaData 给出的信息描述了 DBMS 所提供的事务支持水平。

8. 事务隔离级别

如果 DBMS 支持事务处理，它必须有某种途径来管理两个事务同时对一个数据库进行操作时可能发生的冲突。用户可指定事务隔离级别，以指明 DBMS 应该花多大精力来解决潜在冲突。例如，当一个事务更改了某个值而第二个事务却在该更改被提交或还原前读取该值，这该怎么办。

假设第一个事务被还原后，第二个事务所读取的更改值将是无效的，那么是否可允许这种冲突？JDBC 用户可用以下代码来指示 DBMS 允许在值被提交前读取该值(dirty 读取)，其中 con 是当前连接：

```
con.setTransactionIsolation(TRANSACTION_READ_UNCOMMITTED);
```

事务隔离级别越高，为避免冲突所花的精力也就越多。Connection 接口定义了五级，其中最低级别指定了根本就不支持事务，而最高级别则指定当事务在对某个数据库进行操作时，任何其他事务不得对那个事务正在读取的数据进行任何更改。通常，隔离级别越高，应用程序执行的速度也就越慢(原因是用于锁定的资源耗费增加了，而用户间的并发操作减少了)。在决定采用什么隔离级别时，开发人员必须在性能需求和数据一致性需求之间进行权衡。当然，实际所能支持的级别取决于所涉及的 DBMS 功能。

当创建 Connection 对象时，其事务隔离级别取决于驱动程序，但通常是所涉及的数据库的缺省值。用户可通过调用 setIsolationLevel 方法来更改事务隔离级别。新的级别将在该连接过程的剩余时间内生效。要想只改变一个事务的事务隔离级别，必须在该事务开始前进行设置，并在该事务结束后进行复位。我们不提倡在事务的中途对事务隔离级别进行更改，因为这将立即触发 commit 方法的调用，使在此之前所作的任何更改变成永久性的。

8.1.3 利用 JDBC 发送 SQL 语句

Statement 对象用于将 SQL 语句发送到数据库。实际上有三种 Statement 对象，它们都作为在给定连接上执行 SQL 语句的包容器：Statement、PreparedStatement (它从 Statement 继承而来)和 CallableStatement (它从 PreparedStatement 继承而来)。它们都专用于发送特定类型的 SQL 语句：Statement 对象用于执行不带参数的简单 SQL 语句；PreparedStatement 对象用于执行带或不带 IN 参数的预编译 SQL 语句；CallableStatement 对象用于执行对数据库已存储过程的调用。

Statement 接口提供了执行语句和获取结果的基本方法；PreparedStatement 接口添加了处理 IN 参数的方法；而 CallableStatement 添加了处理 OUT 参数的方法。

1. 创建 Statement 对象

建立到特定数据库的连接之后，就可用该连接发送 SQL 语句了。Statement 对象用 Connection 的方法 createStatement 创建，如下列代码段所示：

```
Connection  con = DriverManager.getConnection(url,"sunny","");
Statement  stmt = con.createStatement();
```

为了执行 Statement 对象，被发送到数据库的 SQL 语句将被作为参数提供给 Statement 的方法：

```
ResultSet rs = stmt.executeQuery("SELECT a,b,c FROM Table2");
```

2. 使用 Statement 对象执行语句

Statement 接口提供了三种执行 SQL 语句的方法：executeQuery、executeUpdate 和 execute。使用哪一个方法由 SQL 语句所产生的内容决定。

executeQuery 方法用于产生单个结果集的语句，例如 SELECT 语句。executeUpdate 方法用于执行 INSERT、UPDATE 或 DELETE 语句以及 SQL DDL(数据定义语言)语句，例如 CREATE TABLE 和 DROP TABLE。INSERT、UPDATE 或 DELETE 语句的效果是修改表中零行或多行中的一列或多列。executeUpdate 的返回值是一个整数，指示受影响的行数(即更新计数)。对于 CREATE TABLE 或 DROP TABLE 等不操作行的语句，executeUpdate 的返回值总为零。

执行语句的所有方法都将关闭所调用的 Statement 对象的当前打开结果集(如果存在)。这意味着在重新执行 Statement 对象之前，需要完成对当前 ResultSet 对象的处理。应注意，继承了 Statement 接口中所有方法的 PreparedStatement 接口都有自己的 executeQuery、executeUpdate 和 execute 方法。Statement 对象本身不包含 SQL 语句，因而必须给 Statement.execute 方法提供 SQL 语句作为参数。PreparedStatement 对象并不需要 SQL 语句作为参数提供给这些方法，因为它们已经包含预编译 SQL 语句。

CallableStatement 对象继承这些方法的 PreparedStatement 形式。对于这些方法的 PreparedStatement 或 CallableStatement 版本，使用查询参数将抛出 SQL Exception。

3. 语句完成

当连接处于自动提交模式时，其中所执行的语句在完成时将自动提交或还原。语句在已执行且所有结果返回时，即认为已完成。对于返回一个结果集的 executeQuery 方法，在检索完 ResultSet 对象的所有行时该语句完成。对于方法 executeUpdate，当它执行时语句即完成。但在少数调用方法 execute 的情况中，在检索所有结果集或它生成的更新计数之后语句才完成。

有些 DBMS 将已存储过程中的每条语句视为独立的语句；而另外一些则将整个过程视为一个复合语句。在启用自动提交时，这种差别就变得非常重要，因为它会影响什么时候调用 commit 方法。在前一种情况中，每条语句单独提交；在后一种情况中，所有语句同时提交。

4. 关闭 Statement 对象

Statement 对象将由 Java 垃圾收集程序自动关闭。而作为一种好的编程风格，应在不需要 Statement 对象时显式地关闭它们。这将立即释放 DBMS 资源，有助于避免潜在的内存问题。

5. 使用 execute 方法

execute 方法应该仅在语句能返回多个 ResultSet 对象、多个更新计数或 ResultSet 对象与更新计数的组合时使用。当执行某个已存储过程或动态执行未知 SQL 字符串(即应用程序程序员在编译时未知)时，有可能出现多个结果的情况，尽管这种情况很少见。例如，用户可能执行一个已存储过程，并且该已存储过程可执行更新，然后执行选择，再进行更新，再进行选择。通常使用已存储过程的人应知道它所返回的内容。

因为方法 execute 处理非常规情况，所以获取其结果需要一些特殊处理并不足为怪。例如，假定已知某个过程返回两个结果集，则在使用方法 execute 执行该过程后，必须调用方法 getResultSet 获得第一个结果集，然后调用适当的 getXXX 方法获取其中的值。要获得第二个结果集，需要先调用 getMoreResults 方法，然后再调用 getResultSet 方法。如果已知某个过程返回两个更新计数，则首先调用方法 getUpdateCount，然后调用 getMoreResults，并再次调用 getUpdateCount。

若不知道返回内容，则情况更为复杂。如果结果是 ResultSet 对象，则方法 execute 返回 true；如果结果是 int，则返回 false。如果返回 int，则意味着结果是更新计数或执行的语句是 DDL 命令。在调用方法 execute 之后要做的第一件事是调用 getResultSet 或 getUpdateCount。调用方法 getResultSet 可以获得两个或多个 ResultSet 对象中的第一个对象；调用方法 getUpdateCount 可以获得两个或多个更新计数中的第一个更新计数的内容。

当 SQL 语句的结果不是结果集时，getResultSet 方法将返回 null。这可能意味着结果是一个更新计数或没有其他结果。在这种情况下，判断 null 真正含义的唯一方法是调用 getUpdateCount 方法，它将返回一个整数。这个整数为调用语句所影响的行数；如果为-1 则表示结果是结果集或没有结果。如果 getResultSet 方法已返回 null(表示结果不是 ResultSet 对象)，则返回值-1 表示没有其他结果。也就是说，当下列条件为真时表示没有结果(或没有其他结果)：

```
((stmt.getResultSet ( ) ==null) &&(stmt.getUpdateCount( ) == -1))
```

如果已经调用方法 getResultSet 并处理了它返回的 ResultSet 对象，则有必要调用方法 getMoreResults 以确定是否有其他结果集或更新计数。如果 getMoreResults 返回 true，则需要再次调用 getResultSet 来检索下一个结果集。如上所述，如果 getResultSet 返回 null，则需要调用 getUpdateCount 来检查 null 是表示结果为更新计数还是表示没有其他结果。

当 getMoreResults 返回 false 时，表示该 SQL 语句返回一个更新计数或没有其他结果。因此需要调用方法 getUpdateCount 来检查它是哪一种情况。在这种情况下，当下列条件为真时表示没有其他结果：

```
((stmt.getMoreResults() == false) && (stmt.getUpdateCount() == -1))
```

下面的代码演示了用来确认已访问调用方法 execute 所产生的全部结果集和更新计数的一种方法：

```
stmt.execute(queryStringWithUnknownResults);
int rowCount=0;
while(true){
rowCount=stmt.getUpdateCount();
if(rowCount>0){          //它是更新计数
System.out.println("Rows changed="+count);
stmt.getMoreResults();
continue;
}
if(rowCount == 0) {      //DDL 命令或 0 个更新
System.out.println("No rows changed or statement was DDL command");
```

8.1.4 JDBC API 技术记录集接口

JDBC API 的主要功能有如下几个方面。

1. 新定义了若干个常数

这些常数用于指定 ResultSet 的类型，游标移动的方向等性质如下：

```
public static final int FETCH_FORWARD;
public static final int FETCH_REVERSE;
public static final int FETCH_UNKNOWN;
public static final int TYPE_FORWARD_ONLY;
public static final int TYPE_SCROLL_INSENSITIVE;
public static final int TYPE_SCROLL_SENSITIVE;
public static final int CONCUR_READ_ONLY;
public static final int CONCUR_UPDATABLE;
```

FETCH_FORWARD：该常数的作用是指定处理记录集中行的顺序是由前到后，即从第一行开始处理，一直到最后一行。

FETCH_REVERSE：该常数的作用是指定处理记录集中行的顺序是由后到前，即从最后一行开始处理一直到第一行。

FETCH_UNKNOWN：该常数的作用是不指定处理记录集中行的顺序，由 JDBC 驱动程序和数据库系统决定。

TYPE_FORWARD_ONLY：该常数的作用是指定数据库游标的移动方向是向前，不允许向后移动，即只能使用 ResultSet 接口的 next()方法，而不能使用 previous()方法，否则会产生错误。

TYPE_SCROLL_INSENSITIVE：该常数的作用是指定数据库游标可以在记录集中前后移动，并且当前数据库用户获取的记录集对其他用户的操作不敏感。就是说当前用户浏览记录集中的数据的同时，其他用户更新了数据库中的数据，但是当前用户所获取的记录集中的数据不会受到任何影响。

TYPE_SCROLL_SENSITIVE：该常数的作用是指定数据库游标可以在记录集中前后移动，并且当前数据库用户获取的记录集对其他用户的操作敏感。就是说，当前用户正在浏览记录集，若其他用户的操作使数据库中的数据发生了变化，则当前用户所获取的记录集中的数据也会同步发生变化。这样有可能会导致非常严重的错误，建议慎重使用该常数。

CONCUR_READ_ONLY：该常数的作用是指定当前记录集的协作方式(concurrency mode)为只读，一旦使用了这个常数，则不可以更新记录集中的数据。

CONCUR_UPDATABLE：该常数的作用是指定当前记录集的协作方式(concurrency mode)为可以更新，一旦使用了这个常数，就可以使用 updateXXX()等方法更新记录集中的数据。

2. ResultSet 接口提供了一整套的定位方法

这些定位方法可以在记录集中定位到任意一行，具体有 public boolean absolute(int row)、public boolean relative(int rows)等方法。

public boolean absolute(int row)：该方法的作用是将记录集中的某一行设定为当前行，亦即将数据库游标移动到指定的行参数 row 指定的目标行的行号，这是绝对的行号，由记录集的第一行开始计算。

public boolean relative(int rows)：该方法的作用也是将记录集中的某一行设定为当前行，但是它的参数 rows 表示目标行相对于当前行的行号，例如当前行是第 3 行，现在需要移动到第 5 行，则既可以使用 absolute()方法，也可以使用 relative()方法，代码如下：

```
rs.absolute(5);
```

或者

```
rs.relative(2);
```

其中，rs 代表 ResultSet 接口的实例对象。

又如，当前行是第 5 行，需要移动到第 3 行的代码如下：

```
rs.absolute(3);
```

或者

```
rs.relative(-2);
```

其中，rs 代表 ResultSet 接口的实例对象。

提示

注意，传递给 relative()方法的参数，如果是正数，那么数据库游标向前移动；如果是负数，那么数据库游标向后移动。

public boolean first()：该方法的作用是将当前行定位到数据库记录集的第一行。

public boolean last()：该方法的作用刚好和 first()方法相反，是将当前行定位到数据库记录集的最后一行。

public boolean isFirst()：该方法的作用是检查当前行是否为记录集的第一行。如果是，返回 true，否则返回 false。

public boolean isLast()：该方法的作用是检查当前行是否为记录集的最后一行。如果是，返回 true，否则返回 false。

public void afterLast()：该方法的作用是将数据库游标移到记录集的最后，位于记录集最后一行的后面。如果该记录集不包含任何行，该方法不产生作用。

public void beforeFirst()：该方法的作用是将数据库游标移到记录集的最前面，位于记录集第一行的前面。如果记录集不包含任何行，该方法不产生作用。

public boolean isAfterLast()：该方法检查数据库游标是否处于记录集的最后面。如果是，返回 true，否则返回 false。

public boolean isBeforeFirst()：该方法检查数据库游标是否处于记录集的最前面。如果是，返回 true，否则返回 false。

public boolean next()：该方法的作用是将数据库游标向前移动一位，使得下一行成为当前行。当刚刚打开记录集对象时，数据库游标的位置在记录集的最前面。第一次使用 next()方法，将会使数据库游标定位到记录集的第一行；第二次使用 next()方法，将会使数据库游标定位到记录集的第二行；以此类推。

public boolean previous()：该方法的作用是将数据库游标向后移动一位，使得上一行成为当前行。

【例 8-1】使用 ResultSet 接口的方法在记录集中定位到特定的行。dbScroll.jsp 的代码如下(本章所有 jsp 网页都放到 ch08 文件夹下)：

```
<%@page import="java.sql.*" %>
<%
String url = String url = "jdbc:mysql://localhost:3306/testDB?useUnicode=
true&characterEncoding=UTF-8";
```

```
Connection  con;
Statement  stmt;
try
{
Class.forName("com.mysql.jdbc.Driver");
}
catch(java.lang.ClassNotFoundException e)
{
out.print("ClassNotFoundException: ");
out.println(e.getMessage());
}
try
{
con = DriverManager .getConnection(url,"root","123");
stmt = con.createStatement (ResultSet.TYPE_SCROLL_SENSITIVE,
ResultSet.CONCUR_READ_ONLY);
ResultSet srs = stmt.executeQuery("SELECT * FROM goods");
srs.absolute(4);
int rowNum = srs.getRow(); // rowNum should be 4
out.println("rowNum should be 4 " + rowNum);
srs.relative(-3);
rowNum = srs.getRow(); // rowNum should be 1
out.println("rowNum should be 1 " + rowNum);
srs.relative(2);
rowNum = srs.getRow(); // rowNum should be 3
out.println("rowNum should be 3 " + rowNum);
srs.absolute(1);
out.println("after last? " + srs.isAfterLast() );
if (!srs.isAfterLast())
{
String name = srs.getString("goodsname");
float price = srs.getFloat("price");
out.println(name + " " + price);
}
srs.afterLast();
while (srs.previous())
{
String name = srs.getString("goodsname");
float price = srs.getFloat("price");
out.println(name + " " + price);
}
srs.close();
stmt.close();
con.close();
}
catch(BatchUpdateException b)
{
out.println("-----BatchUpdateException-----");
out.println("SQL State:" + b.getSQLState());
out.println("Message:" + b.getMessage());
out.println("Vendor:" + b.getErrorCode());
```

```
out.print("Update counts: ");
int [] updateCounts = b.getUpdateCounts();
for (int i = 0; i < updateCounts.length; i++)
{
out.print(updateCounts[i] + " ");
}
out.println("");
}
catch(SQLException ex)
{
out.println("-----SQL Exception-----");
out.println("SQL State:" + ex.getSQLState());
out.println("Message:" +ex.getMessage());
out.println("Vendor:" + ex.getErrorCode());
}
%>
```

dbScroll.jsp 的运行环境是 tomcat 7.0，数据库服务器是 mysql，数据库服务器侦听端口为 3306，用户名为 root，密码为 123。数据库的名称是 testDB，goods 表包含 goodsname 和 price 两个字段(建表语句见配套资源 testDB.sql 中)。

3. ResultSet 接口添加了对行操作的支持

使用 JDBC API 不仅可以将数据库游标定位到记录集中的特定行，而且还可以使用 ResultSet 接口新定义的一套方法更新当前行的数据。ResultSet 接口对数据库的基本操作方法如下。

◎ public boolean rowDeleted()：如果当前记录集的某行被删除了，那么记录集中将会留出一个空位，调用 rowDeleted()方法。如果探测到空位的存在那么就返回 true，如果没有探测到空位的存在就返回 false。

◎ public boolean rowInserted()：如果当前记录集中插入了一个新行，该方法将返回 true，否则返回 false。

◎ public boolean rowUpdated()：如果当前记录集的当前行的数据被更新，该方法返回 true，否则返回 false。

◎ public void insertRow()：该方法将执行在当前记录集插入一个新行的操作。

◎ public void updateRow()：该方法将更新当前记录集当前行的数据。

◎ public void deleteRow()：该方法将删除当前记录集的当前行。

◎ public void updateString(int columnIndex, String x)：该方法更新当前记录集当前行某列的值，该列的数据类型是 String(指 Java 数据类型是 String，与之对应的 JDBC 数据类型是 VARCHAR 或 NVARCHAR 等)。该方法的参数 columnIndex 指定所要更新的列的列索引，第一列的列索引是 1，以此类推；第二个参数 x 代表新的值。这个方法并不执行数据库操作，需要执行 insertRow()方法或者 updateRow()方法以后，记录集和数据库中的数据才能够真正更新。

◎ public void updateString(String columnName, String x)：该方法和上面介绍的同名方法差不多，不过该方法的第一个参数是 columnName，代表需要更新的列的列名而不是 columnIndex。

◎ ResultSet 接口中还定义了多个 updateXXX()方法，都和上面的两个方法类似，由于篇幅的原因，这里不再详细描述。

在数据库的当前记录集插入新行的操作流程如下：

(1) 调用 moveToInsertRow()方法。

(2) 调用 updatcXXX()方法指定插入行各列的值。

(3) 调用 insertRow()方法往数据库中插入新的行。

【例 8-2】实现在数据库中插入新的行(亦即新的记录)。insertRow.jsp 的代码如下：

```
<%@page import="java.sql.*" %>
<%
String url = String url =
"jdbc:mysql://localhost:3306/testDB?useUnicode=true&characterEncoding=UT
F-8";
Connection  con;
Statement  stmt;
try
{
Class.forName("com.mysql.jdbc.Driver");
}
catch(java.lang.ClassNotFoundException e)
{
out.print("ClassNotFoundException: ");
out.println(e.getMessage());
}
try
{
con = DriverManager .getConnection(url,"root","123");
stmt = con.createStatement (ResultSet.TYPE_SCROLL_SENSITIVE,
ResultSet.CONCUR_READ_ONLY);
ResultSet uprs = stmt.executeQuery("SELECT * FROM tbuser");
uprs.moveToInsertRow();
uprs.updateString("username","peking");
uprs.updateString(2,"peking");
uprs.insertRow();
uprs.updateString(1,"lijishan");
uprs.updateString("password","lijishan");
uprs.insertRow();
uprs.beforeFirst();
out.println("Table tbuser after insertion:");
while (uprs.next())
{
String name = uprs.getString("username");
String pass = uprs.getString("password");
out.println("username:"+name+"<br>");
out.println("password:"+pass+"<br>");
}
uprs.close();
stmt.close();
con.close();
}
```

```
catch(SQLException ex)
{
out.println("SQL Exception:" + ex.getMessage());
}
%>
```

insertRow.jsp 向 testDB 数据库的 tbuser 表插入了两行，亦即两个记录，然后执行数据库查询，检查 INSERT 操作对数据库的影响，其中 tbuser 表包括 username 和 password 两个字段(建表语句见配套资源 testDB.sql 中)。insertRow.jsp 程序应用了上面讲述的方法，比较简单，这里就不重复介绍程序中所用到的各个方法了。

更新数据库中某个记录的值(某行的值)的方法如下：

(1) 定位到需要修改的行(使用 absolute()、relative()等方法定位)。

(2) 使用相应的 updateXXX()方法设定某行某列的新值，XXX 所代表的 Java 数据类型必须可以映射为某列的 JDBC 数据类型，如果希望 rollback 该项操作，需要再调用 updateRow()方法以前使用的 cancelRowUpdates()方法，这个方法可以将某行某列的值复原。

(3) 使用 updateRow()方法，完成 UPDATE 的操作。

删除记录集中某行(亦即删除某个记录)的方法是定位到需要修改的行(使用 absolute()、relative()等方法定位)，使用 deleteRow()方法删除。

4. 新的 ResultSet 接口添加了对 SQL 3 数据类型的支持

SQL 3 技术规范中添加了若干个新的数据类型，如 REF、ARRAY 等。ResultSet 接口扩充了 getXXX()方法，添加获取数据的 getXXX()方法有：getARRAY()、getBlob()、getBigDecimal()、getClob()、getRef()，这些方法既可以接收列索引为参数，也可以接收列名(字段名)为参数，这些方法分别返回对应的 Java 对象实例，如 ClobARRAY (JDBC ARRAY)、Blob、BigDecimal、Ref 等，使用起来十分方便。这些方法的用法在下面还会涉及，这里就不再赘述了。

5. 获取记录集行数的方法

使用 last()方法，将数据库游标定位到记录集的最后一行。

使用 getRow()方法，返回记录集最后一行的行索引。该索引就等于记录集所包含记录的个数。

8.2 JDBC 的包

通过上一节的学习，我们了解了什么是 JDBC 以及 JDBC 应用，下面进入 JDBC 包的学习，本书主要介绍 RowSet 接口和 CachedRowSet 接口。

8.2.1 RowSet 接口

RowSet 接口是 javax.sql 包中最重要的接口。RowSet 接口为 JDBC API 添加了对 JavaBeans(TM)组件模型的支持，在一个可视化的 JavaBean 开发环境中，使用 RowSet 对象可以像使用 JavaBean 组件那样方便。RowSet 对象可以在设计时被创建和指定属性，在程序的运行时被执行，RowSet 接口定义了一套 JavaBean 组件的属性方法，RowSet 实例对象可以使用 setXXX()方法指定属性以便和数据库建立连接。RowSet 接口支持 JavaBeans 的事件模型。允许同一个应用程序的其他组件在运行时刻，并且 RowSet 接口的实例对象发生了某种变化/事件的情况下(例如记录集的数据库游标向前移动了一位)，调用 RowSet 接口的 setXXX()方法，修改 RowSet 对象的属性。

RowSet 接口继承自 java.sql.ResultSet 接口，它不但具有 ResultSet 接口强大的记录集功能，而且比 ResultSet 接口更容易使用。下面我们就来介绍如何使用 RowSet 接口。

1. 创建 RowSet 接口的实例对象

在 JDBC API 中，ResultSet 接口的实例对象一般不是调用构造函数直接创建，而是由其他方法的返回结果初始化。例如，Statement 接口的 executeQuery()方法的返回结果就是 ResultSet 接口的实例对象。RowSet 接口的创建需要使用 RowSetProvider 和 RowSetFactory 方法如下：

```
RowSetFactory factory=RowSetProvider.newFactory();
RowSet rowSet=factory.createJdbcRowSet();
```

2. 设定 RowSet 对象的数据库连接属性

创建了 RowSet 接口的实例对象以后，必须设定 RowSet 对象的数据库连接属性，以便 RowSet 对象可以和数据库服务器建立连接，进而向数据库发送 SQL 语句访问数据库中的数据，并获取结果记录集。RowSet 接口定义了下面的方法(仅列出比较重要的方法)，用以指定数据库连接属性，如用户名、访问密码、数据源 URL 等属性。

public void setConcurrency(int concurrency)：该方法可以指定 RowSet 对象和数据库建立的连接的协同级别，通俗地讲，就是指 RowSet 对象所包含的结果记录集的数据是否可以更新，方法参数 concurrency 是一个整型常数。这些常数在 ResultSet 接口中被定义，RowSet 接口继承自 ResultSet 接口，自然可以使用这些预定义的常数。

public void setDataSourceName(java.lang.String name)：RowSet 接口的实例对象可以使用这个方法查询(lookup)特定的(由参数 name 指定)、存在于 JNDI 命名服务(JNDI naming service)中的 JDBCDataSource 对象。

public void setMaxRows(int max)：该方法可以指定 RowSet 对象中所包含的记录集的最大记录数。

public void setPassword(java.lang.String password)：该方法可以指定 RowSet 对象和数据库建立连接所需的用户密码。

public void setReadOnly(Boolean value)：该方法指定 RowSet 对象中所包含的记录集是否只读，方法参数为布尔值，如果为 true，那么结果集只读；反之亦然。

public void setTransactionIsolation(int level)：该方法指定事务处理的隔离级别。

public void setType(int type)：RowSet 对象可以使用此方法指定记录集游标的类型。例如，可以前后移动的数据库游标，或者是仅仅可以往前移动的游标。方法参数 type 是一个整型常数，这些常数在 ResultSet 接口中定义。

public void setTypeMap(java.util.Map map)：RowSet 对象可以使用此方法指定当前 RowSet 对象与数据库连接时所使用的映射地图。

public void setURL(java.lang.String URL)：该方法用于指定 RowSet 对象需要与之建立连接的数据源的 JDBC URL 地址。例如

```
jdbc:mysql://localhost:3306/testDB?useUnicode=true&characterEncoding=UTF
-8
```

public void setUsername(java.lang.String name)：该方法用于指定 RowSet 对象访问数据库服务器时所需的用户名。

3. 使用 RowSet 对象与数据库建立连接

使用 RowSet 对象和数据库建立连接，RowSet.jsp 代码如下：

```
<%@ page language="java" contentType="text/html; charset=gb2312"%>
<%@ page import="javax.sql.RowSet,javax.sql.rowset.*,java.sql.*" %>
<!DOCTYPE html PUBLIC "-//W3C//DTD HTML 4.01 Transitional//EN"
"http://www.w3.org/TR/html4/loose.dtd">
<html>
<head>
<meta http-equiv="Content-Type" content="text/html; charset=gb2312">
<title>Insert title here</title>
</head>
<body>
<%
RowSetFactory factory=RowSetProvider.newFactory();
RowSet rowSet=factory.createJdbcRowSet();
Class.forName("com.mysql.jdbc.Driver");     // 载入 JDBC 驱动程序
rowSet.setUrl("jdbc:mysql://localhost:3306/testDB?useUnicode=true&charac
terEncoding=UTF-8");
rowSet.setUsername("root");
rowSet.setPassword("123");
rowSet.setType(ResultSet.TYPE_SCROLL_SENSITIVE);
rowSet.setCommand("select * from tbuser");
rowSet.execute();
while(rowSet.next()){
    System.out.println(rowSet.getString(1));
}
rowSet.close();
%>
</body>
</html>
```

在上面的代码段中，首先需要载入 JDBC 驱动程序，然后分别使用 setUrl()、setUsername()、setPassword()等方法指定 JDBC 数据源 URL、数据库用户名、数据库访问密码等访问参数，代码段的最后使用 setType()方法指定 RowSet 实例对象，所包含的结果记录集的类型是：数据库游标可以前后移动，并且结果记录集的数据对其他用户的数据库更新操作敏感。其实上面的 JSP 代码段并没有真正与数据库系统建立连接，它仅仅指定了重要的数据库连接参数，使得 RowSet 处于就绪状态，随时都可以和数据库建立连接。若需要与数据库建立连接，除了指定数据库连接参数以外，第二步就必须向数据库发送 SQL 命令，设置 SQL 命令的 IN 参数，最后调用 execute()方法，该方法的内部流程是：建立真正的数

据库连接，调用数据库引擎，完成 SQL 命令，并且用数据库系统返回的结果数据填充 RowSet 对象的记录集。这时，RowSet 对象和 ResultSet 对象差不多，也可以遍历记录集中的每一个记录，或者定位到某一个记录使用 getXXX()、updateXXX()等方法对记录集中的数据进行操作。

4. 使用 RowSet 对象向数据库服务器发送命令

设定 RowSet 对象与数据库连接的属性以后，就可以利用 RowSet 对象向数据库发送命令和命令参数。使用 RowSet 接口的 setCommand()方法可以向数据库系统发送预编译的 SQL 命令，使用其他的 setXXX()方法可以设定 SQL 命令的 IN 参数，类似于 PreparedStatement 接口和 CallableStatement 接口发送预编译 SQL 命令的方式。RowSet 接口中定义的相关方法如下。

public void setCommand(java.lang.String cmd)：使用该方法可以向数据库发送预编译的 SQL 语句，SQL 语句中可以含有输入参数，参数的位置用?号代替。第一个输入参数的索引为 1，　第二个参数的索引为 2，以此类推。

public void setArray (int i java.sql.Array x)：该方法可以设定 SQL 语句中 SQL 数据类型是 SQL Array 的参数，方法参数 i 指定输入参数的索引，方法参数 x 代表替换目标参数的 java.sql.Array 对象。

public void setBlob(int i java.sql.Blob x)：该方法和 setArray()差不多，主要用于设定 SQL 语句中数据类型为 SQL Blob 类型的输入参数。

public void setString(int parameterIndex , java.lang.String x)：该方法主要用于设定 SQL 语句中数据类型为 VARCHAR、NVARCHAR 等类型的输入参数，parameterIndex 代表需要替换的输入参数的索引，x 代表需要引入的 java String 对象。

【例 8-3】下面的 JSP 代码演示如何使用 RowSet 对象的 setCommand()方法向数据库发送 SQL 命令，并且使用 setXXX()方法指定 SQL 命令的输入参数(rset 是 RowSet 接口的实例对象)。

```
<%
rset.setCommand("SELECT * FROM tbuser where username=? and password=? ");
rset.setString(1, "fancy");
rset.setString(2, "fancy");
%>
```

其实，setCommand()方法和前面讲述的 setPassword()、setUrl()等方法都没有和数据库系统建立事实上的数据库连接，它们都用于设定 RowSet 对象的属性。SQL 命令也可以看作 RowSet 对象的属性之一。

5. 使用 RowSet 对象执行数据库操作

如果已经按照上面介绍的步骤设置好 RowSet 对象的连接属性，在 SQL 命令中属性输入参数，那么现在就可以使用 RowSet 接口的 execute()方法执行数据库操作，execute()方法首先应用数据库连接属性与数据库建立连接，然后向数据库系统发送 SQL 命令，接受数据库返回的数据，使用这些数据实例化 RowSet 对象内部的结果记录集。execute()方法并不返回任何 ResultSet 接口的实例对象，它仅用数据库返回的数据填充 RowSet 对象，因为 RowSet 接口继承自 ResultSet 接口，因此具有 ResultSet 接口的全部功能，在执行了 execute()

方法以后，可以将 RowSet 对象当作一个 ResultSet 对象来使用。

【例 8-4】下面的 JSP 代码演示了如何使用 RowSet 对象执行数据库操作。

```
<%
rset.execute();
while(rset.next())
{
out.println("username "+rset.getString("username")+<br/>);
out.println("password "+rset.getString("password")+<br/>);
}
rset.close();
%>
```

6. 给 RowSet 对象添加事件监听者

RowSet 对象可以和某个 RowSet 事件监听者(RowSetListener)绑定在一起，RowSet 事件监听者可以对 RowSet 对象中发生的事件作出响应，例如数据库游标的移动事件。

addRowSetListener()方法可以使一个 RowSet 事件监听者和 RowSet 对象绑定在一起。removeRowSetListener()方法则可以解除这种绑定关系，RowSet 事件监听者一旦和 RowSet 对象解除了绑定关系，那么它对 RowSet 对象内部所发生的事件就不能做出响应了。

这两个方法的定义如下：

```
public void addRowSetListener(RowSetListener listener);
public void removeRowSetListener(RowSetListener listener);
```

8.2.2 CachedRowSet 接口

CachedRowSet 接口和 JdbcRowSet 接口都是 RowSet 接口的子接口，CachedRowSet 接口也是 WebRowSet 接口的父接口。

CachedRowSet 对象为规范的数据提供了一个无连接的(disconnected)、可串行化的(serializable)、可以滚动的(scrollable，指数据指针可以前后移动)容器。CachedRowSet 对象可以简单地看作是一个与数据库断开连接的结果记录集，它被缓存在数据源之外，因为所有的数据都被缓存在内存之中，所以 CachedRowSet 对象不适合于处理含有海量数据的记录集。

CachedRowSet 对象的重要作用是：它可以作为数据容器，在不同的应用程序的不同组件之间传送数据。例如，一个运行于 Application Server 上的 Enterprise JavaBean 组件可以使用 JDBC API 访问数据库，然后可以使用 CachedRowSet 对象将数据库返回的数据通过网络发送到运行于客户端浏览器上的 Java Applet 程序或者 JavaBean 组件。

如果客户端由于资源的限制或者出于安全上的考虑，没有办法使用 JDBC 数据库驱动程序，例如 Personal Java Clients、Personal Digital Assistant (PDA)、Network Computer(NC)等客户端，这时使用 CachedRowSet 类就可以提供一个 Java Client 用以处理数据库的规范数据。

CachedRowSet 类的第三个作用是：它可以通过使用数据源以外的空间缓存记录集的数据，从而不需要 JDBC 数据库驱动程序帮助，就实现了结果记录集的数据库游标的前后移动。CachedRowSet 对象获取数据以后，就断开了和数据源的连接，只有执行更新操作时，才再度与数据库建立连接。某些 JDBC 驱动程序目前仍然不支持结果记录集的数据库游标的前后移动，这时可以使用 CachedRowSet 类来实现。

提示

如果使用的 JDBC 数据库驱动程序是 JDBC-ODBC 桥驱动程序，则用 ResultSet 接口、Statement 接口以通常的方法访问数据库，似乎无法实现记录集的数据库游标的前后移动，特别是不能向后移动亦不能定位到任意行，如果读者碰到了类似的问题，除了更换 JDBC 驱动程序以外不妨使用 CachedRowSet 类。

下面我们详细介绍如何使用 CachedRowSet 接口。

1) 创建 CachedRowSet 接口的实例对象

如果想使用 CachedRowSet 接口的强大功能，必须首先创建 CachedRowSet 接口的实例对象，如何创建呢？可以使用 RowSetProvider 和 RowSetFactory：

```
RowSetFactory factory=RowSetProvider.newFactory();
CachedRowSet crs=factory.createCachedRowSet();
```

指定 CachedRowSet 对象和数据库建立连接的连接属性，就可以使用 setPassword()、setUsername()、setURL()等方法指定 CachedRowSet 对象和数据库建立连接的连接参数(当然了，需要首先载入 JDBC 驱动程序)。setPassword()、setUsername() 等方法都是在 BaseRowSet 类中声明的，然后在 CachedRowSet 类中实现方法的功能。

2) 使用记录集数据填充 CachedRowSet 对象

使用记录集的数据填充 CachedRowSet 对象的方法如下。

(1) 首先载入 JDBC 数据库驱动程序，然后与数据库建立连接，创建 Connection 接口的实例对象，接着用 setCommand()方法指定 SQL 命令，如果存在 SQL 输入参数则可以使用 setXXX()方法指定 IN 参数，一切就绪后，就可以调用 execute()方法。execute()方法可以往数据库发送 SQL 命令，并用数据库服务器返回的数据填充 CachedRowSet 对象。execute()方法的定义如下：

```
public void execute(java.sql.Connection  connection);
```

(2) 首先载入 JDBC 数据库驱动程序，分别创建 Connection 接口的实例对象和 Statement 接口的实例对象，接着调用 Statement 对象的 execute()方法执行数据库操作，返回一个 ResultSet 接口的实例对象，然后就可以使用 CachedRowSet 类的 populate()方法将 ResultSet 对象的数据填充到 CachedRowSet 对象内部的记录集结构中。populate()方法的定义如下：

```
public void populate(java.sql.ResultSet data)
```

8.3 案例：填充 CachedRowSet 对象记录集

实训内容和要求

运用两种不同的方法填充 CachedRowSet 对象内部的记录集结构(crs 是 CachedRowSet 类的实例对象)。

实训步骤

方法一，CachedRowSet1.jsp 的代码如下：

```
<%@ page language="java" contentType="text/html; charset=gb2312"%>
<%@ page import="javax.sql.RowSet,javax.sql.rowset.*,java.sql.*" %>
<!DOCTYPE html PUBLIC "-//W3C//DTD HTML 4.01 Transitional//EN"
"http://www.w3.org/TR/html4/loose.dtd">
<html>
<head>
<meta http-equiv="Content-Type" content="text/html; charset=gb2312">
<title>Insert title here</title>
</head>
<body>
<%
//第一种方法，用 execute(SQLConnection conn)
RowSetFactory factory=RowSetProvider.newFactory();
CachedRowSet crs=factory.createCachedRowSet();
Connection
conn=DriverManager.getConnection("jdbc:mysql://localhost:3306/testDB?use
Unicode=true&characterEncoding=UTF-8","root","123");
crs.setCommand("select * from tbuser");
crs.execute(conn);
conn.close();
while(crs.next()){
    System.out.println(crs.getString(1)+crs.getString(2));
}
%>
</body>
</html>
```

方法二，CachedRowSet2.jsp 的代码如下：

```
<%@ page language="java" contentType="text/html; charset=gb2312"%>
<%@ page import="javax.sql.RowSet,javax.sql.rowset.*,java.sql.*" %>
<!DOCTYPE html PUBLIC "-//W3C//DTD HTML 4.01 Transitional//EN"
"http://www.w3.org/TR/html4/loose.dtd">
<html>
<head>
<meta http-equiv="Content-Type" content="text/html; charset=gb2312">
<title>Insert title here</title>
</head>
<body>
<%
//第二种方法，用 ResultSet 填充 CachedRowSet
RowSetFactory factory=RowSetProvider.newFactory();
CachedRowSet crs=factory.createCachedRowSet();
Connection
conn=DriverManager.getConnection("jdbc:mysql://localhost:3306/testDB?use
Unicode=true&characterEncoding=UTF-8","root","123");
Statement st=conn.createStatement();
ResultSet rs=st.executeQuery("select * from tbuser");
crs.populate(rs);
rs.close();st.close();conn.close();
```

```
while(crs.next()){
    System.out.println(crs.getString(1)+crs.getString(2));
}
%>
</body>
</html>
```

第二种方法是人们常用的方法。

本 章 小 结

本章主要介绍JDBC的定义、产品组件、建立JDBC连接、JDBC包。通过对本章的学习，读者可对JDBC有深入的了解，掌握JDBC包的应用。

习　　题

一、填空题

1. JDBC API的含义是Java应用程序连接________的编程接口。
2. Java编程语言前台应用程序使用________和JDBC驱动管理器进行交互。
3. JDBC驱动管理器使用________装载合适的JDBC驱动。
4. ________________接口负责建立与指定数据库的连接。
5. ________________接口表示从数据库中返回的结果集。

二、选择题

1. 在Java中，JDBC是指(　　)。

   A. Java程序与数据库连接的一种机制

   B. Java程序与浏览器交互的一种机制

   C. Java类库名称

   D. Java类编译程序

2. 在JDBC中，执行同构的SQL用(　　)，执行异构的SQL用(　　)。

   A. CallableStatement　　B. Statement

   C. PreparedStatement　　D. Callable

3. 下面(　　)代表了统一资源定位符。

   A. ULR　　B. URL　　C. UCR　　D. LRC

4. (　　)方法检查数据库游标是否处于记录集的最前面，如果是返回true，否则返回false。

   A. public boolean t();　　B. public boolean BeforeFirst();

   C. public boolean isBeforeFirst();　　D. public isBeforeFirst();

5. (　　)方法应该仅在语句能返回多个ResultSet对象时使用。

   A. BaseRowSet　　B. RowSet

   C. CachedRowSet　　D. execute

三、问答题

1. 简述 JDBC 程序的编写执行顺序。
2. 简述 Statement、PreparedStatement 的功能。
3. 用户在 JDBC 编程时为什么要经常释放连接的数据库？

第9章 JSP 中的文件操作

本章要点

1. RandomAccessFile 类。
2. 文件上传。

学习目标

1. 掌握 File 类。
2. 掌握使用字节流读/写文件。
3. 掌握 RandomAccessFile 类。
4. 掌握文件的上传与下载。

9.1 File 类

File 对象用来获取文件本身的一些信息，如文件所在的目录、文件的长度、文件读/写权限等，但 File 对象并不涉及对文件的读/写操作。创建 File 对象的构造方法有三个：

◎ File(String filename)

◎ File(String directoryPath,String filename)

◎ File(File f,String filename)

其中，filename 是文件名字，directoryPath 是文件的路径，f 指定文件目录。

对于第一个构造方法，filename 是文件名字或文件的绝对路径，如 filename＝"Hello. txt"或 filename="c:/mybook/A.txt"；对于第二个构造方法，directoryPath 是文件的路径，filename 是文件名字，如 directoryPath="c:/mybook/"，filename="A.txt"；对于第三个构造方法，参数 f 是指定一个目录，filename 是文件名字，如 f=new File("c:/mybook ")，filename= "A.txt" 。

提示

使用 File(String filename)创建文件时，该文件被认为是与当前应用程序在同一目录中，由于 JSP 引擎是在 bin 下启动执行的，所以该文件也在 bin 目录下，即 D: \apache - tomcat - 6.0.13\bin。

9.1.1 获取文件的属性

用户可以使用 File 类的下列方法获取文件本身的一些信息。

◎ public String getName()：获取文件的名字。

◎ public boolean canRead()：判断文件是否是可读的。

◎ public boolean canWrite()：判断文件是否可被写入。

◎ public boolean exists()：判断文件是否存在。

◎ public long length()：获取文件的长度(单位是字节)。

◎ public String getAbsolutePath()：获取文件的绝对路径。

◎ public String getParent()：获取文件的父目录。

◎ public boolean isFile()：判断文件是否是一个正常文件，而不是目录。

◎ public boolean isDirectroy()：判断文件是否是一个目录。

◎ public boolean isHidden()：判断文件是否是隐藏文件。

◎ public long lastModified()：获取文件最后修改的时间(时间是从 1970 年午夜(格林尼治时间)至文件最后修改时刻的毫秒数)。

【例 9-1】使用上述的一些方法，获取某些文件的信息。

```
<%@ page language="java" contentType="text/html" pageEncoding="utf-8" %>
<%@ page import="java.io.*"%>
<head>
<title>获取文件属性示例</title>
</head>
```

```
<%File f1=new
File( "E:\\documents\\java\\apache-tomcat-6.0.16\\webapps\\ROOT",
"build.xml");
File f2=new File("java.sh"); %>
文件 build.xml 是可读的吗?
<%=f1.canRead()%>
<br />
文件 build.xml 的长度:
<%=f1.length()%>字节
<br />
java.sh 是目录吗?
<%=f2.isDirectory()%>
<br />
build.xml 的父目录是:
<%=f1.getParent()%>
<br />
java.sh 的绝对路径是:
<%=f2.getAbsolutePath()%>
</font>
</body>
</html>
```

9.1.2 创建目录的基本操作

1. 创建目录

File 对象调用方法 public boolean mkdir()创建一个目录，如果创建成功就返回 true，否则返回 false(如果该目录已经存在将返回 false)。

【例 9-2】在 ch09 目录下创建一个名字为 Students 的目录：

```
<%@ page language="java" contentType="text/html" pageEncoding="utf-8" %>
<%@ page import="java.io.*"%>
      <head>
            <title>创建目录</title>
      </head>
<% File dir=new
File("E:\\java\\apache-tomcat-6.0.16\\webapps\\ch09","Students");
%>
在 ch09 下创建一个新的目录:student,<br>成功创建了吗?
<%=dir.mkdir()%>
<br />
student 是目录吗?
<%=dir.isDirectory()%>
</font>
</body>
</html>
```

2. 列出目录中的文件

如果 File 对象是一个目录，那么该对象可以调用下述方法列出该目录下的文件和子目录。

◎ public String[] list()：用字符串形式返回目录下的全部文件。

◎ public File[] listFiles()：用 File 对象形式返回目录下的全部文件。

【例 9-3】输出 ch09 目录下的全部文件和子目录：

```
<%@ page contentType="text/html; charset=GB2312" %>
<%@ page import="java.io.* " %>
<html>
<body bgcolo=cyan>
<font Size = 2>
<% File dir=new File("E:/apache-tomcat-6.0.13/webapps/ch09");
File file[] = dir. listFiles();
%>
<br>目录有：
<% for(int i= 0; i< file.length; i++ ){
if(file[i].isDirectory())
out.print("< br >"+file[i].toString());
}
%>
<br>文件名字：
<% for( int i = 0; i< file.length; i++ ) {
if (file[i].isFile())
out. print( "< br >" + file[i].toString());
}
%>
</font>
</body>
</html>
```

3. 列出指定类型的文件

有时需要列出目录下指定类型的文件，如.jsp、.txt 等格式的文件，可以使用 File 类的以下两个方法。

◎ public String[] list(FilenameFilter obj)：该方法用字符串形式返回目录下的指定类型的所有文件。

◎ public File[]listFiles(FilenameFilter obj)：该方法用 File 对象返回目录下的指定类型的所有文件。

【例 9-4】列出 ch09 目录下部分 JSP 文件的名字：

```
<%@ page contentType="text/html; charset=GB2312" %>
<%@ page import ="java.io.* " %>
<html>
<body bgcolor=cyan>
<font Size = 2>
<%! class FileJSP implements FilenameFilter{
String str=null;
FileJSP(String s) {
    str="."+s;
}
public boolean accept(File dir, String name) {
    return name.endsWith( str) ;
```

```
}
}
%>
<br> ch09 目录中的 jsp 文件：
<% File dir=new File("D:/apache-toracat-6.0.13/webapps/ch09");
FileJSP file_jsp=new FileJSP("jsp");
String file_name[]=dir.list(file_jsp);
for(int i= 0;  i< file_name.length; i++ )
    out.print("<br>"+file_name[i]);
%>
</font>
</body>
</html>
```

9.1.3 删除文件和目录

File 对象调用方法 public boolean delete()可以删除当前对象代表的文件或目录。如果 File 对象表示的是一个目录，则该目录必须是一个空目录，删除成功将返回 true。

【例 9-5】删除 ch09 目录下的 9-1.jsp 文件和 Students 目录：

```
<%@  page contentType="text/html; charset =GB2312"  %>
<%@  page import = "java.io. *" %>
<html>
<body>
<% File f = new  File("E:/apache-tomcat-6.0.13/webapps/ch09" , "9-1.jsp");
File dir = new File("E:/apache-tomcat-6.0.13/webapps/ch09", "Students");
boolean b1=f.delete();
boolean b2=dir.delete();
%>
<P>文件<%=f.getName()%>成功删除了吗？<%=b1%>
<P>目录<%= dir.getName() %>成功删除了吗？<%=b2%>
</body>
</html>
```

9.2 使用字节流读/写文件

Java 的 I/O 流提供了一条通道，这条通道可以把数据送给目的地。输入流的指向称作源，程序从指向源的输入流中读取源中的数据。输出流的指向是数据要去的目的地，程序通过向输出流中写入数据把信息传递到目的地。

Java.io 包提供了大量的流类，抽象类有四种：InputStream、OutputStream、Reader 和 Writer。称 InputStream 类及其子类对象为字节输入流类，称 OutputStream 类及其子类对象为字节输出流类，称 Reader 类及其子类对象为字符输入流类，称 Writer 类及及其子类对象为字符输出流类。

InputStream 类的常用方法：

◎ int read()：输入流调用该方法从源中读取单个字节的数据，该方法返回字节值(0～255 之间的一个整数)。如果未读出字节就返回-1。

◎ int read(byte b[])：输入流调用该方法从源中试图读取 b.length 个字节到字节数组 b 中，返回实际读取的字节数目。如果到达文件的末尾，则返回-1。

◎ int read(byte b[],int off,int len)：输入流调用该方法从源中试图读取 len 个字节。如果到达文件的末尾，则返回-1。

◎ void close()：输入流调用该方法关闭输入流。

◎ long skip(long numBytes)：输入流调用该方法跳过 numBytes 个字节，并返回实际跳过的字节。

outputStream 类的常用方法：

◎ void write(int n)：输出流调用该方法向输出流写入单个字节。

◎ void write(byte b[])：输出流调用该方法向输出流写入一个字节数组。

◎ void write(byte b[],int off,int len)：从给定字节数组中起始于偏移量 off 处取 len 个字节写入到输出流。

◎ void close()：关闭输出流。

9.2.1 FileInputStream 类和 FileOutputStream 类

FileInputStream 类是从 InputStream 类中派生出来的简单的输入流类。该类的所有方法都是从 InputStream 类继承的。为了创建 FileInputStream 类的对象，用户可以调用它的构造方法，如下：

◎ FileInputStream(String name)

◎ FileInputStream(File file)

第一个构造方法使用给定的文件名 name 创建一个 FileInputStream 对象。第二个构造方法使用 File 对象创建 FileInputStream 对象。参数 name 和 file 指定的文件称作输入流源，输入流通过调用 read 方法读出源中的数据。

FileInputStream 文件输入流，打开一个到达文件的输入流(源就是这个文件，输入流指向这个文件)。例如，为了读取一个名为 myfile.dat 的文件，建立一个文件输入流对象，如下所示：

```
try{FileInputStream  istream = new FileInputStream("myfile.dat");
}
catch (IOException e) {
System.out.println("File read error:  " + e) ;
}
```

文件输入流构造方法的另一种格式是允许使用文件对象来指定要打开哪个文件，下面使用文件输入流构造方法建立一个文件输入流：

```
try{File f=new File("myfile.dat");
FileInputStream istream = new FileInputStream(f);
}
catch (IOException e) {
System.out.println("File read error:  "+e);
}
```

提示

当使用文件输入流构造方法建立通往文件的输入流时，可能会出现异常。例如，试图要打开的文件可能不存在。当出现 I/O 错误时，Java 会生成一个出错信号，它使用一个 IOException 对象来表示这个出错信号。

与 FileInputStream 类相对应的类是 FileOutputStream 类。FileOutputStream 类提供基本的文件写入功能。除了从 OutputStream 类继承来的方法以外，FileOutputStream 类还有两个常用的构造方法，如下：

◎ FileOutputStream(String name)

◎ FileOutputStream(File file)

第一个构造方法使用给定的文件名 name 创建 FileOutputStream 对象。第二个构造方法使用 File 对象创建 FileOutputStream 对象。参数 name 和 file 指定的文件称作输出流的目的地，通过向输出流中写入数据把信息传递到目的地。创建输出流对象也能发生 IOException 异常，必须在 try、catch 块语句中创建输出流对象。

使用 FileInputStream 的构造方法 FileInputStream(String name)创建输入流时，以及使用 FileOutputStream 的构造方法 FileOutputStream(String name)创建输出流时，如果参数仅仅是文件的名字(不带路径)，就要保证参数表示的文件和当前应用程序在同一目录下，由于 JSP 引擎是在 bin 下启动执行的，所以文件必须在 bin 目录中。

9.2.2 BufferedInputStream 类和 BufferedOutputStream 类

FileInputStream 流经常和 BufferedInputStream 流配合使用，FileOutputStream 流经常和 BufferedOutputStream 流配合使用。BufferedlnputStream 类的一个常用的构造方法是 BufferedInputStream(InputStream in)，该构造方法创建缓存输入流。当要读取一个文件，例如 A.txt 时，可以先建立一个指向该文件的文件输入流：

```
FileInputStream in = new FileInputStream("A.txt");
```

然后再创建一个指向文件输入流 in 的输入缓存流：

```
BufferedInputStream bufferRead = new BufferedInputStream(in);
```

这时，就可以让 bufferRead 调用 read 方法读取文件的内容。bufferRead 在读取文件过程中会进行缓存处理，提高读取的效率。同样，当要向一个文件，例如 B.txt 写入时，可以先建立一个指向该文件的文件输出流：

```
FileOutputStream out = new FileOutputStream("B.txt");
```

然后再创建一个指向输出流 out 的输出缓存流：

```
BufferedOutputStream bufferWriter = new BufferedOutputStream(out);
```

这时，bufferWriter 调用 write 方法向文件写入内容时会进行缓存处理，提高写入的效率。注意写入完毕后须调用 flush 方法将缓存中的数据存入文件。

【例 9-6】将若干内容写入一个文件，然后读取这个文件，并将文件的内容显示给用户：

```
<%@  page contentType="text/html; charset=GB2312" %>
<%@  page import = "java.io.* " %>
<html>
<body bgcolor=yellow>
<font size=2>
<%  File dir = new File("E:/" , "Students");
dir.mkdir();
File f=new File(dir, " hello.txt");
try{
FileOutputStream outfile=new FileOutputStream(f);
BufferedOutputStream bufferout=new BufferedOutputStream(outfile);
byte b[]="您好,我的名字叫陈洁! <br/>Hello,my name is Chen Jie". getBytes();
bufferout.write(b);
bufferout.flush();
bufferout.close();
outfile.close();
FileInputStream in=new FileInputStream(f);
BufferedInputStream bufferin=new BufferedInputStream(in);
byte c[]=new byte[90];
int n =0;
while ((n = bufferin.read(c))!= -1) {
String temp = new String(c, 0,n) ;
out.print(temp);
}
bufferin.close();
in.close();
}
catch( IOException  e) { }
%>
</font>
</body>
</html>
```

程序运行结果如图 9-1 所示。

图 9-1　使用字节流读/写文件

9.3 使用字符流读/写文件

字节流不能直接操作 Unicode 字符，所以 Java 提供了字符流。文件中的一个汉字占用两个字节，如果使用字节流读取不当会出现乱码现象，采用字符流就可以避免这个现象。Unicode 字符中的一个汉字被看作一个字符。

所有字符输入流类都是 Reader(输入流)抽象类的子类，而所有字符输出流类都是 Writer(输出流)抽象类的子类。Reader 类中的常用方法如下。

◎ int read()：输入流调用该方法从源中读取一个字符，该方法返回一个整数(0～65535 之间的一个整数，Unicode 字符值)。如果未读出字符则返回-1。

◎ int read(char b[])：输入流调用该方法从源中读取 b.length 个字符到字符数组 b 中，返回实际读取的字符数目。如果到达文件的末尾，则返回-1。

◎ int read(char b[],int off,int len)：输入流调用该方法从源中读取 len 个字符并存放到字符数组 b 中，返回实际读取的字符数目。如果到达文件的末尾，则返回-1。其中，off 参数指定 read 方法在字符数组 b 中的某个地方存放数据。

◎ void close()：输入流调用该方法关闭输入流。

◎ long skip(long numBytes)：输入流调用该方法跳过 numBytes 个字符，并返回实际跳过的字符数目。

Writer 类中常用的方法如下。

◎ void write(int n)：向输出流写入一个字符。

◎ void write(char b[])：向输出流写入一个字符数组。

◎ void write(char b[],int off,int length)：从给定字符数组中起始于偏移量 off 处取 len 个字符写入输出流。

◎ void close()：关闭输出流。

9.3.1 FileReader 类和 FileWriter 类

FileReader 类是从 Reader 类派生的简单输入类，该类的所有方法都是从 Reader 类继承的。为了创建 FileReader 类的对象，用户可以调用它的构造方法。下面显示了两个构造方法：

◎ FileReader(String name)

◎ FileReader(File file)

第一个构造方法使用给定的文件名 name 创建 FileReader 对象。第二个构造方法使用 File 对象创建 FileReader 对象。参数 name 和 file 指定的文件称作输入流的源，输入流通过调用 read 方法读取源中的数据。

与 FileReader 类相对应的类是 FileWriter 类。FileWriter 类提供了基本的文件写入能力。除了从 Writer 类继承来的方法以外，FileWriter 类还有两个常用的构造方法。这两个构造方法如下：

◎ FileWriter(String name)

◎ FileWriter(File file)

第一个构造方法使用给定的文件名 name 创建 FileWriter 对象。第二个构造方法用 File

对象创建 FileWriter 对象。参数 name 和 file 指定的文件称作输出流的目的地。创建输入、输出流对象会发生 IOException 异常，必须在 try、catch 块语句中创建输入、输出流对象。

9.3.2 BufferedReader 类和 BufferedWriter 类

FileReader 流经常和 BufferedReader 流配合使用以提高读/写的效率，FileWriter 流经常和 BufferedWriter 流配合使用。BufferedReader 流可以使用方法 String readLine()读取一行；BufferedWriter 流可以使用方法 void write(String s,int off,int length)将字符串 s 的一部分写入文件，使用方法 newLine()向文件写入一个行分隔符。

【例 9-7】 用户可以在 JSP 页面 exampleWrite.jsp 提供的文本区中输入文本内容，提交给当前的 JSP 页面，exampleWrite.jsp 调用 Tag 文件 WriteTag.tag 将用户提交的内容写入一个文件。用户可以在 JSP 页面 exampleRead.jsp 调用 Tag 文件 ReadTag.tag 读取曾写入的文件，并将这个文件的内容显示在一个文本区中。

exampleWrite.jsp 的代码如下：

```
<%@  page contentType = "text/html; charset=GB2312"  %>
<%@  taglib tagdir="/WEB-INF/tags" prefix="file" %>
<html>
<body bgcolor=yellow>  <Font size=3>
<form action=" "  Method="post">
输入文件的内容：
<br>
<TextArea name="write"  Rows="6"  Cols="20"> </TextArea>
<Input type=submit value="提交">
</form>
<%  String str = request.getParameter("write") ;
if (str == null)
str =" ";
byte bb[]=str.getBytes( "iso-8859-1");
%>
<file:WriteTag dir="D:/2000"  filename="hello.txt" content="<%=str  %>"/>
<a href ="exampleRead.jsp"> 查看写入的内容 </a>
</font>
</body>
</html>
```

exampleRead.jsp 的代码如下：

```
<%@  page contentType="text/html; charset=GB2312"  %>
<%@  taglib tagdir="/WEB-INF/tags" prefix="file" %>
<html>
<body bgcolor=cyan> <Font size=3>
<file:ReadTag dir = "D:/2000" fileName="hello.txt" />
从文件中读取的内容：
<br> <TextArea name = read"  Rows="6"  Cols = "20"> <%=result %> </TextArea>
</font>
</body>
</html>
```

WriteTag.tag 中的代码如下：

```
<%@  tag pageEncoding = "GB2312"  %>
<%@  tag import="java.io.* "  %>
<%@  attribute name="dir" required="true"  %>
<%@  attribute name="fileName" required="true"  %>
<%@  attribute name ="content"  type="java.lang.String" required="true"  %>
<%!
public void writeContent(String str,File f) {
try{ FileWriter outfile = new FileWriter(f);
BufferedWriter bufferout = new BufferedWriter(outfile);
bufferout.write(str);
bufferout.close();
outfile.close();
}
catch(IOException e) { }
}
%>
<%  File mulu=new File(dir);
mulu.mkdir();
File f = new File(mulu,fileName);
if(content.length( )>0) {
writeContent(content,f);
out.println("成功写入");
}
%>
```

ReadTag.tag 中的代码如下：

```
<%@  tag pageEncoding = "GB2312"  %>
<%@  tag import="java.io.* "  %>
<%@  attribute name="dir"  required="true"  %>
<%@  attribute name="fileName"  required="true"  %>
<%@  variable name-given = "result" scope="AT_END"  %>
<%!
public String readContent(File f)
{ StringBuffer str=new StringBuffer();
try{ FileReader in = new FileReader(f);
BufferedReader bufferin = new BufferedReader(in);
String temp;
while((temp=bufferin.readLine())!= null)
str.append(temp);
bufferin.close();
in.close();
      }
catch(IOException e) { }
return new String(str);
}
%>
<% File f = new File(dir, fileName);
String fileContent = readContent(f);
jspContext.setAttribute("result",fileContent);  //返回对象 result
%>
```

运行 exampleWrite.jsp 和 exampleRead.jsp，效果如图 9-2 所示。

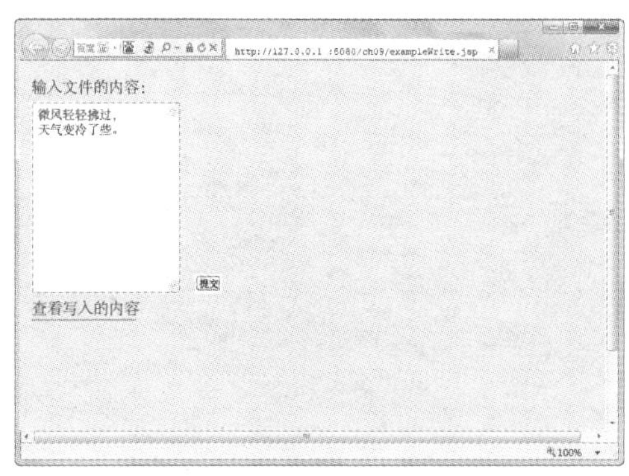

(a) exampleWrite. jsp 运行结果

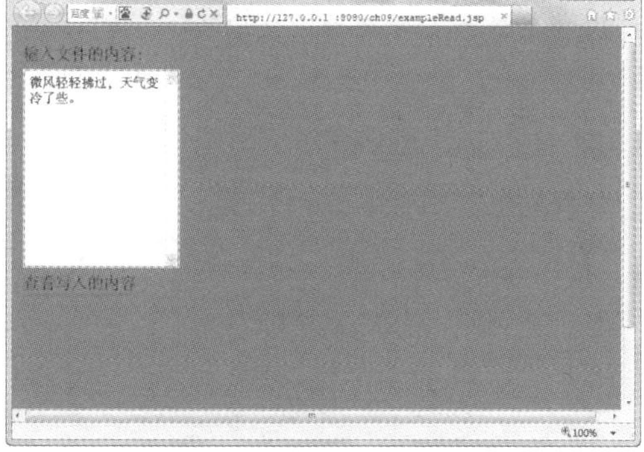

(b) exampleRead.jsp 运行结果

图 9-2　运行结果

9.4 RandomAccessFile 类

RandomAccessFile 类创建的流与前面的输入、输出流不同。RandomAccessFile 类既不是输入流类 InputStream 的子类，也不是输出流类 OutputStream 的子类。RandomAccessFile 类创建的对象为一个流。RandomAccessFile 流的指向既可以作源，也可以作为目的地。当想对一个文件进行读/写操作时，可以创建一个指向该文件的 RandomAccessFile 流，这样既可以通过这个流读取文件的数据，也可以通过这个流在文件中写入数据。RandomAccessFile 类的两个构造方法如下。

◎ RandomAccessFile(String name,String mode)：参数 name 用来确定一个文件名，给出创建的流源(也是流的目的地)。参数 mode 取“r”(只读)或“rw”(可读/写)，决定创建的流对文件的访问权利。

◎ RandomAccessFile(File file,String mode)：参数 file 是一个 File 对象，给出创建的流的源(也是流的目的地)。参数 mode 取“r”(只读)或“rw”(可读/写)，决定创建的流对文件的访问权利。创建对象时应捕获 IOException 异常。

RandomAccessFile 流对文件的读/写方式比前面学过的采用顺序读/写方式的文件输入、输出流更为灵活。例如，RandomAccessFile 类中有一个方法 seek(long a)，该方法可以用来移动 RandomAccessFile 流在文件中的读/写位置，其中参数 a 确定读/写位置，即距离文件开头的字节数目。另外，RandomAccessFile 流还可以调用 getFilePointer()方法获取当前流在文件中的读/写位置。

RandomAccessFile 类的常用方法如下。

◎ getFilePointer( )：获取当前流在文件中的读/写位置。

◎ length( )：获取文件的长度。

◎ readByte( )：从文件中读取一个字节。

◎ readDouble( )：从文件中读取一个双精度浮点值(8 个字节)。

◎ readInt( )：从文件中读取一个 int 值(4 个字节)。

◎ readLine( )：从文件中读取一个文本行。

◎　readUTF( )：从文件中读取一个 UTF 字符串。

◎　seek(long a)：定位当前流在文件中的读/写位置。

◎　write(byte b[])：写 b.length 个字节文件。

◎　writeDouble(double v)：向文件写入一个双精度浮点值。

◎　writeInt(int v)：向文件写入一个 int 值。

◎　writeUTF(String s)：写入一个 UTF 字符串。

【例 9-8】网络创作小说已成为当下流行的趋势，有许多作者共同创建一部小说。当 A 写完一篇文章之后，B 在 A 创作的基础上继续写作。在服务器的某个目录下有 4 部小说，在小说的内容页面 9-8.jsp 选择一部小说的名字，然后链接到 continueWrite.jsp 页面。continueWrite.jsp 页面显示了小说已有的内容，用户可以在该页写作并提交给 continue.jsp 页面。continue.jsp 页面负责将续写的内容存入文件。将 continue.jsp 页面的 isThreadSafe 属性值设置为 false，使得该页面同一时刻只能响应一个用户的请求，其他用户须排队等待。

9-8.jsp 的代码如下：

```
<%@ page contentType="text/html; charset=GB2312" %>
<%@ page import="java.io.* " %>
<html>
<body bgcolor="cyan"> <font size="2">
<% String str = response.encodeURL("continueWrite.jsp");
%>
<P>选择你想续写小说的名字：
<form action = "<%= str %>" method="post" name="form">
<input type="radio" name="R" value="spring.doc">精彩故事赏析
<input type="radio" name="R" value="summer.doc">火热的夏天
<input type="radio" name="R" value="autumn.doc">秋天的收获
<input type="radio" name="R" value="winter.doc">冬天的大雪
<br> <input type="submit" name="g" value ="提交">
</form>
</font>
</body>
</html>
```

continueWrite.jsp 的代码如下：

```
<%@ page contentType="text/html; charset=GB2312" %>
<%@ page import="java.io.*" %>
<%@ page info="story" %>
<html>
<body bgcolor="cyan"> <P>小说已有内容：<Font size=2 color=Navy>
<% String str = response.encodeURL("continue.jsp");
%>
<% --获取用户提交的小说的名字--%>
<%
String name = (String)request.getParameter("R");
if(name == null)
name = "";
byte c[ ] = name.getBytes("ISO -8859-1");
name = new String(c);
session.setAttribute( "name" , name);
```

```
String dir = getServletInfo();
File storyFileDir = new File(dir);
storyFileDir.mkdir();
File f = new File(storyFileDir,name);
//列出小说的内容
try{ RandomAccessFile file = new RandomAccessFile( f,"r" ) ;
String temp=null;
while(( temp = file. readUTF( )) != null) {
byte d[] = temp.getBytes( "ISO-8859-1");
temp = new String(d) ;
out.print( "<BR/>" + temp);
}
file.close() ;
}
catch( IOException  e) { }
%>
</font>
<P>请输入续写的新内容：
<form action= "<%=str %>"  method="post"  name= "form" >
<textArea name="messages" rows="12" cols="40" wrap="physical">
</textArea>
<br>
<input type ="submit"  value ="提交信息"  name ="submit">
</form>
</body>
</html>
```

continue.jsp 的代码如下。

```
<%@  page contentType = "text/html; charset=GB2312"  %>
<%@  page isThreadSafe= "false" %>
<%@  page import = "java.io.* "  %>
<%@  page info = "story" %>
<html>
<body>
<%!  String writeContent(File f, String s) {
try{
RandomAccessFile out = new RandomAccessFile(f ,"rw");
out.seek(out.length( ));    //定位到文件的末尾
out.writeUTF(s);
out.close();
return "内容已成功写入到文件";
}
catch(IOException e) {
return "不能写入到文件";
}
}
%>
<%--获取用户提交的小说的名字--%>
<%  String name = (String)session.getAttribute("name");
byte c[] = name.getBytes("ISO-8859-1");
name = new String(c) ;
```

```
//获取用户续写的内容
String content = (String)request.getParameter("messages");
if (content == null)
content = "" ;
String dir = getServletInfo( ) ;
File storyFileDir = new File(dir) ;
storyFileDir.mkdir( ) ;
File f = new File(storyFileDir,name) ;
String message = writeContent(f, content) ;
out.print(message) ;
out.print(message) ;
%>
</body>
</html>
```

9-8.jsp、continueWrite.jsp 和 continue.jsp 页面的运行效果如图 9-3 所示。

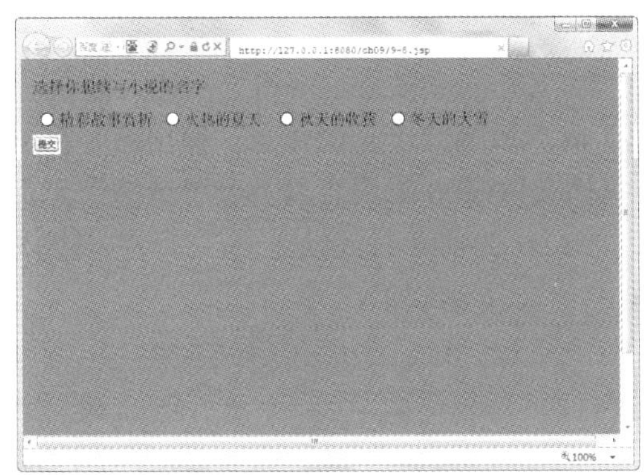

(a) 9-8.jsp 的运行结果

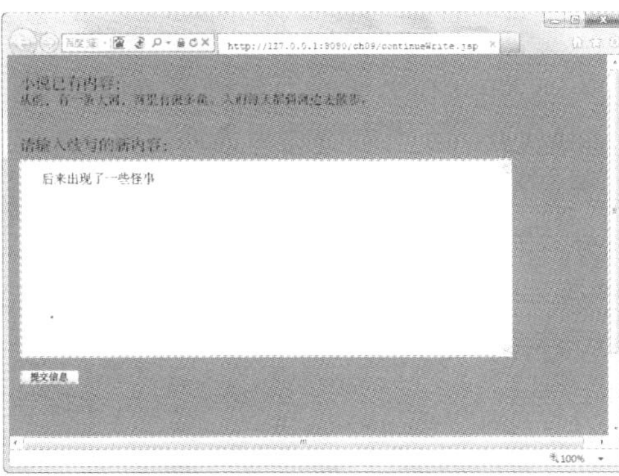

(b) continueWrite.jsp 的运行结果

(c) continue.jsp 的运行结果

图 9-3 运行结果

9.5 文件上传和下载

JSP 提供了上传和下载的功能，用户采用此功能，可以轻松实现文件的传输。下面介绍文件上传与下载的操作。

9.5.1 文件上传

用户通过一个 JSP 页面上传文件给服务器时，该 JSP 页面必须含有 File 类型的表单，并且表单必须将 enctype 的属性值设置为 multipart/form-data。File 类型表单如下：

```
<form action="接受上传文件的页面" method="post"
enctype="multipart/form-data"
<input type="File"  name="picture">
</form>
```

JSP 引擎可以让内置对象 request 调用方法 getInputStream( )获得一个输入流，通过这输入流读入用户上传的全部信息，包括文件的内容以及表单域的信息。

【例 9-9】用户通过 9-9.jsp 页面上传文本文件 a.txt。

request 获得一个输入流读取用户上传的全部信息，包括表单的头信息以及上传文件的内容；如何去掉表单的信息以及获取文件的内容。

在 accept.jsp 页面，内置对象 request 调用方法 getlnputStream()获得一个输入流 in，用 FileOutputStream 类再创建一个输出流 o。输入流 in 读取用户上传的信息，输出流 o 将读取的信息写入文件 B.txt。用户上传的全部信息，包括文件 a.txt 的内容以及表单域的信息存放于服务器的 C:/1000 目录下的 B.txt 文件中。文件 B.txt 的前 4 行(包括一个空行)以及倒数 5 行(包括一个空行)是表单域的内容，中间部分是上传文件 a.txt 的内容。

9-9.jsp 的代码如下：

```
<%@  page contentType="text/html; charset=GB2312"  %>
<html>
<body>
<P> 选择要上传的文件：<br>
<form action="accept.jsp"   method="post"  engtype = "multipart/form-data">
<input type=File name="boy"  size="38">
<br> <input type="submit"    name="g"  value="提交">
</form>
</body>
</html>
```

accept.jsp 的代码如下：

```
<%@  page contentType="text/html; charset=GB2312"  %>
<%@  page import="java.io.* "  %>
<html>
<body>
<% try { InputStream in = request.getInputStream() ;
File dir = new File("C:/1000") ;
dir.mkdir() ;
File f = new File(dir, "B.txt") ;
FileOutputStream o = new FileOutputStream(f) ;
byte b[]=new byte[1000];
int n;
while((n = in.read(b))!= -1)
o.write(b, 0 , n) ;
```

```
in.close() ;
o.close();
out.print("文件已上传");
}
catch(IOException ee) {
out.print("上传失败"+ee);
}
%>
</body>
</html>
```

B.txt 的内容如图 9-4(a)所示，9-9.jsp 和 accept.jsp 的运行效果如图 9-4(b)和图 9-4(c)所示。

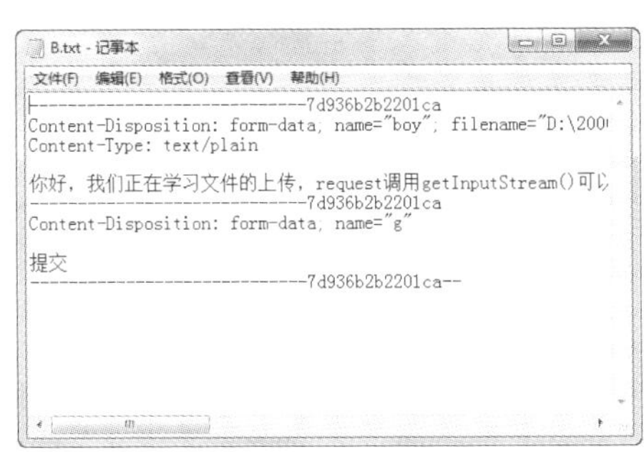

(a) B.txt 的内容

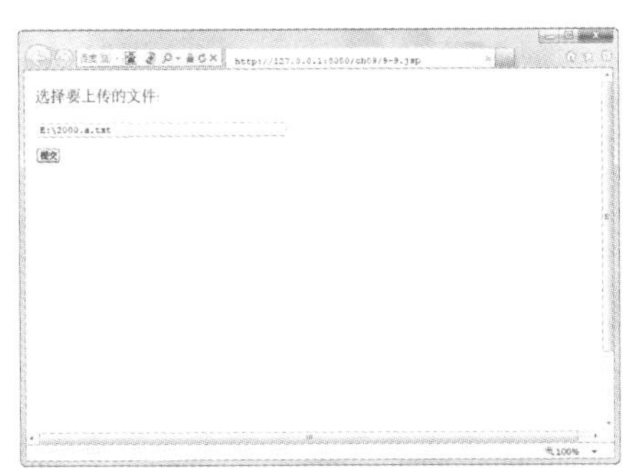

(b) 9-9.jsp 的运行结果

(c) accept.jsp 的运行结果

图 9-4 运行结果

通过上面的讨论知道，文件表单提交的信息中，前 4 行和后面的 5 行是表单本身的信息，中间部分才是用户提交的文件中的内容。

【例 9-10】通过输入、输出流技术获取文件的内容，即去掉表单的信息。根据不同用户的 session 对象互不相同这一特点，将用户提交的全部信息首先保存成一个临时文件，该临时文件的名字是用户的 session 对象的 Id 读取临时文件的第 2 行，因为这一行中含有用户上传的文件的名字，再获取第 4 行结束的位置，以及倒数第 6 行结束的位置，因为这两个位置之间的内容是上传文件的内容，然后将这部分内容存入文件，该文件的名字和用户上传的文件的名字保持一致，最后删除临时文件。

Web 应用经常要提供上传文件功能，因此例 9-10 将使用 Tag 文件实现文件上传。

在例 9-10 中，用户上传一个图像文件，允许用户将文件上传到服务器的 Web 服务目录 ch09 下的某个子目录中。9-10.jsp 负责提供上传文件的表单，用户通过 9-10.jsp 将要上传的文件提交给 acceptFile.jsp，acceptFile.jsp 使用 Tag 标记调用 Tag 文件 upFile.tag，该 Tag 文件负责上传文件。

9-10.jsp 的代码如下：

```
<%@ page contentType="text/html;charset=GB2312" %>
<%@ page import="java.io.*" %>
<html>
<body>
 <P>选择要上传的文件：<br>
 <form action="acceptFile.jsp" method="post"
  enctype="multipart/form-data">
     <input type=File name="boy" size="45">
     <br> <input type="submit" name ="boy" value="提交">
 </form>
</body>
</html>
```

acceptFile.jsp 的代码如下：

```
<%@ page contentType="text/html;charset=GB2312" %>
<%@ page import="java.io.*" %>
<%@ taglib tagdir="/WEB-INF/tags" prefix="upload" %>
<html ><body color="pink">
<upload:UpFile subdir=" \\images" />
   <%=message%>                    <%--message 是 Tag 文件返回的对象 --%>
   <br><%=fileName %>上传的效果：      <%--fileName 是 Tag 文件返回的对象 --%>
   <br><image src="../images/<%=fileName %>" width=160 height=100>
       </image>
</body>
</html>
```

UpFile.tag 的代码如下：

```
<%@ tag pageEncoding="GB2312" %>
<%@ tag import="java.io.*" %>
<%@ attribute name="subdir" required="true" %>
<%@ variable name-given="message" scope="AT_END" %>
<%@ variable name-given="fileName" scope="AT_END" %>
<%  jspContext.setAttribute("message","");
    String fileName=null;
    try{  //用客户的 session 对象的 Id 建立一个临时文件
          String tempFileName=(String)session.getId();

          String webPath=request.getRealPath("");
          String saveDir = webPath+subdir;
          File dir = new File(saveDir);
          dir.mkdir();
          //建立临时文件 f1
          File f1=new File(dir,tempFileName);
          FileOutputStream o=new FileOutputStream(f1);
           //将客户上传的全部信息存入 f1
          InputStream in=request.getInputStream();
```

```
byte b[]=new byte[10000];
int n;
while((n=in.read(b))!=-1){
  o.write(b,0,n);
}
o.close();
in.close();
 //读取临时文件 f1，从中获取上传文件的名字和上传文件的内容
RandomAccessFile randomRead=new RandomAccessFile(f1,"r");
 //读出 f1 的第 2 行，析取出上传文件的名字
int second=1;
String secondLine=null;
while(second<=2) {
    secondLine=randomRead.readLine();
    second++;
}
//获取 f1 中第 2 行中的 filename 之后，=出现的位置:
int position=secondLine.lastIndexOf("=");
 //客户上传的文件的名字是
fileName=secondLine.substring(position+2,secondLine.length()-1);
randomRead.seek(0); //再定位到文件 f1 的开头
//获取第 4 行回车符号的位置
long  forthEndPosition=0;
int forth=1;
while((n=randomRead.readByte())!=-1&&(forth<=4)){
   if(n=='\n'){
     forthEndPosition=randomRead.getFilePointer();
     forth++;
   }
}
//根据客户上传文件的名字，将该文件存入磁盘
byte  cc[]=fileName.getBytes("ISO-8859-1");
fileName=new String(cc);
fileName=fileName.substring(fileName.lastIndexOf("\\")+1);
File f2= new File(dir,fileName);
RandomAccessFile randomWrite=new RandomAccessFile(f2,"rw");
//确定出文件 f1 中包含客户上传的文件内容的最后位置，即倒数第 6 行
randomRead.seek(randomRead.length());
long endPosition=randomRead.getFilePointer();
long mark=endPosition;
int j=1;
while((mark>=0)&&(j<=6)) {
    mark--;
    randomRead.seek(mark);
    n=randomRead.readByte();
    if(n=='\n'){
       endPosition=randomRead.getFilePointer();
       j++;
    }
}
//将 randomRead 流指向文件 f1 中第 4 行结束的位置
```

```
        randomRead.seek(forthEndPosition);
        long startPoint=randomRead.getFilePointer();
       //从 f1 读出客户上传的文件存入 f2(读取第 4 行结束位置和倒数第 6 行之间的内容)
        while(startPoint<endPosition-1){
            n=randomRead.readByte();
            randomWrite.write(n);
            startPoint=randomRead.getFilePointer();
        }
        randomWrite.close();
        randomRead.close();
        //将 message 返回 JSP 页面
        jspContext.setAttribute("message","上传成功");
        //将 fileName 返回 JSP 页面
        jspContext.setAttribute("fileName",fileName);
        f1.delete(); //删除临时文件
    }
    catch(Exception ee) {
        jspContext.setAttribute("message","没有选择文件或上传失败");
    }
%>
```

9-10.jsp、acceptFile.jsp 的运行结果如图 9-5 (a)和图 9-5(b)所示。

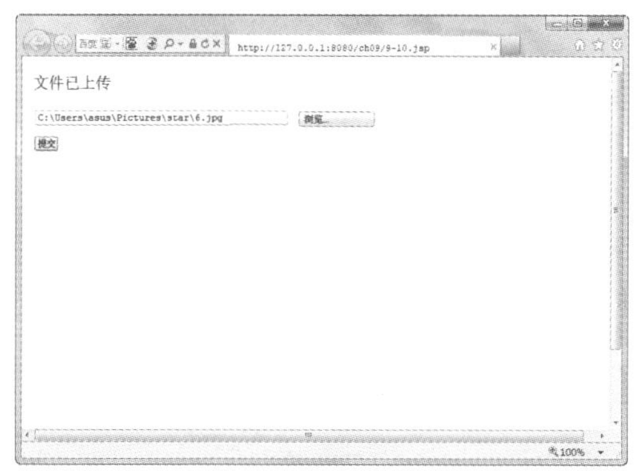

(a) 9-10.jsp 的运行结果

(b) acceptFile.jsp 的运行结果

图 9-5　运行结果

9.5.2　文件下载

JSP 内置对象 response 调用方法 getOutputStream()可以获取一个指向用户的输出流，服务器将文件写入这个流，用户就可以下载这个文件。当提供下载功能时，应当使用 response 对象向用户发送 HTTP 头信息，这样用户的浏览器就会调用相应的外部程序打开下载的文件。

【例 9-11】用户在 9-11.jsp 页面选择一个要下载的文件，将该文件的名字提交给 load.jsp 页面，load.jsp 页面调用 Tag 文件 LoadFile.tag 下载文件。

9-11.jsp 的代码如下：

```
<%@ page contentType="text/html;charset=GB2312" %>
<html>
```

```
<body>
<P>
 <form action="load.jsp" method="post" name="form">
      选择要下载的文件：<br>
      <Select name="filePath" size=3>
         <Option Selected value="d:/2000/Hello.java">Hello.java
         <Option value="d:/2000/first.jsp">first.jsp
         <Option value="d:/2000/book.zip">book.zip
         <Option value="d:/2000/A.txt">A.txt
      </Select>
      <br><input type="submit" value="提交你的选择" >
   </form>
</body>
</html>
```

load.jsp 的代码如下：

```
<%@ page contentType="text/html;charset=GB2312" %>
<%@ taglib tagdir="/WEB-INF/tags" prefix="download" %>
<html> <body bgcolor=cyan> <Font size=2>
 <%  String path=request.getParameter("filePath");
 %>
 <download:LoadFile filePath="<%=path%>" />
</form>
</body>
</html>
```

LoadFile.tag 的代码如下：

```
<%@ tag pageEncoding="GB2312" %>
<%@ tag import="java.io.*" %>
<%@ attribute name="filePath" required="true" %>
<%
   String fileName=filePath.substring(filePath. lastIndexOf ("/")+1);
   response.setHeader("Content-disposition",\
   "attachment;filename="+fileName);
  //下载的文件
   try{
      //读取文件,并发送给客户下载
      File f=new File(filePath);
      FileInputStream in=new FileInputStream(f);
      OutputStream o=response.getOutputStream();
      int n=0;
      byte b[]=new byte[500];
      while((n=in.read(b))!=-1)
         o.write(b,0,n);
      o.close();
      in.close();
    }
    catch(Exception exp){
    }
%>
```

9-11.jsp 和 load.jsp 的运行结果如图 9-6 所示。

(a) 9-11.jsp 的运行结果

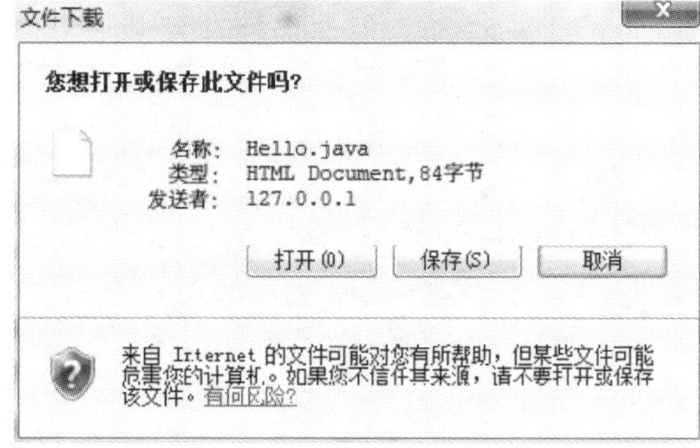

(b) load.jsp 的运行结果

图 9-6　运行结果

9.6 案例：利用 JSP 表单调用文件

实训内容和要求

分别建立 input.jsp 和 read.jsp 页面，input.jsp 通过表单提交一个目录和该目录下的一个文件名给 read.jsp，read.jsp 根据 input.jsp 提交的目录和文件名调用 Tag 文件 Read.tag 读取文件的内容。

实训步骤

input.jsp 的代码如下：

```
<%@ page contentType="text/html;charset=GB2312" %>
<html>
<body bgcolor=yellow>
<form action="read.jsp" Method="post" >
   输入目录:<input type=text name="dirName">
   <br>输入文件名字:<input type=text name="fileName">
   <input type=submit value="提交">
</form>
</body>
</html>
```

read.jsp 的代码如下：

```
<%@ page contentType="text/html;charset=GB2312" %>
<%@ taglib tagdir="/WEB-INF/tags" prefix="file"%>
<html>
<body bgcolor=pink>
  <%
      String s1=request.getParameter("dirName");
      String s2=request.getParameter("fileName");
      if(s1.length()>0&&s2.length()>0)
      {
```

```
%>    <file:Read dirName="<%=s1%>" fileName="<%=s2%>" />
      <br>读取的文件内容:
      <br><TextArea rows=10 cols=16><%=content%></TextArea>
  <%
     }
  %>
</body>
</html>
```

Read.tag 的代码如下：

```
<%@ tag pageEncoding="GB2312" %>
<%@ tag import="java.io.*" %>
<%@ attribute name="dirName" required="true" %>
<%@ attribute name="fileName" required="true" %>
<%@ variable name-given="content" scope="AT_END" %>
<%
  StringBuffer str=new StringBuffer();
  try{
        File f=new File(dirName,fileName);
        FileReader in=new FileReader(f);
        BufferedReader bufferin=new BufferedReader(in);
        String temp;
        while((temp=bufferin.readLine())!=null)
        {  str.append(temp);
        }
        bufferin.close();
        in.close();
     }
    catch(IOException e)
     {
       str.append(""+e);
     }
   jspContext.setAttribute("content",new String(str));
%>
```

本章小结

本章主要介绍 JSP 的文件操作，包括 File 类、字节流读/写文件、RandomAccessFile 类、文件的上传或下载等内容。通过对本章内容的学习，读者可以掌握 JSP 的文件操作过程。

习　　题

一、填空题

1. File 类的对象主要用来获取________________、文件所在的目录、文件的长度、文件读写权限等，不涉及对文件的读写操作。

2. Java 的 I/O 流提供了一条通道，可以使用这条通道把源中的_______送给目的地。

3. 在 Java 的 I/O 流中把输入流的指向称为______，程序从指向源的输入流中读取源中的数据。

4. ______________用字符串形式返回目录下的全部文件。

5. ______________输入流调用方法关闭输入流。

二、选择题

1. Java.io 包提供了大量的流类，所有字节输入流类都是(　　)抽象类的子类。

   A. Stream　　B. PutStream　　C. Input　　D. InputStream

2. 输入流调用 int read()方法从源中读取单个字节的数据，该方法返回字节值(0～255 之间的一个整数)，如果未读出字节就返回(　　)。

   A. 1　　B. -1　　C. 0　　D. 2

3. 下面(　　) 获取文件的绝对路径。

   A. public String getParent()　　B. public boolean isDirectroy()

   C. public boolean isFile()　　D. public String getAbsolutePath()

4. 下面(　　) 获取文件的父目录。

   A. public String getParent()　　B. public boolean isDirectroy()

   C. public boolean isFile()　　D. public String getAbsolutePath()

5. 下面(　　) 判断文件是否是一个普通文件，而不是目录。

   A. public String getParent()　　B. public boolean isDirectroy()

   C. public boolean isFile()　　D. public String getAbsolutePath()

三、问答题

1. File 对象怎样获取文件的长度？

2. RandomAccessFile 类创建的流在读/写文件时有哪些特点？

第10章 JSP的XML文件处理

本章要点

1. XML 基本语法。
2. DOM、SAX 解析。

学习目标

1. 掌握 XML 的定义和基本语法。
2. 掌握 XML 的解析模型。
3. 掌握 XML 和 Java 类映射 JAXB。

10.1 认识 XML

万维网协会推出的一套数据交换标准——XML，是一种可扩展的标记语言，被设计用来传输和存储数据。XML 可用于定义 Web 网页上的文档元素以及复杂数据的表述和传输。

10.1.1 XML 概述

Extensible Markup Language，简称 XML，中文含义是可扩展标记语言，该语言与 HTML 类似，主要功能是传输数据、储存数据和共享数据。XML 语言没有规定的标签体，需要自定义标签，是一种自我描述的语言。XML 与 HTML 有着本质的区别，XML 传输和存储数据，而 HTML 用来显示数据。

XML 的最大特点是自我描述和任意扩展，当用其描述数据时，用户可以根据需要，组织符合 XML 规范形式的任意内容，并且标签的名称也可以由用户指定。XML 的定义格式如下：

```
<? xml version="1.0" encoding="UTF-9"?>
<user>
  <name>白素素</name>
  <english-name>baisusu</english-name>
  <age>22</age>
  <sex>女</sex>
  <address>北京市</address >
  <description>她是一个作家</description>
</user>
```

上述代码定义的是白素素的基本信息，包括姓名、英文名称、性别、年龄、住址、职业等信息。上述的内容，同样可以用下面的自定义形式进行描述：

```
<? xml version="1.0" encoding="UTF-8"?>
<user>
  <property name="name" value="白素素"/>
  <property name="english_name" value="baisusu"/>
  <property name="age" value="22"/>
  <property name="sex" value="女"/>
  <property name="address" value="北京市"/>
  <property name="description" value="她是一个作家"/>
</user>
```

无论用哪种结构格式，它都能清楚地描述用户的基本信息，这就体现了 XML 的可扩展和自定义标签的特点。

提示

XML 其实是一个文本文件，开发工具有 Editplus、UEStudio、MyEclipse 的 XML 编辑器、XMLSpy 等。

10.1.2 XML 的基本语法

开发 JSP 的编程技术人员必须掌握 XML 的基本语法以及规范，才能正确使用 XML。

1. XML 文档的基本结构

XML 文档的基本结构如下：

```
<? xml version="1.0" encoding="UTF-8"?>    //文档声明
<users>
<user>
  <name>白素素</name>
  <english-name>baisusu</english-name>
  <age>22</age>
  <sex>女</sex>
  <address>北京市</address >
  <description>她是一个作家</description>
</user>
</users>
```

建立 XML 文档必须要有 XML 文档的声明，如第 1 行的声明：

```
<? xml version="1.0" encoding="UTF-8"?>
```

其中，version 是指该文档遵循的 XML 的标准版本，encoding 指声明文档使用的字符编码格式。

2. 标记必须闭合

在 XML 文档中，除 XML 声明外，所有元素都必须有其结束标识，如果 XML 元素没有文本节点，则采用自闭合的方式关闭节点。例如，以<note/>这样的形式进行自闭合。

正常的标记闭合形式如下：

```
<age>22</age>
<sex>女</sex>
<address>北京市</address>
```

age、sex、address 都有相应的结束标记。

3. 合理地嵌套

在 XML 文档中，合理的元素嵌套是必须的，如下嵌套是错误的，会导致 XML 错误，且描述不清。

```
<age>22<sex>
</age>女</sex>
```

正确的描述如下：

```
<age>22</age>
<sex>女</sex>
```

4. XML 元素

XML 元素是指成对出现的标记，且每个元素之间有层级关系。例如，<sex>元素指的是<sex>女</sex>。

<user>元素指的是：

```
<user>
  <name>白素素</name>
  <english-name>baisusu</english-name>
  <age>22</age>
  <sex>女</sex>
  <address>北京市</address>
  <description>她是一个作家</description>
</user>
```

其中，<age>元素是<user>元素的子元素，<user>元素是<age>元素的父元素；两个<user>元素是并列关系。

元素的命名规则如下：

◎ 可以包含字母、数字、其他字符。

◎ 不能以 xml 开头，包括其大小写，如 XML、xMl 等。

◎ 不能以数字或者标点符号开头，不能包含空格。

◎ XML 文档除了 XML 以外，没有其他的保留字，任何名字都可以使用，但是应该尽量使元素名字具有可读性。

◎ 尽量避免使用“-”和“.”，以免引起混乱，可以使用下划线。

◎ XML 元素命名中不要使用“:”，因为 XML 命名空间需要用到这个特殊字符。

例如，下面的命名是正确的：

```
<title2>
<title_name>
```

下面这些命名是错误的：

```
<2title>
<xmlTtle>
<titel name>
<.age>
```

注意，所有的 XML 文档有且只有一个根元素来定义整个文档。例如，在 web.xml 代码中，可以看到<web-app>就是它的根元素。例如，下面的 web.xml 定义是错误的：

```
<web-app version="java">
xmln="http://java.sun.com/xml/ns/javaee"
xmln:xsi="http://www.w3.org/2001/XMLSchema-instance"
xsi:chemaLocation=" http://java.sun.com/xml/ns/javaee
http://java.sun.com/xml/ns/javaee/web-app_2.xsd">
......
</web-app>
<web-app>
......
</web-app>
```

5. XML 属性

XML 元素可以在开始标记中包含属性，类似 HTML，属性(Attribute)提供关于元素的额外(附加)信息，它被定义在 XML 元素的标记中，且自身有对应的值。例如，<user>元素的属性名和属性值如下：

```
<user language="java">
   <name>白素素</name>
   <english-name>baisusu</english-name>
   <age>22</age>
   <sex>女</sex>
   <address>北京市</address >
   <description>她是一个作家</description>
</user>
```

属性的命名规则跟元素的命名规则一样。

提示

属性值必须带有单引号或双引号，如果属性值本身包含双引号，那么有必要使用单引号包围它，也可以使用实体(")引用。

6. 语法编写要点

1) 大小写敏感

XML 文档要注意字母的大小写，标记名称、属性名和属性值都是大小写敏感的。例如，<age>与<Age>是不同的。

一般初学者刚写 XML 文档时常犯的错误就是，开始标记与结束标记的大小写不一致而导致出现错误。例如：

```
<name>Chen Lin</Name>
```

<name>与</Name>不能相互匹配，而导致<name>没有正确地结束标记而被关闭。

正确的写法如下：

```
<name>Chen Lin</name>
```

2) 注释的写法

XML 注释的形式如下：

```
<!--注释单行-->
<!--
注释多行
-->
```

3) 空白被保留

空白被保留是指在 XML 文档中，空白部分并不会被解析器删除，而是被当作数据一样完整地保留。例如：

```
<description>入夜渐微凉    繁花落地成霜</description>
```

“入夜渐微凉　　繁花落地成霜”中的空白会被当作数据保留。

4) 转义字符的使用

XML 中有些特殊字符需要转义，比如>、<、&、单引号、双引号等，其转义字符和 HTML 中的转义字符是一样的。

5) CDATA 的使用

CDATA 用于需要原文保留的内容，尤其是在解析 XML 过程中产生歧义的部分，当某个节点的数据有大量需转义的字符时，CDATA 就可以发挥作用了，其用法如下：

```
<! [CDATA [
   内容
   ] ] >
```

举例说明：

```
<![CDATA[
if(m>n){
  alert(m 大于 n);
}else if (m<n&&m!=0) {
  alert(m 小于 n);
}
  ]]>
```

提示

CDATA 不能嵌套使用。

10.1.3 JDK 中的 XML API

JDK 中涉及 XML 的 API 有两个，分别是：

◎ The Java API For XML Processing：负责解析 XML。

◎ Java Architecture for XML Binding：负责将 XML 映射为 Java 对象。

它们所涉及的类包有 javax.xml.*、org.w3c.dom*、org.xml.sax.*和 javax.xml.bind.*。

其中经常用到的类如表 10-1 所示。

表 10-1　常用的 JDK XML API 类

类	说　明
javax.xml.parsers.DocumentBuilder	从 XML 文档获取 DOM 文档实例
javax.xml.parsers.DocumentBuilderFactory	从 XML 文档获取生成 DOM 对象的解析器
javax.xml.parsers.SAXParser	获取基于 SAX 的解析器 XML 文档实例
javax.xml.parsers.SAXParserFactory	获取基于 SAX 的解析器以解析 XML 文档
org.w3c.dom.Document	整个 XML 文档
org.w3c.dom.Element	XML 文档的一个元素
org.w3c.dom.Node	Node 接口是整个文档对象模型的主要数据类型，表示文档树中的单个节点
org.xml.sax.XMLReader	是 XML 解析器的 SAX2 驱动程序必须实现的接口

10.2 XML 解析模型

本节对 XML 进行深入解析。XML 结构是一种树型结构，处理步骤都差不多，Java 已经将它们封装成了现成的类库。目前流行的解析方法有三种，分别为 DOM、SAS 和 DOM4j。

10.2.1 DOM 解析

DOM(Document Object Model，文档对象模型)是 W3C 组织推荐的处理 XML 的一种方式。它是一种基于对象的 API，把 XML 的内容加载到内存中，生成一个 XML 文档相对应的对象模型，根据对象模型，以树节点的方式对文档进行操作。下面用实例说明解析步骤。

【例 10-1】DOM 解析 XML 文件。

假设 user.xml 文件如下：

```
<?xml version="1.0" encoding="utf-8"?>
<users>
   <user country="中国">
       <name>白真</name>
       <english_name>baizhen</english_name>
       <age>32</age>
       <sex>男</sex>
       <address state="北京">
           <city>北京市</city>
           <area>朝阳区</area>
       </address>
       <description>他是一个大学老师</description>
   </user>
   <user country="中国">
       <name>李华华</name>
       <english_name>lihuahua</english_name>
       <age>30</age>
       <sex>女</sex>
       <address state="河北省">
           <city>石家庄市</city>
           <area>裕华区</area>
       </address>
       <description>她是一个律师</description>
   </user>
</users>
```

编写解析类 JAXBDomDemo.java 的代码如下：

```
package ch10;

import java.io.File;
import java.io.IOException;

import javax.xml.parsers.DocumentBuilder;
import javax.xml.parsers.DocumentBuilderFactory;
import javax.xml.parsers.ParserConfigurationException;
```

```
import org.w3c.dom.Document;
import org.w3c.dom.Element;
import org.w3c.dom.Node;
import org.w3c.dom.NodeList;
import org.xml.sax.SAXException;
public class JAXBDomDemo {

    /**
     *用 dom 解析 XML 文件
     */
    public static void main(String[] args) {
        //创建待解析的 XML 文件，并指定目标
       File file = new File("E:\\users.xml");
       //用单例模式创建 DocumentBuilderFactory 对象
       DocumentBuilderFactory factory =
         DocumentBuilderFactory.newInstance();
       //声明一个 DocumentBuilder 对象
       DocumentBuilder documentBuilder =null;
       try {
         //通过 DocumentBuilderFactory 构建 DocumentBuilder 对象
            documentBuilder = factory.newDocumentBuilder();
            //DocumentBuilder 解析 XML 文件
            Document document = documentBuilder.parse(file);
            //获得 XML 文档中的根元素
            Element root = document.getDocumentElement();
            //输出根元素的名称
            System.out.println("根元素: "+root.getNodeName());
            //获得根元素下的子节点
            NodeList childNodes = root.getChildNodes();
            //遍历根元素下的子节点
            for(int i=0;i<childNodes.getLength();i++){
                //获得根元素下的子节点
                Node node = childNodes.item(i);
                if(node.getNodeType()==Node.TEXT_NODE)//去掉空白节点
                    continue;
                System.out.println("节点的名称为"+node.getNodeName());
                //获得子节点的 country 属性值
                String attributeV = node.getAttributes().
                getNamedItem("country").getNodeValue();
                System.out.println(node.getNodeName()
                +"节点的 country 属性值为"+attributeV);
                //获得 node 子节点下的集合
                NodeList nodeChilds = node.getChildNodes();
                //遍历 node 子节点下的集合
                for(int j=0;j<nodeChilds.getLength();j++){
                    Node details = nodeChilds.item(j);
                    if(details.getNodeType()==Node.TEXT_NODE)
                        continue;
                    String name = details.getNodeName();
                    //判断如果是 address 元素，获取子节点
```

```
                    if("address".equals(name)){
                        NodeList addressNodes = details.getChildNodes();
                       //遍历 address 元素的子节点
                        for(int k=0;k<addressNodes.getLength();k++){
                            Node addressDetail = addressNodes.item(k);
                            if(addressDetail.getNodeType()==Node.TEXT_NODE)
                                continue;
                            System.out.println(node.getNodeName()
                            +"节点的子节点"+name+"点的子节点"
                            +addressDetail.getNodeName()
                            +"节点内容为: "+addressDetail.getTextContent());
                        }
                        String addressAtt = details.getAttributes()
                        .getNamedItem("state").getNodeValue();
                        System.out.println(name
                        +"节点的 state 属性值为"+addressAtt);
                    }
                    System.out.println(node.getNodeName()
                    +"节点的子节点"+details.getNodeName()
                   +"节点的内容为:"+details.getTextContent());
                }
            }
        } catch (ParserConfigurationException e) {
            e.printStackTrace();
        }catch (IOException e) {
            e.printStackTrace();
        }catch (SAXException e) {
            e.printStackTrace();
        }
    }
}
```

上述代码详细地描述了解析步骤。通过上述代码，不难发现 DOM 解析 XML 时，主要有以下几步：

(1) 创建 DocumentBuilderFactory 对象：

```
//用单例模式创建 DocumentBuilderFactory 对象
DocumentBuilderFactory factory = DocumentBuilderFactory.newInstance();
```

(2) 通过 DocumentBuilderFactory 构建 DocumentBuilder 对象：

```
DocumentBuilder documentBuilder = factory.newDocumentBuilder();
```

(3) DocumentBuilder 解析 xml 文件变为 Document 对象：

```
Document document = documentBuilder.parse(file);
```

取得 Document 对象之后就可以用 Document 中的方法获取 XML 数据了。

10.2.2 SAX 解析

SAX (Simple API for XML)也是一种解析 XML 文件的方法，它虽然不是官方标准，但它是 XML 的事实标准，大部分 XML 解析器都支持它。SAX 与 DOM 不同的是，它不是一次性将 XML 加载到内存中，而是从 XML 文件的开始位置进行解析，根据定义好的事件处理器，来决定当前解析的部分是否有必要存储。下面例子说明了 SAX 解析 XML 的过程。

【例 10-2】 SAX 解析 XML 文件。将例 10-1 中的 XML 文件作为源文件，编写解析类 JAXBSAXDemo.java，代码如下：

```
package ch10;
import org.xml.sax.Attributes;
import org.xml.sax.SAXException;
import org.xml.sax.XMLReader;
import org.xml.sax.helpers.DefaultHandler;
import org.xml.sax.helpers.XMLReaderFactory;

public class JAXBSAXDemo extends DefaultHandler{

    private String preTag;

    //接收文档开始的通知
    @Override
   public void startDocument() throws SAXException {
       preTag = null;

   }
    //接收元素开始的通知
    @Override
   public void startElement(String uri, String localName, String qName,
          Attributes attributes) throws SAXException {
        if("user".equals(qName)) {
          System.out.println(qName+"节点的 country 属性值为："
             +attributes.getValue("country"));
       }
       if("address".equals(qName)){
        System.out.println(qName+"节点的 state 属性值为："
          +attributes.getValue("state"));
       }
       preTag = qName;
   }

    //接收元素结束的通知
    @Override
   public void endElement(String uri, String localName, String qName)
          throws SAXException {
       preTag = null;
   }

   //接收元素中数据的通知，在执行完 startElement 和 endElement 方法之后执行
   public void characters(char ch[], int start, int length)throws SAXException {
       String value = new String(ch, start, length);
       if("name".equals(preTag)) {
          System.out.println("name 节点的值为："+value);
```

```
        } else if("english_name".equals(preTag)) {
         System.out.println("english_name 节点的值为: "+value);
        }else if("age".equals(preTag)){
         System.out.println("age 节点的值为: "+value);
        }else if("sex".equals(preTag)){
         System.out.println("sex 节点的值为: "+value);
        }else if("description".equals(preTag)){
         System.out.println("description 节点的值为: "+value);
        }
        if("city".equals(preTag)) {
         System.out.println("city 节点的值为: "+value);
        } else if("area".equals(preTag)) {
         System.out.println("area 节点的值为: "+value);
        }
    }

    public static void main(String[] args) throws Exception {
        //由 XMLReaderFactory 类创建 XMLReader 实例
        XMLReader xmlReader = XMLReaderFactory.createXMLReader();
        //创建一事件监听类
        JAXBSAXDemo handler = new JAXBSAXDemo();
        //XMLReader 解析类设定事件处理类
        xmlReader.setContentHandler(handler);
        //XMLReader 解析类解析 XML 文件
        xmlReader.parse("E:\\users.xml");
    }
}
```

上述代码中介绍了用 SAX 解析 XML 文件的步骤。通过上述代码可以看出，使用 SAX 解析 XML 时，需要以下几个步骤：

(1) 用 XMLReaderFactory 类创建 XMLReader 实例：

```
XMLReader xmlReader = XMLReaderFactory.createXMLReader();
```

(2) 创建一个事件监听类：

```
JAXBSAXDemo handler = new JAXBSAXDemo();
```

(3) 为解析类设定事件处理类：

```
xmlReader.setContentHandler(handler);
```

(4) 解析 XML 文件：

```
xmlReader.parse("E:\\users.xml");
```

要想了解更多的 SAX 内容，请查询 org.xml.sax 的 API。

提示

上述实例中应用的是 XMLReader 而不是 SAXParser，是因为在 SAX2 中实现解析的接口名称重命名为 XMLReader。在使用 SAX 解析 XML 资源文件时，默认使用 SAXParser 实现类，它继承自 AbstractSAXParser。同理，工厂类也是使用 XMLReaderFactory 而不是 SASParserFactory 来创建解析类。

10.2.3 DOM4j 解析

DOM 在解析的时候是把整个 XML 文件映射到 Document 的树型结构中，XML 中的元素、属性、文本都能在 Document 中看清，但是它消耗内存，查询速度慢。SAX 是基于事件的解析，解析器在读取 XML 时根据读取的数据产生相应的事件，由应用程序实现相应的事件处理，所以它的解析速度快，内存占用少。但是 SAX 需要应用程序自身处理解析器的状态，实现起来比较麻烦，而且它只支持对 XML 文件的读取，不支持写入。

DOM4j 是一个简单、灵活的开源库，前身是 JDOM。与 JDOM 所不同的是，DOM4j 使用接口和抽象类基本方法，用了大量的 Collections 类，提供一些替代方法以允许更好的性能或更直接的编码方法。DOM4j 不仅可以读取 XML 文件，而且还可以写入 XML 文件。目前越来越多的 Java 软件都在使用 DOM4j 读写 XML，例如 Hibernate，包括 Sun 公司自己的 JAXM 也使用 DOM4j。可以通过下载地址 http://sourceforge.net/projects/dom4j 下载 DOM4j 的 1.6.1 版本的 jar 包。下面用例子来说明其使用方法(本例用到了 jaxen-1.1.6.jar，可以从 http://www.dfki.uni-kl.de/artifactory/libs-releases/jaxen/jaxen/1.1.6/下载)。

【例 10-3】DOM4j 解析 XML 文件。

XML 文件的内容还是上述中的内容，编写解析类 Dom4jDemo.java，其代码如下：

```
package ch10;
import java.io.File;
import java.util.List;

import org.dom4j.Document;
import org.dom4j.DocumentException;
import org.dom4j.Element;
import org.dom4j.io.SAXReader;

public class Dom4jDemo {

    /**
     * DOM4j 解析 XML 文件
     */
    @SuppressWarnings("unchecked")
    public static void main(String[] args) {
        //创建待解析的 XML 文件，并指定目录
       File file = new File("E:\\users.xml");
       //指定 XML 解析器 SAXReader
        SAXReader saxReader = new SAXReader();
        try {
            //SAXReader 解析 XML 文件
            Document document = saxReader.read(file);
            //指定要解析的节点
            List<Element> list = document.selectNodes("//users/user" );
            for(Element element:list){
                //获得节点的 country 属性值
                 System.out.println("country----"
                    +element.attributeValue("country"));
```

```
                //获得节点的子节点
                List<Element> childList = element.elements();
                //遍历节点的子节点
                for(Element childelement:childList){
                    //如果是 address 子节点，遍历 address 的子元素
                    if("address".equals(childelement.getName())){
                        //获得节点的 state 属性值
                        System.out.println("state----"
                            +childelement.attributeValue("state"));
                        //遍历 address 元素的子元素
                        List<Element> addressElements =
                            childelement.elements();
                        for(Element e:addressElements){
                            System.out.println(e.getName()
                                +"----"+e.getText());
                        }
                    }
                   System.out.println(childelement.getName()
                        +"----"+childelement.getText());
                }
            }
        } catch (DocumentException e) {
            e.printStackTrace();
        }
    }
}
```

上述代码讲解了用 DOM4j 来解析 XML 资源文件。通过上述代码可知，使用 DOM4j 解析 XML 时，主要有以下几步：

(1) 创建 SAXReader 实例：

```
SAXReader saxReader = new SAXReader();
```

(2) 用 SAXReader 获取 xml 的 Document：

```
Document document = saxReader.read(file);
```

从上述步骤可以看出，用 DOM4j 解析 XML 便于使用。想要了解更多的 DOM4j 内容，请查询 DOM4j 的 API 和相关例子。

10.3 XML 与 Java 类映射 JAXB

上一节叙述了 XML 的解析方法，可以使用 DOM、DOM4j 和 SAX 三种方法解析 XML，从而可以从 XML 数据文件中获得想要的数据。但是，这个工作量巨大。JAXB 的 API 就能很好地解决这个难题，减少工作量，使程序快速执行。

10.3.1 什么是 XML 与 Java 类映射

映射是一一对应的关系。例如，有一个 XML 数据文件如下：

```
<? xml version="1.0" encoding="UTF-8"?>    //文档声明
<users>
<user>
  <name>白真</name>
  <english-name>baizhen</english-name>
  <age>32</age>
  <sex>男</sex>
  <address>北京市</address >
  <description>他是一个大学老师</description>
</user>
</users>
```

另有一个 User 的 Java 类如下：

```
public class User {
    @XmlAttribute
    private String country;        //国家
    @XmlElement
    private String name;         //姓名
    @XmlElement
    private String english_name; //英文名
    @XmlElement
    private String age;          //年龄
    @XmlElement
    private String sex;          //性别
    @XmlElement
    private Address address;       //地址
    @XmlElement
    private String description;  //描述

    public User() {
        super();
        // TODO Auto-generated constructor stub
    }
    public User(String name, String englishName, String age, String sex,
            Address address, String description,String country) {
        super();
        this.name = name;
        english_name = englishName;
        this.age = age;
        this.sex = sex;
        this.address = address;
        this.description = description;
        this.country = country;
    }

   //省略 get、set 方法
}
```

在开发过程中，要将 XML 中的 name 元素与 User 类中的 name 属性对应、english_name 元素与 User 类中的 english 属性对应、age 元素与 User 类中的 age 属性对应等。XML 数据与 Java 类的对应关系就是一种映射。

JAXB 映射主要由 4 个部分构成：Schema、JAXB 映射类、XML 文档、Java 对象，其工作原理如图 10-1 所示。

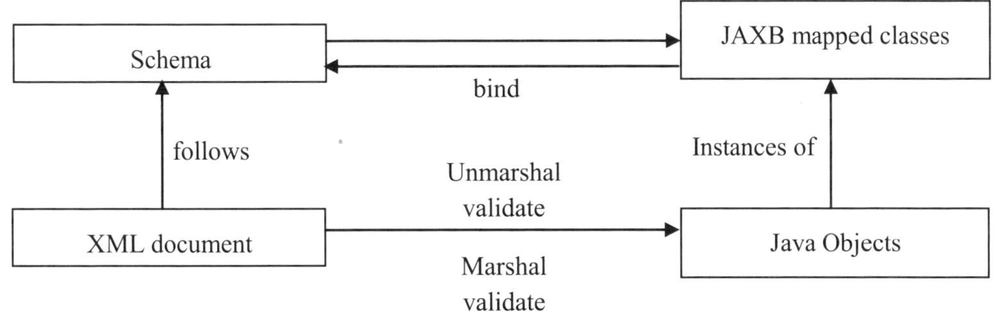

图 10-1　JAXB 工作原理的示意图

Schema 可以理解为表结构，XML Document 是数据来源，JAXB 提供类映射方法，Object 是对应的类。

10.3.2　Java 对象转化成 XML

Java 对象转化为 XML 的过程为 marshal，可以通过 annotation 注入的方式将 Java 类映射成 XML 文件。

【例 10-4】 Java 对象转化为 XML。

首先，将 User 类更改如下：

```
package ch10;
import javax.xml.bind.annotation.XmlRootElement;
@XmlRootElement
public class user  {
   String name;            //姓名
   String english_name;     //英文名
   String age;             //年龄
   String sex;             //性别
   String address;          //地址
   String description;      //描述

    public User(String name, String english_name, String age, String sex,
String address, String description) {
        super();
        this.name = name;
        this.english_name = english_name;
        this.age = age;
        this.sex = sex;
        this.address = address;
        this.description = description;
    }
    public User(){}
    public String getName() {
        return name;
```

```
    }
    public void setName(String name) {
        this.name = name;
    }
    public String getEnglish_name() {
        return english_name;
    }
    public void setEnglish_name(String english_name) {
        this.english_name = english_name;
    }
    public String getAge() {
        return age;
    }
    public void setAge(String age) {
        this.age = age;
    }
    public String getSex() {
        return sex;
    }
    public void setSex(String sex) {
        this.sex = sex;
    }
    public String getAddress() {
        return address;
    }
    public void setAddress(String address) {
        this.address = address;
    }
    public String getDescription() {
        return description;
    }
    public void setDescription(String description) {
        this.description = description;
    }
}
```

上述代码用@XmlRootElement 方式注入 XML 的根元素，表示这个是 XML 文件的元素，那么类中的属性就是 XML 文档中的元素。

其次，编写转化类 JAXBMarshalDemo.java 如下：

```
package ch10;
import java.io.File;
import javax.xml.bind.JAXBContext;
import javax.xml.bind.JAXBException;
import javax.xml.bind.Marshaller;


public class JAXBMarshalDemo {

    public static void main(String[] args) {
        //创建 XML 对象，将它保存在 E 盘下
       File file = new File("E:\\user.xml");
```

```
        //声明一个 JAXBContext 对象
        JAXBContext jaxbContext;
        try {
         //指定映射的类创建 JAXBContext 对象的上下文
             jaxbContext = JAXBContext.newInstance(User.class);
             //创建转化对象 Marshaller
             Marshaller m = jaxbContext.createMarshaller();
             //创建 XML 文件中的数据
             User user = new User("白真", "baizhen", "30 正",
                 "男","北京市朝阳区", "一名出色的人民教师");
             //将 Java 类 User 对象转化到 XML
             m.marshal(user, file);
         } catch (JAXBException e) {
            e.printStackTrace();
         }
    }
}
```

从上述代码中可以得出转化 XML 数据的一般步骤：

(1) 创建 JAXBContext 上下文对象，参数为映射的类，代码如下：

```
jaxbContext = JAXBContext.newInstance(User.class);
```

(2) 通过 JAXBContext 对象的 createMarshaller( )方法，创建 Marshaller 转换对象，代码如下：

```
Marshaller m = jaxbContext.createMarshaller();
```

(3) 为转化的类设置内容，代码如下：

```
User user = new User("白真", "baizhen", "30 正", "男","北京市朝阳区", "一名出
色的人民教师");
```

(4) 通过方法 marshal 将 Java 对象输出到指定位置，参数是映射的类和输出文件，代码如下：

```
m.marshal(user, file);
```

运行上述代码，将在 E 盘下生成 user.xml 文件，内容如下：

```
<? xml version="1.0" encoding="UTF-8"?>    //文档声明
<user>
<address>北京市</address >
<age>32</age>
<description>他是一个大学老师</description>
<english-name>baizhen</english-name>
<name>白真</name>
<sex>男</sex>
</user>
```

10.3.3 XML 转化为 Java 对象

本小节将介绍如何将XML对象转化为Java对象。转化的过程与将Java对象转化为XML

对象的过程正好是相反的。

【例 10-5】 XML 转化为 Java 对象。User 类的代码不变，变的是 JAXBMarshalDemo 中的内容。编写 JAXBUnmarshalDemo.java 类如下：

```
package ch10;
import java.io.File;
import java.util.ArrayList;
import java.util.List;

import javax.xml.bind.JAXBContext;
import javax.xml.bind.JAXBException;
import javax.xml.bind.Marshaller;
import javax.xml.bind.Unmarshaller;


public class JAXBUnmarshalDemo {

    public static void main(String[] args) {
        //创建 XML 对象，将它保存在 E 盘下
       File file = new File("E:\\user.xml");
       //声明一个 JAXBContext 对象
       JAXBContext jaxbContext;
       try {
        //指定映射的类创建 JAXBContext 对象的上下文
            jaxbContext = JAXBContext.newInstance(User.class);
            //创建转化对象 Marshaller
            Unmarshaller u = jaxbContext.createUnmarshaller();
            User user = (User)u.unmarshal(file);
            //输出对象中的内容
            System.out.println("姓名----"+user.getName());
            System.out.println("英文名字----"+user.getEnglish_name());
            System.out.println("年龄----"+user.getAge());
            System.out.println("性别----"+user.getSex());
            System.out.println("地址----"+user.getAddress());
            System.out.println("描述----"+user.getDescription());

        } catch (JAXBException e) {
            e.printStackTrace();
        }
    }
}
```

从上述代码中，可以发现代码变化不大，其转化的步骤分解如下：

(1) 创建 JAXBContext 上下文对象，参数为映射的类，代码如下：

```
jaxbContext = JAXBContext.newInstance(User.class);
```

(2) 通过 JAXBContext 对象的 createUnmarshaller()方法，创建 Unmarshaller 转换对象，代码如下：

```
Unmarshaller u = jaxbContext.createUnmarshaller();
```

(3) 用方法 unmarshal 将指定的 XML 文件转化为 Java 对象，转化时需强制转换为映射类对象。

运行上述代码，在 Java 控制台输出如下：

```
姓名----白真
英文姓名----baizhen
年龄----32
性别----男
地址----北京市朝阳区
描述-----一名出色的人民教师
```

10.4 案例：复杂的映射

实训内容和要求

例 10-1 中的 XML 文件就是一个复杂的文件，现在要将这个复杂的 XML 文件转化为 Java，从数据上发现，user 元素不仅有元素而且还有属性，子元素 address 中含有子元素 city 和 area，那么原有的类结构已经不适用了，要进行改造。

实训步骤

将复杂的 XML 数据转化为 Java 对象。先将 User 类进行改造，使其包含属性 country。User.java 的代码如下：

```
package ch10.example;
import javax.xml.bind.annotation.XmlAccessType;
import javax.xml.bind.annotation.XmlAccessorType;
import javax.xml.bind.annotation.XmlAttribute;
import javax.xml.bind.annotation.XmlElement;

@XmlAccessorType(XmlAccessType.FIELD)
public class User {
    @XmlAttribute
    private String country;       //国家
    @XmlElement
    private String name;         //姓名
    @XmlElement
    private String english_name;  //英文名
    @XmlElement
    private String age;          //年龄
    @XmlElement
    private String sex;          //性别
    @XmlElement
    private Address address;      //地址
    @XmlElement
    private String description;    //描述

    public User() {
        super();
```

```
    }
    public User(String name, String englishName, String age, String sex,
            Address address, String description,String country) {
        super();
        this.name = name;
        english_name = englishName;
        this.age = age;
        this.sex = sex;
        this.address = address;
        this.description = description;
        this.country = country;
    }
    @Override
    public String toString() {
        String str=name+" 来自于 "+country+" 英文名: "+english_name
        +" 性别:"+sex+" 年龄: "+age+" 现住"
        +address.toString()+","+description;
        //重写类的 toString 方法
        return str;
    }
}
```

上述代码中，用@XmlAttribute 代表元素的属性，用@XmlElement 代表元素的子元素。Address 类的代码如下：

```
package ch10.example;
import javax.xml.bind.annotation.XmlAccessType;
import javax.xml.bind.annotation.XmlAccessorType;
import javax.xml.bind.annotation.XmlAttribute;
import javax.xml.bind.annotation.XmlElement;

@XmlAccessorType(XmlAccessType.FIELD)
public class Address {
    @XmlAttribute
    private String state;   //国家
    @XmlElement
    private String city;    //城市
    @XmlElement
    private String area;    //地区
    public Address() {
        super();
    }
    public Address(String state, String city, String area) {
        super();
        this.state = state;
        this.city = city;
        this.area = area;
    }
    @Override
    public String toString() {
        String str=state+" "+city+" "+area;
```

```
        return str;
    }
}
```

上述代码中，定义 Address 元素的 state 属性的代码是：

```
@XmlAttribute
private String state;   //国家
```

定义 city 和 area 元素的代码是：

```
@XmlElement
private String city;    //城市
@XmlElement
private String area;    //地区
```

重写 Address 类的 toString()方法的代码是：

```
public String toString() {
    String str=state+" "+city+" "+area;
    return str;
}
```

因为 XML 文件中有多个 user 元素，所以需要定义一个容器和根元素的类 Users。Users.java 的代码如下：

```
package ch10.example;
import java.util.ArrayList;
import java.util.List;
import javax.xml.bind.annotation.XmlAccessType;
import javax.xml.bind.annotation.XmlAccessorType;
import javax.xml.bind.annotation.XmlElement;
import javax.xml.bind.annotation.XmlRootElement;
@XmlRootElement(name="users")   //指定元素节点名为users
@XmlAccessorType(XmlAccessType.FIELD)
public class Users {

    @XmlElement(name="user")   //定义list容器并指定元素名称为user
    private List<User> list = new ArrayList<User>();

    public Users() {
        super();

    }
    public Users(List<User> list) {    //给出get和set方法
        super();
        this.list = list;
    }

    public void setList(List<User> list) {
        this.list = list;
    }

    public List<User> getList() {
```

```
        return list;
    }

}
```

其次，建立转化类 JAXBComplexUnmarshalDemo.java，代码如下：

```
package ch10.example;
import java.io.File;
import java.util.List;
import javax.xml.bind.JAXBContext;
import javax.xml.bind.JAXBException;
import javax.xml.bind.Unmarshaller;
public class JAXBComplexUnmarshalDemo {
public static void main(String[] args) {
        //创建 XML 对象，将它保存在 E 盘下
        File file = new File("E:\\users.xml");
        //声明一个 JAXBContext 对象
        JAXBContext jaxbContext;
        try {
            //指定映射的类创建 JAXBContext 对象的上下文
            jaxbContext = JAXBContext.newInstance(Users.class);
            //创建转化对象 Unmarshaller
            Unmarshaller u = jaxbContext.createUnmarshaller();
            //转化指定 XML 文档为 Java 对象
            Users users = (Users)u.unmarshal(file);
            List<User> list = users.getList();
            for(User user:list){
                //输出对象中的内容
                System.out.println("输出----"+user.toString());
            }

        } catch (JAXBException e) {
            e.printStackTrace();
        }
    }
}
```

运行上述代码，在 Java 控制台输出结果如下：

```
输出----白真 来自 中国 英文名：baizhen 性别：男  年龄：32 现住北京市朝阳区，他是一个大学老师。
输出----李华华 来自 中国 英文名：lihuahua 性别：女 年龄：30 现住河北省 石家庄市 裕华区，她是一个律师。
```

本 章 小 结

本章主要介绍 XML 的定义、用途、基本语法、命名规则、元素的定义、XML 的解析方法(DOM、SAX、DOM4j)。通过对本章的学习，读者可以掌握 XML 的编写以及解析。

习　　题

一、填空题

1. XML的英文全名为______________________，中文含义是__________________。
2. XML 其实是一个文本文件，开发工具有________________________________；__________________等。
3. DOM的英文全名为_____________________，中文含义是__________________。
4. Java对象转化为XML的过程为_________，可以通过annotation注入的方式将Java类映射成XML文件。
5. XML语法命名元素可以包含________、________、________。

二、选择题

1. 下面XML命名元素正确的是(　　)。

   A. <2title>　　B. <title_name>　　C. <.age>　　D. <xmlTitle>

2. 在XSL中，匹配XML的根节点使用(　　)。

   A. *号　　B. ·号　　C. /号　　D. XML中的根元素名称

3. XML数据库用于绑定(　　)之间的标记。

   A. <xml> </xml>　　B. <data> </data>

   C. <body> </body>　　D. <datasrc> </datasrc>

4. 以下XML语句错误的是(　　)

   A. <Book name="xml技术" name="xml"/>

   B. <Book Name="xml技术" name="xml"/>

   C. <Book name="xml技术" name2="xml" />

   D. <Book Name="xml技术" NAME="xml"/>

5. 对象(　　)是DOM中的结点对象。

   A. Element　　B. Text　　C. Document　　D. Node

三、问答题

1. 什么是XML？为什么要用XML？
2. 简述XML与HTML的主要区别。

第 11 章 JSP 与 MySQL 数据库操作

本章要点

1. 配置 MySQL。
2. MySQL 数据库最基本的操作。

学习目标

1. 掌握 MySQL 数据库的安装与配置。
2. 掌握 MySQL 的基本操作。
3. 掌握 JSP 连接 MySQL 的方法。

11.1 认识 MySQL 数据库

MySQL 是一个跨平台的开放源代码数据库管理系统，广泛应用于 Internet 上的中小型网站开发。JSP 常常将 MySQL 数据库作为后台数据处理中心。

11.1.1 MySQL 数据库的基础概念

MySQL 是一个小型关系数据库管理系统，与其他大型数据库管理系统(如 Oracle、DB2、SQL Server)相比，MySQL 的规模小、功能有限，但是其体积小、速度快、成本低，而且提供的功能对稍微复杂的应用来说已经够用，这些特性使得 MySQL 成为世界上受欢迎的开放源代码数据库。

Windows 平台下提供了两种安装 MySQL 的方式：

◎ MySQL 二进制分发版(.msi 安装文件)。

◎ 免安装版(.zip 压缩文件)。

MySQL 5.6 系统的配置要求如下：

◎ 需要 32 位或 64 位 Windows 操作系统。

◎ Windows 7、Windows 8、Windows Vista、Windows 10 等。

◎ 1GB 内存。

◎ 100GB 硬盘。

提示

一般来说应当使用二进制分发版，因为该版本比其他分发版使用起来要简单，不需要其他工具启动就可以运行 MySQL。本书介绍选用图形化的二进制安装方式。

11.1.2 安装 MySQL 数据库

安装 MySQL 的步骤如下。

(1) 下载安装程序包，可到 MySQL 的官方网站 www.mysql.com 下载，单击 Download 按钮，如图 11-1 所示。

(2) 下载后的安装文件如图 11-2 所示。

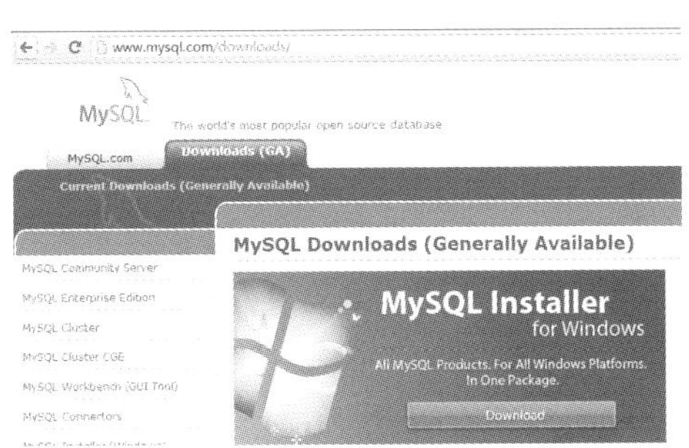

图 11-1 MySQL 官方网下载网页

图 11-2 安装文件

(3) 双击下载的安装文件(MySQL 的版本为 5.6.10.1)，单击 Install MySQL Products，如

图 11-3 所示。

(4) 进入 License Agreement(用户许可证协议)对话框，选中 I accept the license terms(我接受系统协议)复选框，单击 Next(下一步)按钮，如图 11-4 所示。

图 11-3　MySQL 5.6 的安装向导

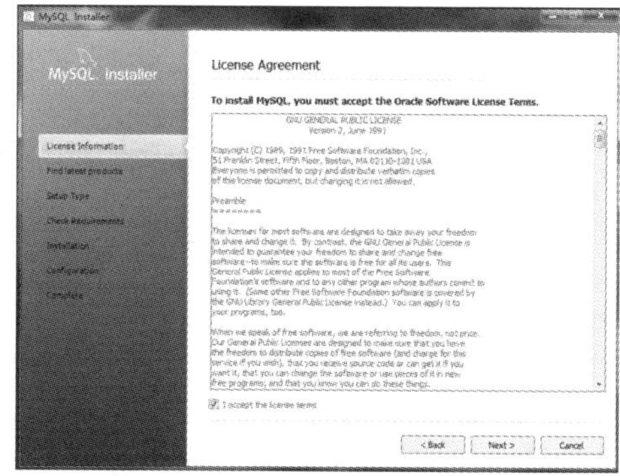

图 11-4　“用户许可证协议”对话框

(5) 打开 Find latest products(查找新版本)窗口，选中 Skip the check for updates (not recommended)(忽略检查新版本)复选框，单击 Next(下一步)按钮，如图 11-5 所示。

(6) 打开 Choosing a Setup Type(安装类型选择)对话框，根据右侧安装类型描述内容选择适合自己的安装类型，如图 11-6 所示。

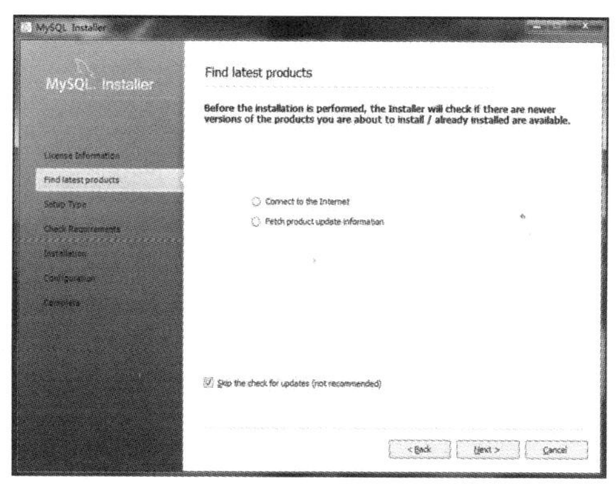

图 11-5　“查找新版本”对话框

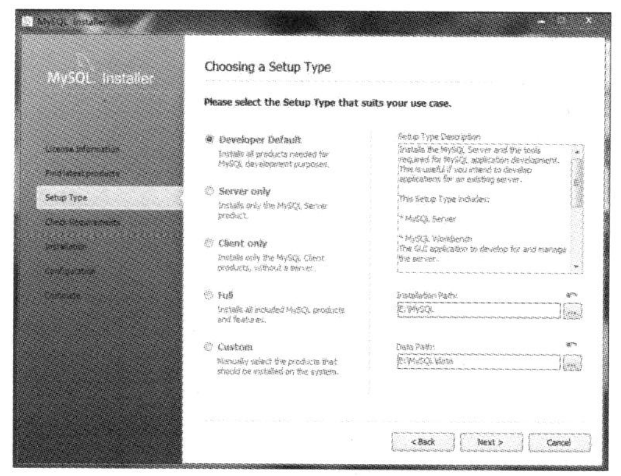

图 11-6　“安装类型”对话框

(7) 根据所选择的安装类型，会需要安装一些框架(framework)，单击 Execute 按钮，如图 11-7 所示。

(8) 弹出安装程序对话框，勾选“我已阅读并接受许可条款”复选框，单击“安装”按钮，如图 11-8 所示。

(9) 框架安装成功后，单击“完成”按钮，如图 11-9 所示。

(10) 所需框架均安装成功后，单击 Next(下一步)按钮，如图 11-10 所示。

(11) 进入安装确认对话框，单击 Execute(执行)按钮，如图 11-11 所示。

(12) 开始安装 MySQL 文件，安装完成后在 Status(状态)列表下显示 Install success(安装成功)，如图 11-12 所示。

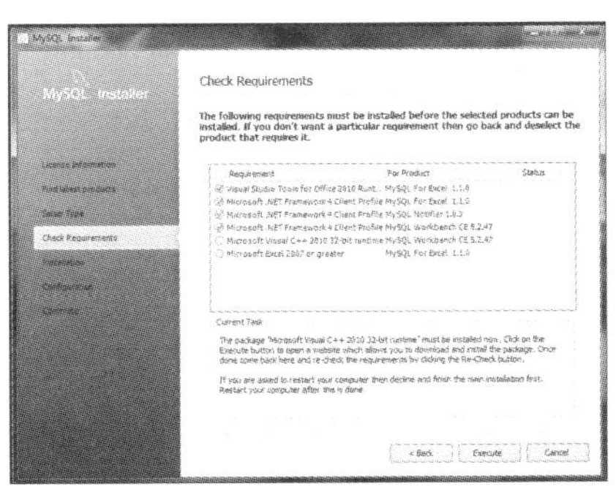

图 11-7 安装框架

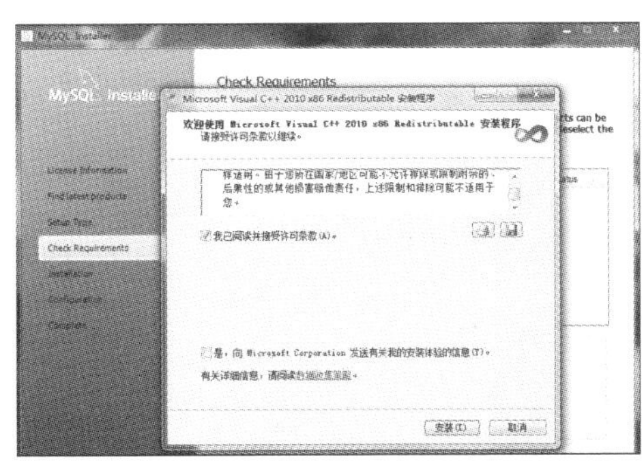

图 11-8 “安装程序”对话框

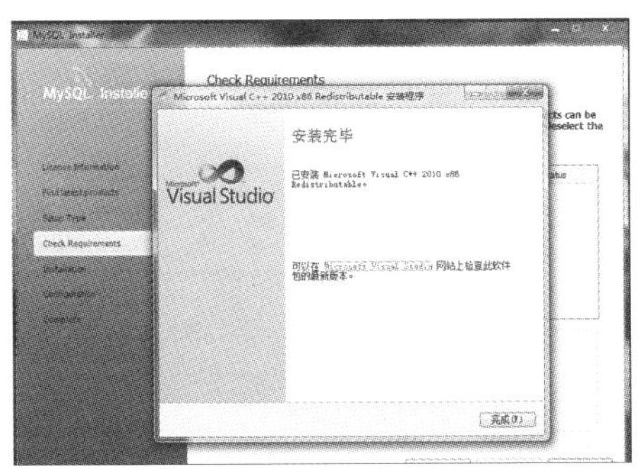

图 11-9 框架安装成功后的提示

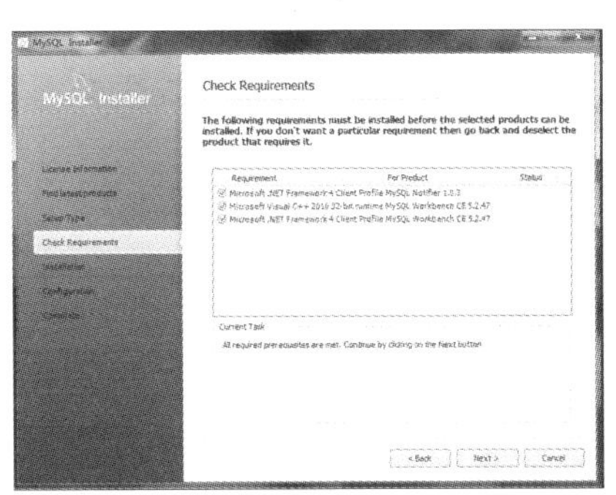

图 11-10 安装完所需框架

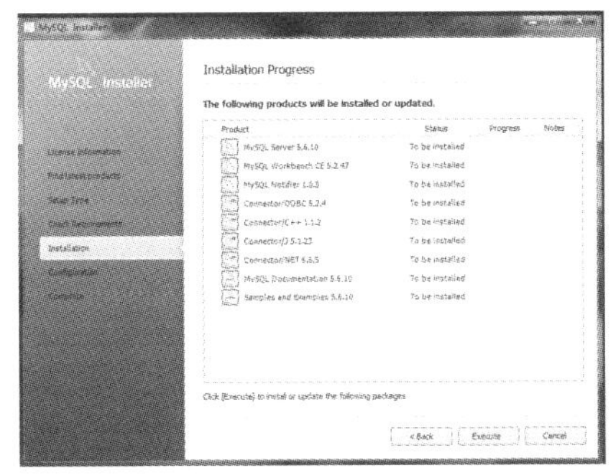

图 11-11 “安装确认”对话框

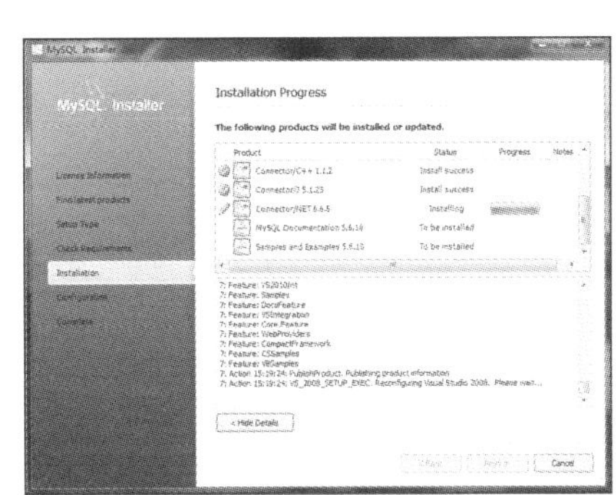

图 11-12 安装对话框

(13) MySQL 安装完成之后，进行配置信息的确定，单击 Next(下一步)按钮，如图 11-13 所示。

(14) 进入 MySQL 服务器配置窗口，采用默认设置，单击 Next(下一步)按钮，如图 11-14 所示。

(15) 打开设置服务器的登录密码对话框，输入两次同样的登录密码，单击 Next(下一步)按钮，如图 11-15 所示。

(16) 打开服务器名称对话框，设置服务器名称为“MySQL 5.6”，单击 Next(下一步)按钮，如图 11-16 所示。

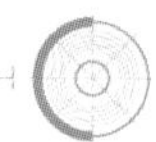

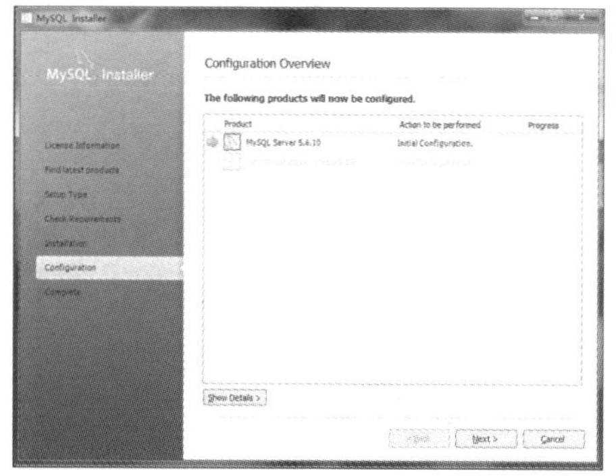

图 11-13　确定配置信息

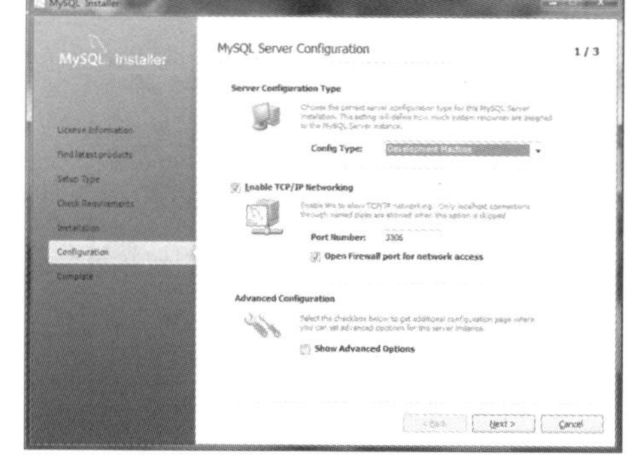

图 11-14　MySQL 服务器配置窗口

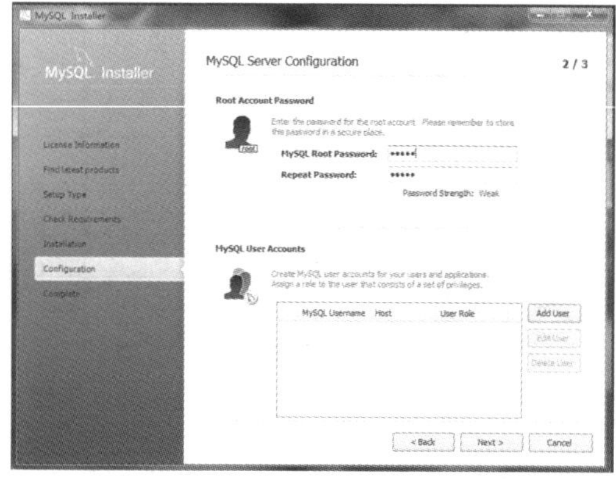

图 11-15　设置服务器登录密码

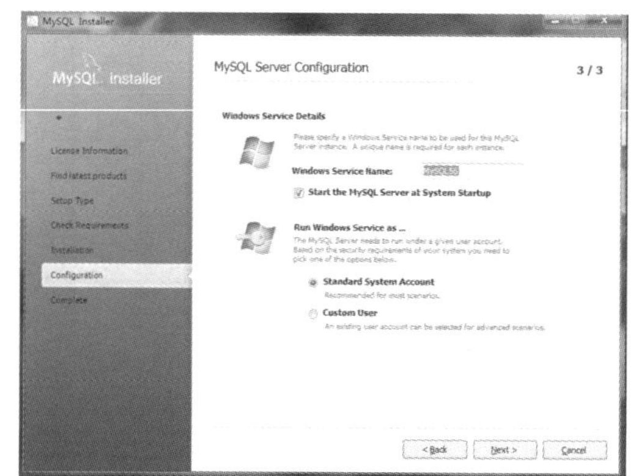

图 11-16　设置服务器名称

提示

系统默认的用户名为 root，如果想添加新用户，可以单击 Add User(添加用户)按钮进行添加。

(17) 确认安装完成，勾选 Start MySQL Workbench after Setup 复选框，可对是否成功安装进行测试，单击 Finish 按钮，如图 11-17 所示。

(18) 出现 Workbench GUI 页面，如图 11-18 所示，表示安装成功。

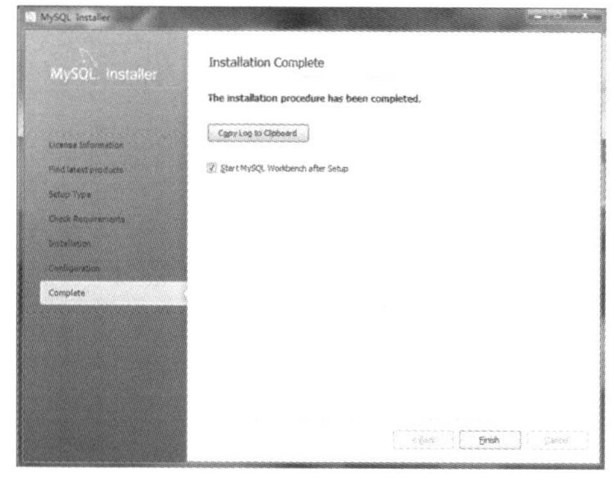

图 11-17　测试安装

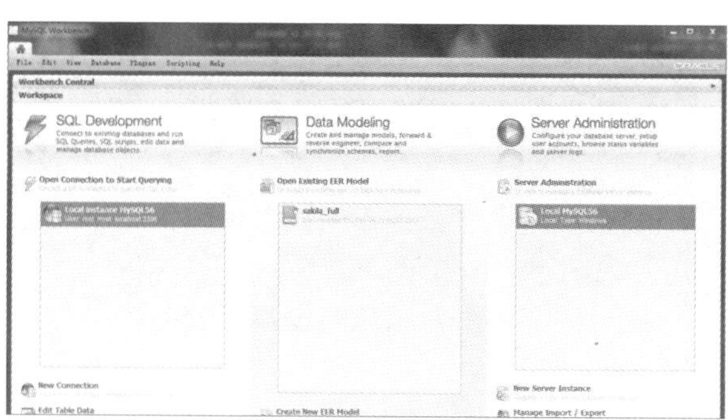

图 11-18　安装成功页面

11.1.3 配置 MySQL 数据库

在登录 MySQL 服务器之前，要先配置环境变量，把 MySQL 的 bin 目录添加到系统的环境变量里。下面介绍手动配置 Path 变量的具体操作步骤。

(1) 在桌面上右击“计算机”，选择“属性”命令，如图 11-19 所示。

(2) 打开“控制面板”窗口，选择“高级系统设置”选项，如图 11-20 所示。

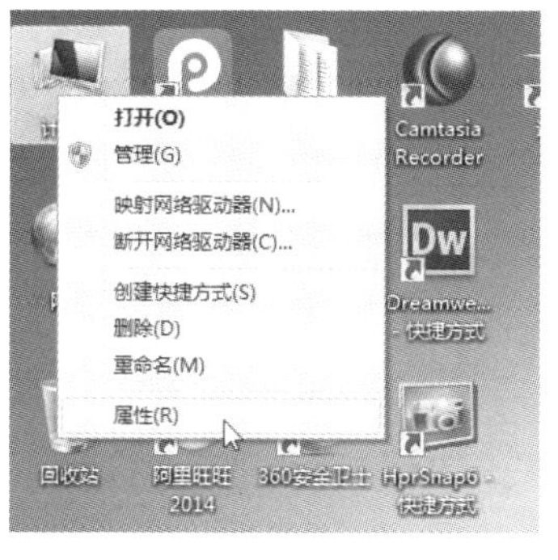

图 11-19　选择“属性”命令

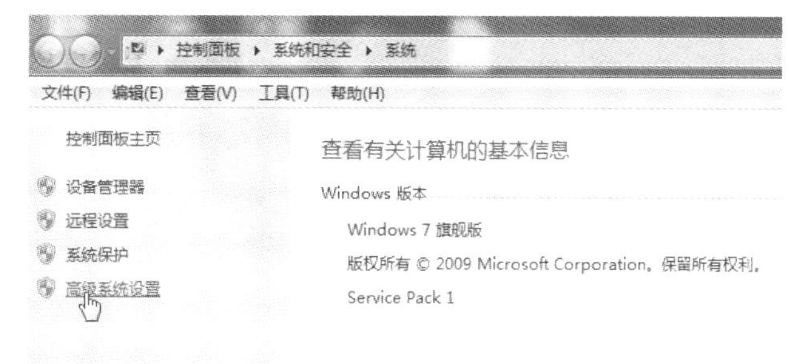

图 11-20　选择“高级系统设置”选项

(3) 弹出“系统属性”对话框，单击“环境变量”按钮，如图 11-21 所示。

(4) 弹出“环境变量”对话框，在“系统变量”列表框中选择 Path 变量，单击“编辑”按钮，如图 11-22 所示。

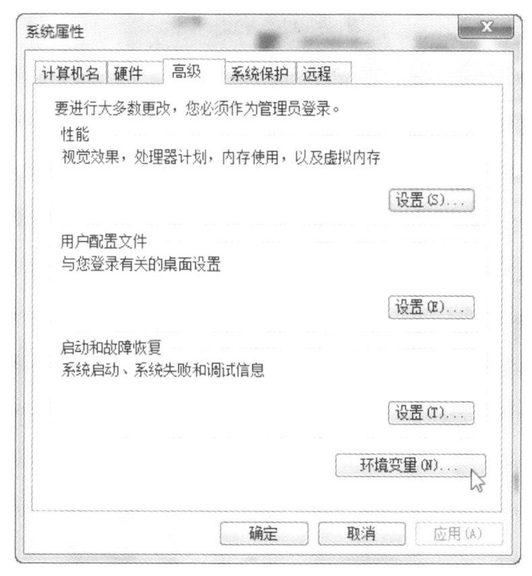
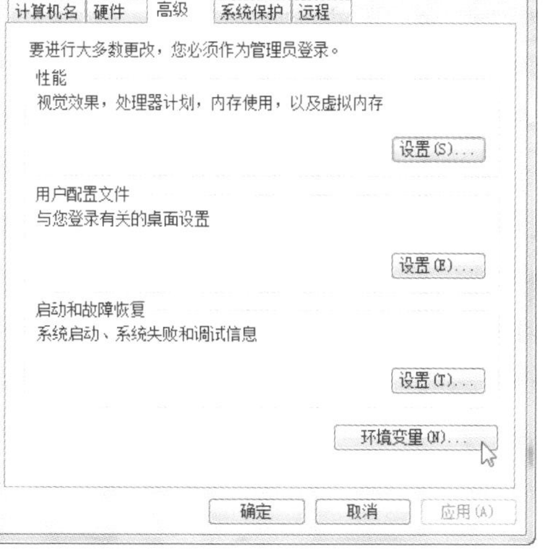

图 11-21　“系统属性”对话框

图 11-22　“环境变量”对话框

(5) 弹出“编辑系统变量”对话框，将 MySQL 应用程序的 bin 目录(C:\Program Files\MySQL\MySQL Server 5.6\bin)添加到变量值中，用分号将其他路径分隔开，如图 11-23 所示。

(6) 添加完成后，单击“确定”按钮，完成配置 Path 变量的操作。

图 11-23 “编辑系统变量”对话框

(7) 还需要修改一下配置文件，否则启动时就会出现图 11-24 所示的错误。mysql-5.6.1X 默认的配置文件在 C:\Program Files\MySQL\MySQL Server 5.6 下，复制 my.ini 文件，重新命名为 my-default.ini，打开文本文件，添入如图 11-25 所示的命令，保存文本文件。

图 11-24 系统错误

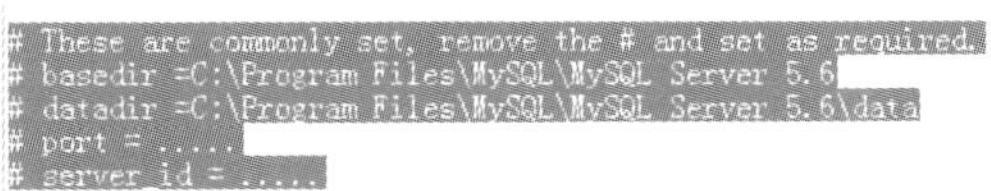

图 11-25 修改命令

提示

如果没有设置 Path 变量，则开始使用 MySQL 时，就会出现如图 11-26 所示的错误。像上述操作步骤一样，配套了 Path 变量，则不会出现错误提示。

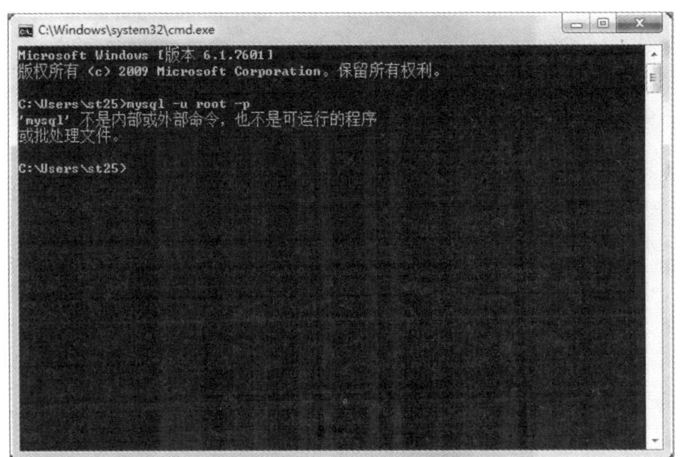

图 11-26 错误提示

11.1.4 启动 MySQL 数据库

下面介绍启动 MySQL 服务，具体操作步骤如下。

(1) 在桌面上右击“计算机”，选择“管理”命令，如图 11-27 所示。

(2) 弹出“计算机管理”对话框，双击“服务和应用程序”，如图 11-28 所示。

(3) 双击“服务”，如图 11-29 所示。

(4) 用户可查看计算机的服务状态，MySQL 的状态为“已启动”，表明该服务已经启动，如图 11-30 所示。

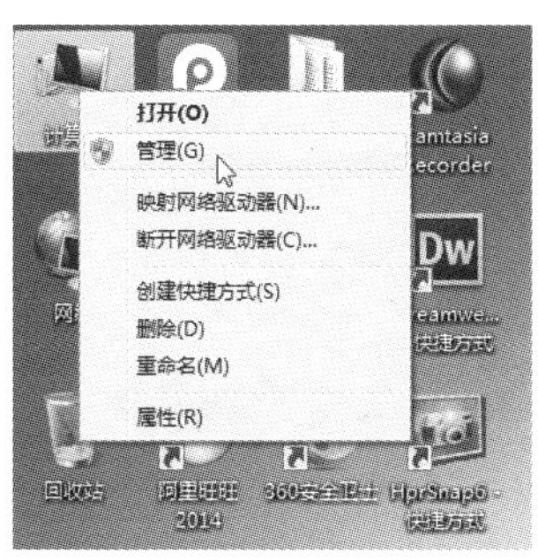

图 11-27　选择“管理”命令

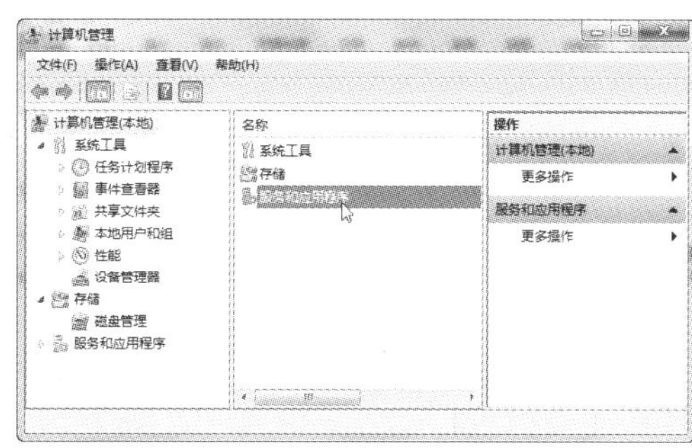

图 11-28　“计算机管理”对话框

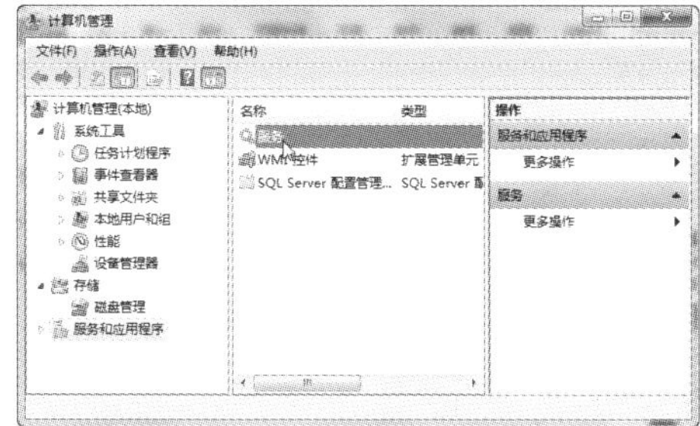

图 11-29　双击“服务”

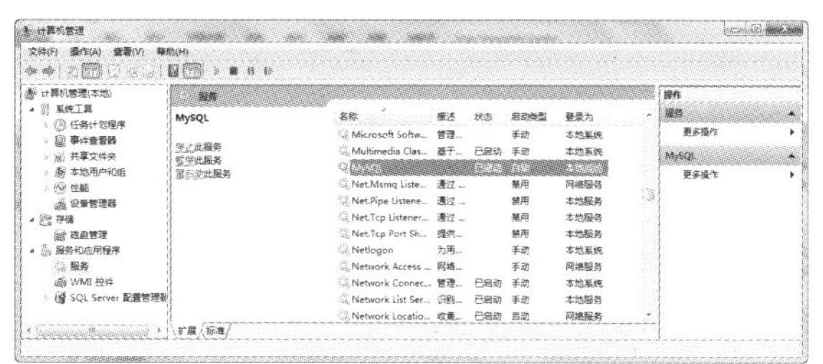

图 11-30　已启动 MySQL 服务

提示

由于设置了 MySQL 为自动启动，在图 11-30 中可以看到，服务已经启动，而且启动类型为自动。如果没有“已启动”字样，说明 MySQL 服务未启动。可以直接在“计算机管理”窗口用菜单命令启动，也可以通过 DOS 命令启动 MySQL 服务。单击“开始”，选择“运行”，输入“cmd”命令，按 Enter 键弹出命令提示符界面，输入“net start mysql”，再按 Enter 键，就能启动 MySQL 服务，如图 11-31 所示；停止服务的命令为“net stop mysql”。

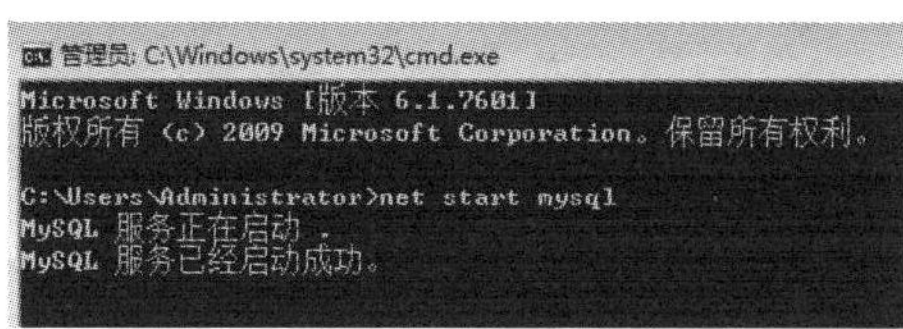

图 11-31　启动 MySQL 服务

11.1.5　登录 MySQL 数据库

登录 MySQL 数据库的操作步骤如下。

(1) 单击“开始”，选择“运行”命令，输入“cmd”，如图 11-32 所示，按 Enter 键。

(2) 打开命令行提示符界面，输入命令：

```
cd C:\Program Files\MySQL\MySQL Server 5.6\bin\
```

按 Enter 键，如图 11-33 所示。

图 11-32　命令行

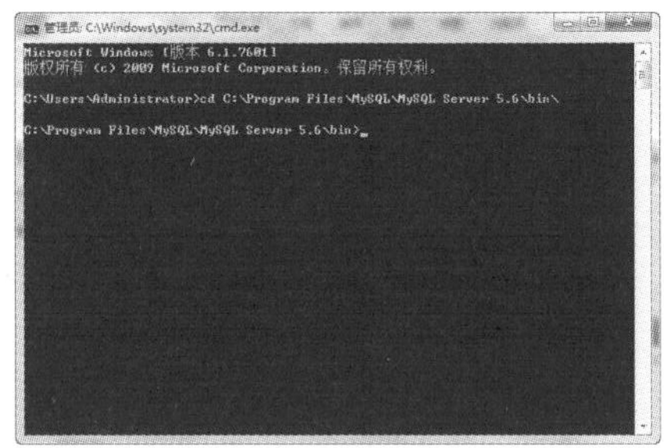

图 11-33　DOS 窗口

(3) 在命令提示符界面可以通过登录命令连接 MySQL 数据库，连接 MySQL 的命令格式如下：

```
mysql -h hostname -u username -p
```

提示

mysql 为登录命令，-h 后面的参数是服务器的主机地址，在这里客户端和服务器在同一台机器上，所以输入 localhost 或者 IP 地址；-u 后面跟登录数据库的用户名称，在这里为 root，-p 后面可跟用户登录密码。

接下来输入如下命令：

```
mysql -h localhost -u root -p
```

按 Enter 键，系统会提示输入密码“Enter password”，这里输入配置向导中设置的密码，验证正确后，即可登录 MySQL 数据库，如图 11-34 所示。

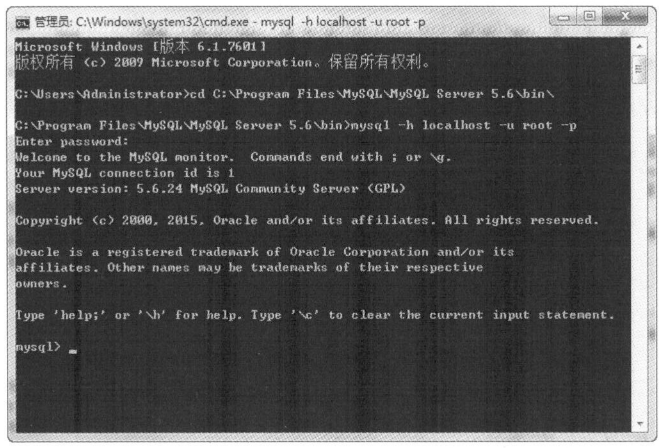

图 11-34　Windows 命令行登录窗口

提示

当窗口中出现如图 11-34 所示的说明信息，命令提示符变为“mysql>”时，表明已经成功登录 MySQL 服务器，可以开始对数据库进行操作了。

11.2 MySQL 数据库的基本操作

MySQL 有创建新数据库、删除数据库的操作，用户还可以利用 MySQL 进行创建数据库表、删除和修改数据库表以及插入数据、删除和修改数据等操作。

11.2.1 创建数据库

MySQL 安装完成后，将会在 data 目录下自动创建几个必需的数据库，可以使用“SHOW DATABASES; ”语句来查看当前所有的数据库，输入语句如下：

```
mysql> SHOW DATABASES;
+---------------------------+
|Database                |
+---------------------------+
|information_schema  |
| mysql                 |
|performance_schema |
|sakila                  |
|test                    |
|world                  |
+---------------------------+
6 rows in set(0.04 sec)
```

可以看到，数据库列表中包含 6 个数据库，mysql 是必需的，用于描述用户访问权限，用户经常利用 test 数据库测试工作，其他数据库将在后面项目中介绍。

创建数据库是在系统磁盘上划分一块区域用于数据的存储和管理，如果管理员在设置权限的时候为用户创建了数据库，可以直接使用，否则，需要自己创建数据库。在 MySQL 中创建数据库的基本 SQL 语法格式如下：

```
CREATE DATABASE database_name;
```

database_name 为要创建的数据库的名称，该名称不能与已经存在的数据库重名。

【例 11-1】创建测试数据库 test_db，输入语句如下：

```
CREATE DATABASE test_db;
```

数据库创建好之后，可以用 SHOW CREATE DATABASE 声明查看数据库的定义。

11.2.2 删除数据库

删除数据库是将数据库从磁盘上清除，清除之后，数据库中的所有数据也将被同时删除。删除语句与创建数据库的命令相似，MySQL 中删除数据库的基本语法格式如下：

```
DROP DATABASE database_name;
```

database_name 为要删除的数据库的名称，如果指定的数据库不存在，则删除出错。

【例 11-2】删除测试数据库 test_db，输入语句如下：

```
DROP DATABASE test_db;
```

语句执行完毕后，数据库 test_db 将被删除，再次使用 SHOW CREATE DATABASE 声明查看数据的定义，结果如下：

```
mysql> SHOW CREATE DATABASE test_db\G
ERROR 1049(42000):Unknown database "test_db"
ERROR:
No query specified
```

执行结果给出一条错误信息：ERROR 1049<42000>：Unknown database “test_db”，意思是数据库 test_db 不存在，删除成功。

提示

使用 DROP DATABASE 命令时要非常谨慎，在执行该命令时，MySQL 不会给出任何提醒确认信息。用 DROP DATABASE 命令删除数据库后，数据库中存储的所有数据表和数据也将一同被删除，而且不能恢复。

11.2.3 创建数据表

创建数据库之后，就要创建数据表。创建数据表的过程是规定数据列属性的过程，同时也是实施数据完整性(包括实体完整性、引用完整性和域完整性等)结束的过程。

1) 创建表的语法形式

数据表属于数据库，在创建数据表之前，应使用语句“USE <数据库>”指定操作是在哪个数据库中进行，如果没有选择数据库，会抛出 No database selected 的错误。

创建数据表的语句是 CREATE TABLE，语法规则如下：

```
CREATE TABLE <表名>
(
字段名 1,数据类型 [列级别约束条件] [默认值],
字段名 2,数据类型 [列级别约束条件] [默认值],
......
[表级别约束条件]
);
```

提示

使用 CREATE TABLE 创建表时，必须指定以下信息：

①要创建的表的名称，不区分大小写，不能使用 SQL 语言中的关键字，如 DROP、ALTER、INSERT 等。

②数据表中每个列(字段)的名称和数据类型，如果创建多个列，要用逗号隔开。

【例 11-3】创建员工表 tb_emp1，结构如表 11-1 所示。

表 11-1 tb_emp1 表的结构

字段名称	数据类型	备 注
id	INT(11)	员工编号
name	VARCHAR(25)	员工名称

续表

字段名称	数据类型	备　注
deptId	INT(11)	所在部门编号
salary	FLOAT	工资

首先创建数据库，SQL 语句如下：

```
CREATE  DATABASE test_db;
```

选择创建表的数据库，SQL 语句如下：

```
USE test_db;
```

创建 tb_emp1 表，SQL 语句如下：

```
CREATE TABLE tb_emp1
(
id      INT(11),
name    VARCHAR(25),
deptId  INT(11),
salary  FLOAT
);
```

语句执行后，便创建了一个名称为 tb_emp1 的数据表，使用 SHOW TABLES 查看数据表是否创建成功，SQL 语句如下：

```
SHOW TABLES;
+------------------------+
| Tables_in_ test_db |
+-----------------------+
| tb_emp1          |
+-----------------------+
1 row in set (0.00 sec)
```

可以看到，test_db 数据库中已经有了数据表 tb_tmp1，数据表创建成功。

2) 使用主键约束

主键又称主码，是表中一列或多列的组合。主键约束(Primary Key Constraint)要求主键列的数据唯一，并且不允许为空。主键能够唯一地标识表中的一条记录，可以结合外键定义不同的数据表之间的关系，并且可以加快数据库查询的速度。主键和记录之间的关系如同身份证和人之间的关系，它们之间是一一对应的。主键分为两种类型：单字段主键和多字段联合主键。

(1) 单字段主键。

主键由一个字段组成，SQL 语句格式分以下两种情况。

① 在定义列的同时指定主键，语法规则如下：

```
字段名 数据类型 PRIMARY KEY [默认值]
```

【例 11-4】定义数据表 tb_emp 2，其主键为 id，SQL 语句如下：

```
CREATE TABLE tb_emp2
(
id       INT(11) PRIMARY KEY,
```

```
name    VARCHAR(25),
deptId  INT(11),
salary  FLOAT
);
```

② 在定义完所有列之后指定主键。

```
[CONSTRAINT <约束名>] PRIMARY KEY [字段名]
```

【例 11-5】定义数据表 tb_emp 3，其主键为 id，SQL 语句如下：

```
CREATE TABLE tb_emp3
(
id INT(11),
name VARCHAR(25),
deptId INT(11),
salary FLOAT,
PRIMARY KEY(id)
);
```

上述两个例子执行后的结果是一样的，都会在 id 字段上设置主键约束。

(2) 多字段联合主键。

主键由多个字段联合组成，语法规则如下：

```
PRIMARY KEY [字段1,字段2,…,字段n]
```

【例 11-6】定义数据表 tb_emp4，假设表中没有主键 id，为了唯一确定一个员工，可以把 name、deptId 联合起来作为主键，SQL 语句如下：

```
CREATE TABLE tb_emp4
(
name VARCHAR(25),
deptId INT(11),
salary FLOAT,
PRIMARY KEY(name,deptId)
);
```

语句执行后，便创建了一个名称为 tb_emp4 的数据表，name 字段和 deptId 字段组合在一起成为 tb_emp4 的多字段联合主键。

3) 使用外键约束

外键用来在两个表的数据之间建立连接，它可以是一列或者多列。一个表可以有一个或多个外键。外键对应的是参照完整性，表的外键可以为空值，若不为空值，则每一个外键值必须等于另一个表中主键的某个值。

外键：外键是表的一个字段，但它不是本表的主键，而是对应另一个表的主键。外键的主要作用是保证数据引用的完整性，定义外键后，不允许删除另一个表中与其有关联关系的行。外键的作用是保持数据的一致性、完整性。例如，部门表 tb_dept 的主键是 id，在员工表 tb_emp5 中有一个键 deptId 与这个 id 关联。

主表(父表)：对于两个具有关联关系的表而言，相关联字段中主键所在的表即是主表。

从表(子表)：对于两个具有关联关系的表而言，相关联字段中外键所在的表即是从表。

创建外键的语法规则如下：

```
[CONSTRAINT <外键名>] FOREIGN KEY 字段名 [,字段名2,…]
REFERENCES <主表名> 主键列1 [,主键列2,…]
```

提示

"外键名"为定义的外键约束的名称，一个表中不能有相同名称的外键；"字段名"表示子表需要添加外键约束的字段列；"主表名"是被子表外键所依赖的表的名称；"主键列"表示主表中定义的主键列或者列组合。

【例 11-7】定义数据表 tb_emp5，并在 tb_emp5 表上创建外键约束。

创建一个部门表 tb_dept1，表结构如表 11-2 所示，SQL 语句如下：

```
CREATE TABLE tb_dept1
(
id        INT(11) PRIMARY KEY,
name     VARCHAR(22)  NOT NULL,
location  VARCHAR(50)
);
```

表 11-2　tb_dept1 表的结构

字段名称	数据类型	备　注
id	INT(11)	部门编号
name	VARCHAR(22)	部门名称
location	VARCHAR(22)	部门位置

定义数据表 tb_emp5，让它的键 deptId 作为外键关联到 tb_dept1 的主键 id，SQL 语句如下：

```
CREATE TABLE tb_emp5
(
id       INT(11) PRIMARY KEY,
name    VARCHAR(25),
deptId  INT(11),
salary   FLOAT,
CONSTRAINT fk_emp_dept1 FOREIGN KEY(deptId) REFERENCES tb_dept1(id)
);
```

以上语句执行成功之后，在表 tb_emp5 上添加了名称为 fk_emp_dept1 的外键约束，外键名称为 deptId，其依赖于表 tb_dept1 的主键 id。

提示

关联指的是关系数据库中相关表之间的联系，它通过相容或相同的属性或属性组来表示。子表的外键必须关联父表的主键，且关联字段的数据类型必须匹配，如果类型不一样，则创建子表时，就会出现错误"ERROR 1005(HY000):Can't create table 'database.tablename' (errno:150)"。

4) 使用非空约束

非空约束(Not Null Constraint)是指字段的值不能为空。对于使用了非空约束的字段，如果用户在添加数据时没有指定值，数据库系统会报错。

```
字段名  数据类型  not null
```

【例 11-8】定义数据表 tb_emp6，指定员工的名称不能为空，SQL 语句如下：

```
CREATE TABLE tb_emp6
(
id     INT(11) PRIMARY KEY,
name   VARCHAR(25) NOT NULL,
deptId  INT(11),
salary  FLOAT
);
```

执行后，在 tb_emp6 中创建了一个 name 字段，其插入值不能为空(NOT NULL)。

5) 使用唯一性约束

唯一性约束(Unique Constraint)要求该列唯一，允许为空，但只能出现一个空值。唯一约束可以确保一列或者几列不出现重复值。

唯一性约束的语法规则如下：

(1) 在定义完列之后直接指定唯一约束，语法规则如下：

```
字段名  数据类型  UNIQUE
```

【例 11-9】定义数据表 tb_dept2，指定部门的名称唯一，SQL 语句如下：

```
CREATE TABLE tb_dept2
(
id      INT(11) PRIMARY KEY,
name    VARCHAR(22) UNIQUE,
location  VARCHAR(50)
);
```

(2) 在定义完所有列之后指定唯一约束，语法规则如下：

```
[CONSTRAINT <约束名>] UNIQUE (<字段名>)
```

【例 11-10】定义数据表 tb_dept3，指定部门的名称唯一，SQL 语句如下：

```
CREATE TABLE tb_dept3
(
id      INT(11) PRIMARY KEY,
name    VARCHAR(22),
location  VARCHAR(50),
CONSTRAINT STH UNIQUE(name)
);
```

提示

UNIQUE 和 PRIMARY KEY 的区别：一个表可以有多个字段声明为 UNIQUE，但只能有一个 PRIMARY KEY 声明；声明为 PRIMAY KEY 的列不允许有空值，但是声明为 UNIQUE 的字段允许有空值(NULL)。

6) 使用默认约束

默认约束(Default Constraint)是指定某列的默认值。如女性同学较多，性别就可默认为

“女”。如果插入一条新的记录时没有为这个字段赋值，那么系统会自动将这个字段赋值为“女”。

默认约束的语法规则如下：

```
字段名  数据类型  DEFAULT  默认值
```

【例 11-11】定义数据表 tb_emp7，指定员工的部门编号默认为 1111，SQL 语句如下：

```
CREATE TABLE tb_emp7
(
id      INT(11) PRIMARY KEY,
name   VARCHAR(25) NOT NULL,
deptId  INT(11) DEFAULT 1111,
salary  FLOAT
);
```

以上语句执行成功之后，表 tb_emp7 上的字段 deptId 拥有了一个默认值 1111，新插入的记录如果没有指定部门编号，则都默认为 1111。

7) 设置表的属性值自动增加

在数据库应用中，经常希望在每次插入新记录时，系统会自动生成字段的主键值。这可以通过为表主键添加 AUTO_INCREMENT 关键字来实现。AUTO_INCREMENT 约束的字段可以是任何整数类型(TINYIT、SMALLIN、INT、BIGINT 等)。

设置唯一性约束的语法规则如下：

```
字段名  数据类型  AUTO_INCREMENT
```

【例 11-12】定义数据表 tb_emp8，指定员工的编号自动递增，SQL 语句如下：

```
CREATE TABLE tb_emp8
(
id      INT(11) PRIMARY KEY AUTO_INCREMENT,
name    VARCHAR(25) NOT NULL,
deptId  INT(11),
salary  FLOAT
);
```

上述例子执行后，会创建名称为 tb_emp8 的数据表。表 tb_emp8 中的 id 字段的值在添加记录的时候会自动增加。在插入记录的时候，默认的自增字段 id 的值从 1 开始，每添加一条新记录，该值自动加 1。

例如，执行如下插入语句：

```
INSERT INTO tb_emp8 (name,salary)
VALUES('Lucy',1000), ('Lura',1200),('Kevin',1500);
```

语句执行完后，tb_emp8 表中增加 3 条记录，在这里并没有输入 id 的值，但系统已经自动添加该值，使用 SELECT 命令查看记录，如下所示。

```
mysql> SELECT * FROM tb_emp8;
+----+---------+----------+------------+
| id | name    | deptId | salary      |
+----+---------+----------+------------+
```

```
|  1 | Lucy  |  NULL |   1000  |
|  2 | Lura  |  NULL |   1200  |
|  3 |Kevin  |  NULL |   1500  |
3 rows in set(0.00 sec)
```

提示

这里使用 INSERT 声明向表中插入记录的方法，并不是 SQL 的标准语法，这种语法不一定被其他的数据库支持，只能在 MySQL 中使用。

11.2.4 修改数据表

修改表是修改数据库中已有数据表的结构。MySQL 使用 ALTER TABLE 语句修改表。常用的修改表的操作有：修改表名、修改字段的数据类型或字段名、增加和删除字段、修改字段的排列位置、更改表的存储引擎、删除表的外键约束等。

1) 修改表名

MySQL 通过 ALTER TABLE 语句来实现表名的修改，语法规则如下：

```
ALTER TABLE <旧表名> RENAME [TO] <新表名>;
```

其中，TO 为可选参数，使用与否均不影响结果。

【例 11-13】将数据表 tb_dept3 改名为 tb_deptment3。

执行修改表名操作之前，使用 SHOW TABLES 查看数据库中所有的表。

```
mysql> SHOW TABLES;
+----------------------+
|Tables_in_test_db  |
+----------------------+
|tb_dept         |
|tb_dept2        |
|tb_dept3        |
```

使用 ALTER TABLE 将表 tb_dept3 改名为 tb_deptment3，SQL 语句如下：

```
ALTER TABLE tb_dept3 RENAME tb_deptment3;
```

上述语句执行之后，检验表 tb_dept3 是否改名为 tb_deptment3，SQL 语句如下：

```
mysql> SHOW TABLES;
+----------------------+
|Tables_in_test_db  |
+----------------------+
|tb_dept         |
|tb_dept2        |
|tb_deptment3     |
```

经过比较可以看到，数据表列表中已有了名称为 tb_deptment3 的表。

提示

用户可以在修改表名称时使用 DESC 命令查看修改后的两个表的结构，修改表名并不影响表的结构，因此修改名称后的表和修改名称前的表的结构是相同的。

2) 修改字段的数据类型

在 MySQL 中修改字段的数据类型的语法规则如下：

```
ALTER TABLE <表名> MODIFY <字段名>  <数据类型>
```

其中，“表名”是指要修改数据类型的字段所在表的名称，“字段名”是指需要修改的字段，“数据类型”指字段修改后的数据类型。

【例 11-14】将数据表 tb_dept1 中 name 字段的数据类型由 VARCHAR(22)修改成 VARCHAR(30)。

执行修改字段的数据类型操作之前，使用 DESC 查看 tb_dept1 表的结构，结果如下：

```
DESC tb_dept1;
+----------+--------------+--------+---------+------------+-------+
| Field    | Type         | Null   | Key     |Default     | Extra |
+----------+--------------+--------+---------+------------+-------+
| id       | int(11)      | NO     | PRI     | NULL       |       |
| name     | varchar(22)  | YES    |         | NULL       |       |
| location | varchar(50)  | YES    |         | NULL       |       |
+----------+--------------+--------+---------+------------+-------+
3 rows in set (0.00 sec)
```

可以看到现在 name 字段的数据类型为 VARCHAR(22)。下面修改其类型，输入如下 SQL 语句并执行：

```
ALTER TABLE tb_dept1 MODIFY name VARCHAR(30);
```

再次使用 DESC 查看表，结果如下：

```
DESC tb_dept1;
+----------+--------------+--------+---------+------------+-------+
| Field    | Type         | Null   | Key     |Default     | Extra |
+----------+--------------+--------+---------+------------+-------+
| id       | int(11)      | NO     | PRI     | NULL       |       |
| name     | varchar(30)  | YES    |         | NULL       |       |
| location | varchar(50)  | YES    |         | NULL       |       |
+----------+--------------+--------+---------+------------+-------+
3 rows in set (0.00 sec)
```

从结果中会发现表 tb_dept1 中 name 字段的数据类型已经修改成 VARCHAR(30)，修改成功。

3) 修改字段名

MySQL 中修改表中字段名的语法规则如下：

```
ALTER TABLE <表名> CHANGE <旧字段名> <新字段名> <新数据类型>;
```

其中，“旧字段名”指修改前的字段名；“新字段名”指修改后的字段名；“新数据类型”指修改后的数据类型。如果不需要修改字段的数据类型，可以将新数据类型设置成与原来一样即可，但数据类型不能为空。

【例 11-15】将数据表 tb_dept1 中的 location 字段名称改为 loc，数据类型保持不变，SQL 语句如下：

```
ALTER TABLE tb_dept1 CHANGE location loc VARCHAR(50);
```

使用 DESC 查看表 tb_dept1，会发现字段的名称已经修改成功，结果如下：

```
mysql> DESC tb_dept1;
+----------+-------------+--------+--------+-------------+-------+
| Field    | Type        | Null   | Key    |Default      | Extra |
+----------+-------------+--------+--------+-------------+-------+
| id       | int(11)     | NO     | PRI    | NULL        |       |
| name     | varchar(30) | YES    |        | NULL        |       |
| loc      | varchar(50) | YES    |        | NULL        |       |
+----------+-------------+--------+--------+-------------+-------+
3 rows in set (0.00 sec)
```

【例 11-16】 将数据表 tb_dept1 中的 loc 字段名称改为 location，同时将数据类型变为 VARCHAR(60)，SQL 语句如下：

```
ALTER TABLE tb_dept1 CHANGE loc location VARCHAR(60);
```

使用 DESC 查看表 tb_dept1，会发现字段的名称和类型均已经修改成功，结果如下：

```
mysql> DESC tb_dept1;
+----------+-------------+--------+--------+-------------+-------+
| Field    | Type        | Null   | Key    |Default      | Extra |
+----------+-------------+--------+--------+-------------+-------+
| id       | int(11)     | NO     | PRI    | NULL        |       |
| name     | varchar(30) | YES    |        | NULL        |       |
| location | varchar(60) | YES    |        | NULL        |       |
+----------+-------------+--------+--------+-------------+-------+
3 rows in set (0.00 sec)
```

CHANGE 也可以只修改数据类型，实现和 MODIFY 同样的效果，方法是将 SQL 语句中的“新字段名”和“旧字段名”设置为相同的名称，只改变“数据类型”。

提示

由于不同类型的数据在机器中存储的方式及长度并不相同，修改数据类型可能会影响数据表中已有的数据记录。因此，当数据表中已经有数据时，不要轻易修改数据类型。

4) 添加字段

随着业务的变化，可能需要在已有的表中添加新的字段，一个完整的字段包括字段名、数据类型和完整性约束。添加字段的语法格式如下：

```
ALTER TABLE <表名> ADD <新字段名> <数据类型>
    [约束条件] [FIRST|AFTER 已存在的字段名];
```

新字段名为需要添加的字段的名称；FIRST 为可选参数，其作用是将新添加的字段设置为表的第一个字段；AFTER 为可选参数，其作用是将新添加的字段添加到指定的“已存在的字段名”的后面。

提示

“FIRST 或 AFTER 已存在的字段名”用于指定新增字段在表中的位置，如果 SQL 语句中没有这两个参数，则默认将新添加的字段设置为数据表的最后列。

(1) 添加没有完整性约束条件的字段。

【例 11-17】在数据表 tb_dept1 中添加一个没有完整性约束的 INT 类型的字段 managerId (部门经理编号)，SQL 语句如下：

```
ALTER TABLE tb_dept1 ADD managerId INT(10);
```

使用 DESC 查看表 tb_dept1，会发现在表的最后添加了一个名为 managerId 的 INT 类型的字段，结果如下：

```
mysql> DESC tb_dept1;
+----------+--------------+--------+--------+------------+-------+
| Field    | Type         | Null   | Key    |Default     | Extra |
+----------+--------------+--------+--------+------------+-------+
| id       | int(11)      | NO     | PRI    | NULL       |       |
| name     | varchar(30)  | YES    |        | NULL       |       |
| location | varchar(60)  | YES    |        | NULL       |       |
| managerId | int(10)     | YES    |        | NULL       |       |
+----------+--------------+--------+--------+------------+-------+
4 rows in set (0.03 sec)
```

(2) 添加有完整性约束条件的字段。

【例 11-18】在数据表 tb_dept1 中添加一个不能为空的 VARCHAR(12)类型的字段 column1，SQL 语句如下：

```
ALTER TABLE tb_dept1 ADD column1 VARCHAR(12) not null;
```

使用 DESC 查看表 tb_dept1，会发现在表的最后添加了一个名为 column1 的 varchar(12) 类型且不为空的字段，结果如下：

```
mysql> DESC tb_dept1;
+----------+--------------+--------+--------+------------+-------+
| Field    | Type         | Null   | Key    |Default     | Extra |
+----------+--------------+--------+--------+------------+-------+
| id       | int(11)      | NO     | PRI    | NULL       |       |
| name     | varchar(30)  | YES    |        | NULL       |       |
| location | varchar(60)  | YES    |        | NULL       |       |
| managerId | int(10)     | YES    |        | NULL       |       |
| column1  | varchar(12)  | NO     |        | NULL       |       |
+----------+--------------+--------+--------+------------+-------+
5 rows in set (0.00 sec)
```

(3) 在表的第一列添加一个字段。

【例 11-19】在数据表 tb_dept1 中添加一个 INT 类型的字段 column2，SQL 语句如下：

```
ALTER TABLE tb_dept1 ADD column2 INT(11) FIRST;
```

使用 DESC 查看表 tb_dept1，会发现在表的第一列添加了一个名为 column2 的 INT (11) 类型字段，结果如下：

```
mysql> DESC tb_dept1;
+----------+--------------+--------+--------+------------+-------+
| Field    | Type         | Null   | Key    |Default     | Extra |
```

```
+-----------+---------------+---------+--------+-------------+-------+
| column2   | int(11)       | YES     |        | NULL        |       |
| id        | int(11)       | NO      | PRI    | NULL        |       |
| name      | varchar(30)   | YES     |        | NULL        |       |
| location  | varchar(60)   | YES     |        | NULL        |       |
| managerId | int(10)       | YES     |        | NULL        |       |
| column1   | varchar(12)   |NO       |        | NULL        |       |
+-----------+---------------+-------+--------+-------------+-------+
6 rows in set (0.00 sec)
```

(4) 在表的指定列之后添加一个字段。

【例 11-20】在数据表 tb_dept1 中 name 列之后添加一个 INT 类型的字段 column3，SQL 语句如下：

```
ALTER TABLE tb_dept1 ADD column3 INT(11) AFTER name;
```

使用 DESC 查看表 tb_dept1，结果如下：

```
mysql> DESC tb_dept1;
+-----------+---------------+---------+--------+-------------+-------+
| Field     | Type          | Null    | Key    |Default      | Extra |
+-----------+---------------+---------+--------+-------------+-------+
| column2   | int(11)       | YES     |        | NULL        |       |
| id        | int(11)       | NO      | PRI    | NULL        |       |
| name      | varchar(30)   | YES     |        | NULL        |       |
| column3   | int(11)       | YES     |        | NULL        |       |
| location  | varchar(60)   | YES     |        | NULL        |       |
| managerId | int(10)       | YES     |        | NULL        |       |
| column1   | varchar(12)   |NO       |        | NULL        |       |
+-----------+---------------+-------+--------+-------------+-------+
7 rows in set (0.03 sec)
```

可以看到，tb_dept1 表中增加了一个名称为 column3 的字段，其位置在指定的 name 字段的后面，添加字段成功。

5) 删除字段

删除字段是将数据表中的某个字段从表中移除，语法格式如下：

```
ALTER TABLE <表名> DROP <字段名>;
```

“字段名”是指需要从表中删除的字段的名称。

【例 11-21】删除数据表 tb_dept1 中的 column2 字段。

要删除字段之前，使用 DESC 查看 tb_dept1 表的结构，结果如下：

```
mysql> DESC tb_dept1;
+-----------+---------------+---------+--------+-------------+-------+
| Field     | Type          | Null    | Key    |Default      | Extra |
+-----------+---------------+---------+--------+-------------+-------+
| column2   | int(11)       | YES     |        | NULL        |       |
| id        | int(11)       | NO      | PRI    | NULL        |       |
| name      | varchar(30)   | YES     |        | NULL        |       |
| column3   | int(11)       | YES     |        | NULL        |       |
| location  | varchar(60)   | YES     |        | NULL        |       |
```

```
| managerId | int(10)       | YES     |        | NULL        |       |
| column1   | varchar(12)   |NO       |        | NULL        |       |
+----------+--------------+--------+---------+------------+-------+
6 rows in set (0.03 sec)
```

删除 column2 字段，SQL 语句如下：

```
ALTER TABLE tb_dept1 DROP column2;
```

使用 DESC 查看 tb_dept1 表的结构，结果如下：

```
mysql> DESC tb_dept1;
+----------+--------------+---------+--------+------------+-------+
| Field    | Type         | Null    | Key    |Default     | Extra |
+----------+--------------+---------+--------+------------+-------+
| id       | int(11)      | NO      | PRI    | NULL       |       |
| name     | varchar(30)  | YES     |        | NULL       |       |
| column3  | int(11)      | YES     |        | NULL       |       |
| location | varchar(60)  | YES     |        | NULL       |       |
| managerId | int(10)     | YES     |        | NULL       |       |
| column1  | varchar(12)  | NO      |        | NULL       |       |
+----------+--------------+--------+---------+------------+-------+
6 rows in set (0.03 sec)
```

6) 修改字段的排列顺序

对于一个数据表来说，在创建时，字段在表中的排列顺序就已经确定。但表的结构并不是完全不可以改变的，可以通过 ALTER TABLE 来改变表中字段的相对位置。语法格式如下：

```
ALTER TABLE <表名> MODIFY <字段 1> <数据类型> FIRST|AFTER <字段 2>
```

“字段 1”是指要修改位置的字段；“数据类型”是指“字段 1”的数据类型；“FIRST”为可选参数，是指将“字段 1”修改为表的第一个字段；“ALTER 字段 2”是指将“字段 1”插入到“字段 2”的后面。

(1) 修改字段为表的第一个字段。

【例 11-22】将数据表 tb_dept 中的 column1 字段修改为表的第一个字段，SQL 语句如下：

```
ALTER TABLE tb_dept1 MODIFY column1 VARCHAR(12) FIRST;
```

使用 DESC 查看表 tb_dept1，发现字段 column1 已经被移至表的第一列，结果如下：

```
mysql> DESC tb_dept1;
+----------+--------------+---------+--------+------------+-------+
| Field    | Type         | Null    | Key    |Default     | Extra |
+----------+--------------+---------+--------+------------+-------+
| column1  | int(12)      | NO      |        | NULL       |       |
| id       | int(11)      | NO      | PRI    | NULL       |       |
| name     | varchar(30)  | YES     |        | NULL       |       |
| column3  | int(11)      | YES     |        | NULL       |       |
| location | varchar(60)  | YES     |        | NULL       |       |
| managerId | int(10)     | YES     |        | NULL       |       |
```

```
+----------+--------------+--------+---------+------------+-------+
6 rows in set (0.03 sec)
```

(2) 修改字段到表的指定列之后。

【例 11-23】将数据表 tb_dept1 中的 column1 字段插入 location 字段的后面，SQL 语句如下：

```
ALTER TABLE tb_dept1 MODIFY column1 VARCHAR(12) AFTER location;
```

使用 DESC 查看表，结果如下：

```
mysql> DESC tb_dept1;
+----------+--------------+--------+---------+------------+-------+
| Field    | Type         | Null   | Key     |Default     | Extra |
+----------+--------------+--------+---------+------------+-------+
| id       | int(11)      | NO     | PRI     | NULL       |       |
| name     | varchar(30)  | YES    |         | NULL       |       |
| column3  | int(11)      | YES    |         | NULL       |       |
| location | varchar(60)  | YES    |         | NULL       |       |
| column1  | int(12)      | NO     |         | NULL       |       |
| managerId | int(10)     | YES    |         | NULL       |       |
+----------+--------------+--------+---------+------------+-------+
6 rows in set (0.03 sec)
```

可以看到，tb_dept1 表中的字段 column1 已经被移至 location 字段之后。

7) 更改表的存储引擎

存储引擎是 MySQL 中的数据存储在文件或内存中时采用的不同技术实现。可以根据自己的需要，选择不同的引擎，甚至可以为每一张表选择不同的存储引擎。MySQL 中主要的存储引擎有 MyISAM、InnoDB、MEMORY、FEDERATED 等。可以使用 SHOW ENGINES 语句查看系统支持的存储引擎。表 11-3 列出了 MySQL 所支持的存储引擎。

表 11-3 MySQL 所支持的存储引擎

引 擎 名	是否支持
FEDERATED	否
MRG_MYISAM	是
MyISAM	是
BLACKHOLE	是
CSV	是
MEMORY	是
ARCHIVE	是
InnoDB	默认
PERFORMANCE_SCHEMA	是

更改表的存储引擎的语法格式如下：

```
ALTER TABLE <表名> ENGIN=<更改后的存储引擎名>;
```

【例 11-24】将数据表 tb_deptment3 的存储引擎修改为 MyISAM。

在修改存储引擎之前，先使用 SHOW CREATE TABLE 查看表 tb_deptment3 当前的存储引擎，结果如下。

```
 SHOW CREATE TABLE tb_deptment3;
*************************** 1. row ***************************
      Table: tb_deptment3
Create Table: CREATE TABLE "tb_deptment3" (
  "id" int(11) NOT NULL,
  "name" varchar(22) DEFAULT NULL,
  "location" varchar(50) DEFAULT NULL,
  PRIMARY KEY ("id"),
  UNIQUE KEY "STH" ("name")
) ENGINE=InnoDB DEFAULT CHARSET=gb2312
1 row in set (0.00 sec)
```

可以看到，表 tb_deptment3 当前的存储引擎为 ENGINE=InnoDB，接下来修改存储引擎，输入如下 SQL 语句并执行：

```
ALTER TABLE tb_deptment3 ENGINE=MyISAM;
```

使用 SHOW CREATE TABLE 再次查看表 tb_deptment3 的存储引擎，发现存储引擎变成了 MyISAM，结果如下：

```
 SHOW CREATE TABLE tb_deptment3 \G
*************************** 1. row ***************************
      Table: tb_deptment3
Create Table: CREATE TABLE "tb_deptment3" (
  "id" int(11) NOT NULL,
  "name" varchar(22) DEFAULT NULL,
  "location" varchar(50) DEFAULT NULL,
  PRIMARY KEY ("id"),
  UNIQUE KEY "STH" ("name")
) ENGINE=MyISAM DEFAULT CHARSET=gb2312
1 row in set (0.00 sec)
```

8) 删除表的外键约束

对于数据库中定义的外键，如果不再需要，可以将其删除。外键一旦删除，就会解除主表和从表间的关联关系。MySQL 中删除外键的语法格式如下：

```
ALTER TABLE <表名> DROP FOREIGN KEY <外键约束名>;
```

【例 11-25】删除数据表 tb_emp9 中的外键约束。

首先创建表 tb_emp9，创建外键 deptId 关联 tb_dept1 表的主键 id，SQL 语句如下：

```
CREATE TABLE tb_emp9
(
id      INT(11) PRIMARY KEY,
name   VARCHAR(25),
deptId  INT(11),
salary   FLOAT,
CONSTRAINT fk_emp_dept  FOREIGN KEY (deptId) REFERENCES tb_dept1(id)
);
```

使用 SHOW CREATE TABLE tb_emp9; 查看表的结构，结果如下：

```
 SHOW CREATE TABLE tb_emp9;
*************************** 1. row ***************************
      Table: tb_emp9
Create Table: CREATE TABLE 'tb_emp9' (
  'id' int(11) NOT NULL,
  'name' varchar(25) DEFAULT NULL,
  'deptId' int(11) DEFAULT NULL,
  'salary' float DEFAULT NULL,
  PRIMARY KEY ('id'),
  KEY 'fk_emp_dept' ('deptId'),
  CONSTRAINT 'fk_emp_dept' FOREIGN KEY ('deptId') REFERENCES 'tb_dept1'
('id')
) ENGINE=InnoDB DEFAULT CHARSET=gb2312
1 row in set (0.00 sec)
```

可以看到，已经成功添加了表的外键，下面删除外键约束，SQL 语句如下：

```
ALTER TABLE tb_emp9 DROP FOREIGN KEY fk_emp_dept;
```

执行完毕之后，将删除表 tb_emp9 的外键约束，使用 SHOW CREATE TABLE 再次查看表 tb_emp9 的结构，结果如下：

```
 SHOW CREATE TABLE tb_emp9;
*************************** 1. row ***************************
      Table: tb_emp9
Create Table: CREATE TABLE 'tb_emp9' (
  'id' int(11) NOT NULL,
  'name' varchar(25) DEFAULT NULL,
  'deptId' int(11) DEFAULT NULL,
  'salary' float DEFAULT NULL,
  PRIMARY KEY ('id'),
  KEY 'fk_emp_dept' ('deptId')
) ENGINE=InnoDB DEFAULT CHARSET=gb2312
1 row in set (0.00 sec)
```

可以看到，tb_emp9 中已经不存在 FOREIGN KEY，原有的名称为 fk_emp_dept 的外键约束删除成功。

11.2.5 删除数据表

删除数据表是将数据库中已有的表从数据库中删除，在删除表的同时，表的定义和表中所有的数据均会被删除。因此，在进行删除操作之前，应做数据备份，以免造成数据丢失。

1) 删除没有被关联的表

```
DROP TABLE [IF EXISTS] 表1,表2,…,表n;
```

“表 n”指要删除的表的名称，可以同时删除多个表，只需将要删除的表名依次写在后面，相互之间用逗号隔开。如果要删除的数据表不存在，则 MySQL 会提示错误信息“ERROR

1051(42S02):Unkown table ‘表名’” 。参数 IF EXISTS 用于在删除前判断要删除的表是否存在，加上该参数后，在删除表时，如果表不存在，SQL 语句可以顺利执行，但会发出警告(warning)。

【例 11-26】删除数据表 tb_dept2，SQL 语句如下：

```
DROP TABLE IF EXISTS tb_dept2;
```

语句执行完毕后，使用 SHOW TABLES 命令查看当前数据库中所有的表，SQL 语句如下：

```
mysql>SHOW TABLES;
+---------------------+
|Tables_in_test_db    |
+---------------------+
|tb_dept              |
|tb_deptment3         |
```

从执行结果可以看到，数据表列表中已经不存在名称为 tb_dept2 的表，删除操作成功。

2) 删除被其他表关联的主表

在数据表之间存在外键关联的情况下，如果直接删除父表，结果会显示失败。原因是直接删除，将破坏表的对照完整性。如果必须要删除，可以先删除与它关联的子表，再删除父表，只是这样才会同时删除两个表中的数据。但有的情况下可能要保留子表，这时如要单独删除父表，只需将关联的表的外键约束条件取消，然后就可以删除父表。

在数据库中创建两个关联表，首先，创建表 tb_dept2，SQL 语句如下：

```
CREATE TABLE tb_dept2
(
id       INT(11) PRIMARY KEY,
name     VARCHAR(22),
location  VARCHAR(50)
);
```

接下来创建表 tb_emp，SQL 语句如下：

```
CREATE TABLE tb_emp
(
id       INT(11) PRIMARY KEY,
name     VARCHAR(25),
deptId    INT(11),
salary    FLOAT,
CONSTRAINT fk_emp_dept  FOREIGN KEY (deptId) REFERENCES tb_dept2(id)
);
```

使用 SHOW CREATE TABLE 命令查看表 tb_emp 的外键约束，结果如下：

```
 SHOW CREATE TABLE tb_emp;
*************************** 1. row ***************************
      Table: tb_emp
Create Table: CREATE TABLE 'tb_emp' (
  'id' int(11) NOT NULL,
  'name' varchar(25) DEFAULT NULL,
  'deptId' int(11) DEFAULT NULL,
  'salary' float DEFAULT NULL,
```

```
  PRIMARY KEY ('id'),
  KEY 'fk_emp_dept' ('deptId'),
  CONSTRAINT 'fk_emp_dept' FOREIGN KEY ('deptId') REFERENCES 'tb_dept2'
('id')
) ENGINE=InnoDB DEFAULT CHARSET=gb2312
1 row in set (0.00 sec)
```

可以看到，以上执行结果创建了两个关联表 tb_dept2 和表 tb_emp，其中 tb_emp 表为子表，具有名称为 fk_emp_dept 的外键约束，tb_dept2 为父表，其主键 id 被子表 tb_emp 所关联。

【例 11-27】删除被数据表 tb_emp 关联的数据表 tb_dept2。

首先直接删除父表 tb_dept2，输入删除语句如下：

```
mysql> DROP TABLE tb_dept2;
ERROR 1217 (23000): Cannot delete or update a parent row: a foreign key
constraint fails
```

可以看到，如前所述，在存在外键约束时，主表不能被直接删除。

接下来，解除关联子表 tb_emp 的外键约束，SQL 语句如下：

```
ALTER TABLE tb_emp DROP FOREIGN KEY fk_emp_dept;
```

语句成功执行后，将取消表 tb_emp 和表 tb_dept2 之间的关联关系，此时，可以输入删除语句，将父表 tb_dept2 删除，SQL 语句如下：

```
DROP TABLE tb_dept2;
```

最后通过 SHOW TABLES 查看数据表列表，如下所示：

```
mysql> show tables;
+----------------------+
| Tables_in_test_db    |
+----------------------+
| tb_dept              |
| tb_deptment3         |
......省略部分内容
```

可以看到，数据表列表中已经不存在名称为 tb_dept2 的表。

11.2.6 插入数据

MySQL 使用 INSERT 语句在数据表中插入数据，插入方法有：插入完整的记录、插入记录的一部分、插入多条记录、插入另一个查询结果。

1) 为表的所有字段插入数据

使用基本的 INSERT 语句插入数据要求指定表名称和插入到新记录中的值，语法格式如下：

```
INSERT INTO table_name (column_list) VALUES (value_list);
```

◎ table_name：指定要插入数据的表名。

◎ column_list：指定要插入数据的列。

◎ value_list：指定每个列对应插入的数据。注意，使用该语句时，字段列和数据值的数量必须相同。

本章将使用样例表 person，创建语句如下：

```
CREATE TABLE person
(
id     INT UNSIGNED NOT NULL AUTO_INCREMENT,
name   CHAR(40) NOT NULL DEFAULT '',
age    INT NOT NULL DEFAULT 0,
info   CHAR(50) NULL,
PRIMARY KEY (id)
);
```

向表中所有字段插入值的方法有两种：一种是指定所有字段名，另一种是完全不指定字段名。

【例 11-28】在 person 表中，插入一条新记录，id 值为 1，name 值为 Green，age 值为 21，info 值为 Lawyer，SQL 语句如下：

执行插入操作之前，使用 SELECT 语句查看表中的数据：

```
mysql> SELECT * FROM person;
Empty set (0.00 sec)
```

结果显示当前表为空，没有数据，接下来执行插入操作：

```
mysql> INSERT INTO person (id,name, age, info)
   -> VALUES (1,'Green', 21, 'Lawyer');
Query OK, 1 row affected (0.00 sec)
```

语句执行完毕，查看执行结果：

```
mysql> SELECT * FROM person;
+----+--------+-----+------------+
| id | name   | age | info       |
+----+--------+-----+------------+
|  1 | Green  |  21 | Lawyer     |
+----+--------+-----+------------+
```

可以看到插入记录成功。在插入数据时，指定了 person 表中的所有字段，因此将为每个字段插入新的值。

INSERT 语句后面的列名称顺序可以不是 person 表定义时的顺序。即插入数据时，不需要按照表定义的顺序插入，只要保证值的顺序与列字段的顺序相同就可以，如例 11-29 所示。

【例 11-29】在 person 表中，插入一条新记录，id 值为 2，name 值为 Suse，age 值为 22，info 值为 dancer，SQL 语句如下：

```
mysql> INSERT INTO person (age ,name, id , info)
     VALUES (22, 'Suse', 2, 'dancer');
```

语句执行完毕，查看执行结果：

```
mysql> SELECT * FROM person;
+----+--------+-----+------------+
| id | name   | age | info       |
+----+--------+-----+------------+
```

```
| 1 | Green  | 21 | Lawyer     |
| 2 | Suse   | 22 | dancer     |
+----+--------+-----+------------+
```

由结果可以看到，INSERT 语句成功插入一条记录。

使用 INSERT 插入数据时，允许列名称列表 column_list 为空，此时，值列表中需要为表中的每一个字段指定值，并且值的顺序必须和数据表中定义字段时的顺序相同，如例 11-30 所示。

【例 11-30】在 person 表中，插入一条新记录，id 值为 3，name 值为 Mary，age 值为 24，info 值为 Musician，SQL 语句如下：

```
mysql> INSERT INTO person
   -> VALUES (3,'Mary', 24, 'Musician');
Query OK, 1 row affected (0.00 sec)
```

语句执行完毕，查看执行结果：

```
mysql> SELECT * FROM person;
+----+--------+-----+------------+
| id | name   | age | info       |
+----+--------+-----+------------+
|  1 | Green  |  21 | Lawyer     |
|  2 | Suse   |  22 | dancer     |
|  3 | Mary   |  24 | Musician   |
+----+--------+-----+------------+
```

可以看到插入记录成功。数据库中增加了一条 id 为 3 的记录，其他字段值为指定的插入值。

本例的 INSERT 语句中没有指定插入字段列表，只有一个值列表。在这种情况下，值列表为每一个字段指定插入值，并且这些值的顺序必须和 person 表中定义的字段顺序相同。

2) 为表的指定字段插入数据

为表的指定字段插入数据，是指用 INSERT 语句为部分字段插入值，而其他字段的值为表定义时的默认值。

【例 11-31】在 person 表中，插入一条新记录，name 值为 Willam，age 值为 20，info 值为 sports man，SQL 语句如下：

```
mysql> INSERT INTO person (name, age,info)
   -> VALUES('Willam', 20, 'sports man');
Query OK, 1 row affected (0.00 sec)
```

提示信息表示插入一条记录成功。使用 SELECT 查询表中的记录，查询结果如下：

```
mysql> SELECT * FROM person;
+----+------------+--------+--------------+
| id | name       | age    | info         |
+----+------------+--------+--------------+
| 1  | Green      |  21    | Lawyer       |
| 2  | Suse       |  22    | dancer       |
| 3  | Mary       |  24    | Musician     |
| 4  | Willam     | 20     | sports man   |
+----+------------+--------+--------------+
```

可以看到插入记录成功。如查询结果显示，id 字段自动添加了一个整数值 4。id 字段为表的主键，不能为空，系统自动为该字段插入自增的序列值。在插入记录时，如果某些字段没有指定插入值，MySQL 将插入该字段定义时的默认值。

3) 同时插入多条记录

INSERT 语句可以同时向数据表插入多条记录，插入时指定多个值列表，每个值列表之间用逗号分隔，基本语法格式如下：

```
INSERT INTO table_name (column_list)
VALUES (value_list1),(value_list2),…, (value_listn);
```

value_list1,value_list2,…,value_listn 表示插入记录的字段的值列表。

【例 11-32】在 person 表中，在 name、age 和 info 字段指定插入值，同时插入 3 条新记录，SQL 语句如下：

```
INSERT INTO person(name, age, info)
VALUES ('Evans',27, 'secretary'),
('Dale',22, 'cook'),
('Edison',28, 'singer');
```

语句执行结果如下：

```
mysql> INSERT INTO person(name, age, info)
    -> VALUES ('Evans',27, 'secretary'),
    -> ('Dale',22, 'cook'),
    -> ('Edison',28, 'singer');
Query OK, 3 rows affected(0.00 sec)
Records:3  Duplicates:0   Warnings:0
```

语句执行完毕，查看执行结果：

```
mysql> SELECT * FROM person;
+----+-----------+-----+------------+
| id | name      | age | info       |
+----+-----------+------+------------+
|  1 | Green     |  21  | Lawyer     |
|  2 | Suse      |  22  | dancer     |
|  3 | Mary      |  24  | Musician   |
|  4 | Willam    |  20  | sports man |
|  5 | Laura     |  25  | NULL       |
|  6 | Evans     |  27  | secretary  |
|  7 | Dale      |  22  | cook       |
|  8 | Edison    |  28  | singer     |
+----+-----------+------+-------------+
```

由结果可以看出，INSERT 语句执行后，person 表中添加了 3 条记录，name、age 和 info 字段分别为指定的值，id 字段为默认的自增值。

使用 INSERT 同时插入多条记录时，MySQL 会返回一些在执行单行插入时没有的额外信息，这些包含数的字符串的意思如下。

◎ Records：表明插入的记录条数。

◎ Duplicates：表明插入时被忽略的记录，原因可能是这些记录包含了重复的主键值。

◎ Warnings：表明有问题的数据值，例如发生数据类型转换。

【例 11-33】在 person 表中，不指定插入列表，同时插入 2 条新记录，SQL 语句如下：

```
INSERT INTO person
VALUES (9,'Harry',21, 'magician'),
(NULL,'Harriet',19, 'pianist');
```

语句执行结果如下：

```
mysql> INSERT INTO person
    -> VALUES (9,'Harry',21, 'magician'),
    -> (NULL,'Harriet',19, 'pianist');
Query OK, 2 rows affected (0.01 sec)
Records: 2  Duplicates: 0  Warnings: 0
```

语句执行完毕，查看执行结果：

```
mysql> SELECT * FROM person;
+----+-----------+------+------------+
| id | name      | age  | info       |
+----+-----------+------+------------+
|  1 | Green     |  21  | Lawyer     |
|  2 | Suse      |  22  | dancer     |
|  3 | Mary      |  24  | Musician   |
|  4 | Willam    |  20  | sports man |
|  5 | Laura     |  25  | NULL       |
|  6 | Evans     |  27  | secretary  |
|  7 | Dale      |  22  | cook       |
|  8 | Edison    |  28  | singer     |
|  9 | Haryy     |  21  | magician   |
| 10 | Harriet   |  19  | panist     |
+----+-----------+------+---------------+
```

由结果可以看出，INSERT 语句执行后，person 表中添加了 2 条记录。person 表名后面没有插入字段列表，因此，VALUES 关键字后面的多个值列表要为每一条记录的每一个字段列指定插入值，并且这些值的顺序必须和 person 表中字段定义的顺序相同，带有 AUTO_INCREMENT 属性的 id 字段插入 NULL 值，系统会自动为该字段插入唯一的自增编号。

提示

一个同时插入多行记录的 INSERT 语句等同于多个插入单行记录的 INSERT 语句，但是多行记录的 INSERT 语句在处理过程中，效率更高。因此，MySQL 执行单条 INSERT 语句插入多行数据，比使用多条 INSERT 语句快。

4) 将查询结果插入到表中

INSERT 还可将 SELECT 语句查询的结果插入到表中，如果想要从另一个表中合并个人信息到 person 表，不需要逐一输入每一个记录的值，只需要使用一条 INSERT 语句和一条 SELECT 语句组成的组合语句，即可快速地从一个或多个表中向另一个表插入多个行。基本语法格式如下：

```
INSERT INTO  table_name  (column_list1)
SELECT (column_list2) FROM table_name2 WHERE (condition)
```

◎ table_name：指定待插入数据的表。

◎ column_list1：指定待插入表中要插入数据的列。

◎ table_name2：指定插入数据是从哪个表中查询出来的。

◎ column_list2：指定数据来源表的查询列，该列表必须和 column_list1 列表中的字段个数相同，数据类型相同；condition 指定 SELECT 语句的查询条件。

【例 11-34】从 person_old 表中查询所有的记录，并将其插入 person 表中。

创建一个名为 person_old 的数据表，其表结构与 person 结构相同，SQL 语句如下：

```
CREATE TABLE person_old
(
id     INT UNSIGNED NOT NULL AUTO_INCREMENT,
name   CHAR(40) NOT NULL DEFAULT '',
age    INT NOT NULL DEFAULT 0,
info   CHAR(50) NULL,
PRIMARY KEY (id)
);
```

向 person_old 表中添加两条记录：

```
mysql> INSERT INTO person_old
    -> VALUES (11,'Harry',20, 'student'), (12,'Beckham',31, 'police');
Query OK, 2 rows affected (0.00 sec)
Records: 2  Duplicates: 0  Warnings: 0

mysql> SELECT * FROM person_old;
+----+-------------+-----+---------+
| id | name        | age | info    |
+----+----------+-------+----------+
| 11 | Harry       |  20  | student |
| 12 | Beckham     |  31  | police  |
+----+-----------+------+----------+
```

可以看到，插入记录成功，peson_old 表中出现两条记录。接下来将 person_old 表中所有的记录插入 person 表中，SQL 语句如下：

```
INSERT INTO person(id, name, age, info)
SELECT id, name, age, info FROM person_old;
```

语句执行结果如下：

```
mysql> INSERT INTO person(id, name, age, info)
    -> SELECT id, name, age, info FROM person_old;
Query OK, 2 rows affected (0.00 sec)
Records: 2  Duplicates: 0  Warnings: 0
```

语句执行完毕，查看执行结果：

```
mysql> SELECT * FROM person;
+----+-----------+-----+------------+
| id  | name      | age | info       |
+-----+-----------+------+------------+
|  1 | Green      |  21 | Lawyer     |
```

```
|  2 | Suse      |  22 | dancer      |
|  3 | Mary      |  24 | Musician    |
|  4 | Willam    |  20 | sports man |
|  5 | Laura     |  25 | NULL        |
|  6 | Evans     |  27 | secretary   |
|  7 | Dale      |  22 | cook        |
|  8 | Edison    |  28 | singer      |
|  9 | Haryy     |  21 | magician    |
| 10 | Harriet   | 19  | panist      |
| 11 | Harry     | 20  | student     |
| 12 | Beckham   | 31  | police      |
+----+----------+-----+------------+
```

由结果可以看到，INSERT 语句执行后，person 表中多了两条记录，这两条记录和 person_old 表中的记录完全相同，数据转移成功。这时的 id 字段为自增的主键，在插入时要保证该字段值的唯一性，如果不能确定，可以在插入时忽略该字段，只插入其他字段的值。

提示

例 11-33 中使用的 person_old 表和 person 表的定义相同，MySQL 不关心 SELECT 返回的列名，它根据列的位置进行插入，SELECT 的第 1 列对应待插入表的第 1 列，第 2 列对应待插入表的第 2 列。即使不同结果的表之间也可以方便地转移数据。

11.2.7 更新数据

用户可以随意对数据表中的数据进行更新操作，MySQL 中使用 UPDATE 语句更新表的记录，基本语法格式如下：

```
UPDATE table_name
SET column_name1=value1, column_name2=value2,…, column_namen=valuen
WHERE (condition)
```

◎ column_name1,column_name2,…,column_namen：指定更新的字段名称。

◎ value1,value2,…,valuen：指定字段的更新值。

◎ condition：指定更新记录需要满足的条件，更新多个列时，每个“列—值”之间用逗号隔开，最后一列之间不需要逗号。

【例 11-35】在 person 表中，更新 id 值为 11 的记录，将 age 字段值改为 15，将 name 字段值改为 LiMing，SQL 语句如下：

```
UPDATE person SET age = 15, name='LiMing' WHERE id = 11;
```

更新操作执行前可以使用 SELECT 语句查看当前的数据：

```
mysql> SELECT * FROM person WHERE id=11;
+----+-------+-----+---------+
| id | name  | age | info    |
+----+-------+-----+---------+
| 11 | Harry |  20 | student |
+----+-------+-----+---------+
```

由结果可以看到更新之前，id 为 11 的记录的 name 字段值为 Harry，age 字段值为 20。下面使用 UPDATE 语句更新数据，语句执行结果如下：

```
mysql> UPDATE person SET age = 15, name='LiMing' WHERE id = 11;
Query OK, 1 rows affected (0.00 sec)
Records: 1  Changed: 1  Warnings: 0
```

语句执行完毕，查看执行结果：

```
mysql> SELECT * FROM person WHERE id=11;
+----+--------+-----+---------+
| id | name   | age | info    |
+----+--------+-----+---------+
| 11 | LiMing |  15 | student |
+----+--------+-----+---------+
```

由结果可以看出，id 为 11 的记录中的 name 和 age 字段的值已经被修改为指定值。

提示

保证 UPDATE 以 WHERE 子句结束，通过 WHERE 子句指定被更新的记录所需要满足的条件，如果忽略 WHERE 子句，MySQL 将更新表中所有的行。

11.2.8 删除数据

使用 DELETE 语句可以从数据表中删除数据，允许使用 WHERE 子句指定删除条件，基本语法格式如下：

```
DELETE  FROM table_name [WHERE <condition>];
```

◎ table_name：指定要执行删除操作的表。

◎ [WHERE <condition>]：为可选参数，指定删除条件，如果没有 WHERE 子句，DELETE 语句将删除表中的所有记录。

【例 11-36】 在 person 表中，删除 id 为 11 的记录，SQL 语句如下：

执行删除操作前，使用 SELECT 语句查看当前 id 为 11 的记录：

```
mysql> SELECT * FROM person WHERE id=11;
+--------+----------------+----------+--------------+
| id     | name           | age      | info         |
+--------+----------------+----------+--------------+
| 11     | LiMing         | 15       | student      |
+--------+----------------+----------+--------------+
```

可以看到，现在表中有 id 为 11 的记录，下面使用 DELETE 语句删除该记录，语句执行结果如下：

```
mysql> DELETE FROM person WHERE id = 11;
Query OK, 1 rows affected (0.02 sec)
```

语句执行完毕，查看执行结果：

```
mysql> SELECT * FROM person WHERE id=11;
Empty set (0.00 sec)
```

查询结果为空，说明删除操作成功。

【例 11-37】在 person 表中，使用 DELETE 语句同时删除多条记录。SQL 语句如下：

```
DELETE FROM person WHERE age BETWEEN 19 AND 22;
```

执行删除操作前，使用 SELECT 语句查看当前的数据：

```
mysql> SELECT * FROM person WHERE age BETWEEN 19 AND 22;
+-----+-----------+--------+--------------+
| id  | name      | age    | info         |
+----+-----------+------+------------+
|  1 | Green     |  21    | student      |
|  2 | Suse      |  22    | student      |
|  4 | Willam    |  20    | student      |
|  7 | Dale      |  22    | student      |
|  8 | Edison    |  28    | student      |
|  9 | Haryy     |  21    | student      |
| 10 | Harriet   | 19     | student      |
+----+-----------+------+--------------+
```

可以看到，表中存在 age 字段值在 19~22 之间的记录。下面使用 DELETE 删除这些记录：

```
mysql> DELETE FROM person WHERE age BETWEEN 19 AND 22;
Query OK, 6 rows affected (0.00 sec)
```

语句执行完毕，查看执行结果：

```
mysql> SELECT * FROM person WHERE age BETWEEN 19 AND 22;
Empty set (0.00 sec)
```

查询结果为空，删除多条记录成功。

11.3 JSP 连接 MySQL

应用程序要想和数据库交互信息，必须首先连接数据库。JSP 连接 MySQL 数据库之前必须加载 JDBC 数据库驱动程序。JDBC 提供的 API 将 JDBC 数据库驱动程序转换为 DBMS(数据库管理系统)所使用的专用协议，以实现和特写 DBMS 交互信息。JDBC 可以调用 JDBC 数据库驱动程序和相应的数据库建立连接。

11.3.1 JSP 连接 MySQL 的方法

使用 JDBC 数据库驱动程序和数据库建立连接需要经过两个步骤：加载 JDBC 数据库驱动程序；和指定的数据库建立连接。

(1) 把数据库驱动(这里用的是 mysql-connector-java-5.1.14-bin.jar，也可以采用其他版本)放到 WEB-INF/LIB/目录下(如果是虚拟主机，要放到虚拟主机的根目录下 WEB-INF/LIB/)。

(2) 把 testLinkMysql.jsp 连接数据库文件放到具有可执行 JSP 的目录下，通过 Web 执行。如果看到恭喜数据库连接成功字样，则表示数据连接成功。

在 C:\Tomcat5\webapps\myapp\webapp 目录下用记事本或 editplus(一个编辑工具)编写一

个文件，保存为 testLinkMysql.jsp。

代码如下：

```
<%@ page contentType="text/html;charset=gb2312"%>
<%@ page import="java.sql.*"%>
<html>
<body>
<%Class.forName("com.mysql.jdbc.Driver").newInstance(); //重载数据库驱动
String URL ="
jdbc:mysql://localhost:3306/example?user=root&password=123&characterEnco
ding=UTF-8" ;
Connection  conn= DriverManager.getConnection (URL);
Statement  stmt=conn.createStatement
(ResultSet.TYPE_SCROLL_SENSITIVE,
ResultSet.CONCUR_UPDATABLE);
String SQL ="select * from about ";
ResultSet rs=stmt.executeQuery(SQL );
while(rs.next()) {%>
您的第一个字段内容为：<%=rs.getString(1)%>
您的第二个字段内容为：<%=rs.getString(2)%>
<%}%>
<%out.print("数据库操作成功，恭喜你");%>
<%rs.close();
stmt.close();
conn.close();
%>
</body>
</html>
在浏览器中输入：
http://127.0.0.1:8080/myapp/webapp/testLinkMysql.jsp
```

若出现图 11-35，表示对 MySQL 数据库进行连接、配置成功。以后，我们的基本数据库的实例都是基于 MySQL 数据库，操作数据库所用的还是 MySQL 管理工具 SQLyog。这里使用的数据库为 example，其中 about 表的创建语句如下：

```
CREATE TABLE about
(
id      INT(11) PRIMARY KEY,
name    VARCHAR(25)
);
```

//引入上节中我们建的对DB操作的基本类，来操作数据库

号码	姓名
0	fz
3	33dfsd
11	fz2

图 11-35　成功连接数据库

11.3.2　MySQL 数据库最基本的 DB 操作

下面是对 MySQL 数据库的操作方法，源程序如下：

```
package ch11;
import java.sql.CallableStatement;
import java.sql.Connection;
import java.sql.DriverManager;
import java.sql.ResultSet;
import java.sql.SQLException;
import java.sql.Statement;
import java.text.SimpleDateFormat;
public class IpConn {
    // private static String
    // dbdriver="sun.jdbc.odbc.JDBCodbcDriver";//如果要通过 odbc 连接，只要把
        //这个注释去掉
    // private static String connstr="jdbc:odbc:pubs";
    private static String dbdriver = "com.mysql.jdbc.Driver";
    private static String connstr =
" jdbc:mysql://localhost:3306/example?user=root&password=123&character
Encoding=UTF-8";
    // example 为 MySQL 数据库名，就是上面我们用工具建立的
    private static Connection conn = null;
    ResultSet rs = null;
    private static Statement stms;
    public IpConn() {
        try {
            Class.forName(dbdriver).newInstance();
            conn = DriverManager.getConnection(connstr);
            stms = conn.createStatement();
        } catch (java.lang.ClassNotFoundException e) {
            System.out.println("faq():" + e.toString() + e.getMessage());
        } catch (Exception e) {
            System.out.println("faq():" + e.toString() + e.getMessage());
        }
    }
```

1. 打开数据库连接

打开数据库连接的代码如下：

```
public static Connection getConnection() throws SQLException {
    Connection conn1 = null;
    try {
        Class.forName(dbdriver);
        conn1 = DriverManager.getConnection(connstr, "sa", "sa");
        stms = conn1.createStatement();
    } catch (Exception e) {
        System.err.println("DBconn (): " + e.getMessage());
    }
    return conn1;
}
```

2. 执行可分页的查询操作

执行可分页的查询操作的代码如下：

```
public ResultSet executeQuery3(String SQL) {
    try {
        stms = conn.createStatement(ResultSet.TYPE_SCROLL_INSENSITIVE,
                ResultSet.CONCUR_UPDATABLE);
        rs = stms.executeQuery(SQL);
    } catch (Exception e2) {
        System.out.println("errorQuery:" + e2.toString() + e2.getMessage());
    }
    return rs;
}
```

3. 一般查询操作

执行 Select 查询语句，可用于执行一般的 SQL 查询操作：

```
public ResultSet executeQuery(String SQL) throws SQLException {
    rs = null;
    try {
        // 取得连接对象
        if (conn == null)
            conn = getConnection();
        stms = conn.createStatement();// 取得执行对象
        rs = stms.executeQuery(SQL); // 取得结果集
    } catch (Exception ex) {
        System.err.println("执行 SQL 语句出错: " + ex.getMessage());
    }
    return rs;
}
```

4. 更新操作

执行更新操作，执行一般的更新数据库操作：

```
public void updateBatch(String SQL) throws SQLException {
        try {
            // 取得连接对象
            if (conn == null)
                conn = getConnection();
            // 设置事务处理
            conn.setAutoCommit(false);
            String procSQL = "begin \n" + SQL + " \nend;";
            CallableStatement cstmt = conn.prepareCall(procSQL);
            cstmt.execute();
            conn.commit();
            cstmt.close();
        } catch (SQLException ex) {
            System.err.println("执行 SQL 语句出错: " + ex.getMessage());
            try {
                // 事务失败，回滚
                conn.rollback();
            } catch (Exception e) {
            }
            throw ex;
```

```
        }
    }// end public
```

执行数据库插入操作：

```
public void executeUpdate(String SQL) throws SQLException {
        try {
            // 取得连接对象
            if (conn == null)
                conn = getConnection();
            // 设置事务处理
            conn.setAutoCommit(false);
            stms = conn.createStatement();
            stms.executeUpdate(SQL);
            // stmt.close();
            conn.commit();
            // conn.close();
        } catch (SQLException ex) {
            System.err.println("执行 SQL 语句出错: " + ex.getMessage());
            try {
                // 事务失败，回滚
                conn.rollback();
            } catch (SQLException e) {
            }
            throw ex;
        }
    }// end public executeUpdate
```

提交批 SQL 语句：

```
public boolean executeQuery(String[] SQL) throws Exception {
        boolean flag = false;
        try {
            conn.setAutoCommit(false);
            stms = conn.createStatement();
            for (int k = 0; k < SQL.length; k++) {
                if (SQL[k] != null)
                    stms.addBatch(SQL[k]);
            }
            stms.executeBatch();// 提交批 SQL 语句
            conn.commit();
            flag = true;
            return flag;
        } catch (Exception ex) {
            try {
                conn.rollback();
            } catch (Exception e) {
            }
            System.out.println("[LinkSQL.executeQuery(String[])] : "
                    + ex.getMessage());
            throw new Exception("执行 SQL 语句出错: " + ex.getMessage());
        }
    }
```

5. 函数转换为 GBK 码

执行函数转换为 GBK 码操作：

```
public static String convert(String value) {
        try {
            String s = new String(value.getBytes("ISO8859_1"), "GBK");
            return s;
        } catch (Exception e) {
            String s1 = "";
            return s1;
        }
    }
```

执行函数逆转为 ISO8859-1 码的操作：

```
public static String reconvert(String value) {
        try {
            String s = new String(value.getBytes("GBK"), "ISO8859_1");
            return s;
        } catch (Exception e) {
            String s1 = "";
            return s1;
        }
    }
```

6. 释放系统资源

释放系统资源操作：

```
public void close() throws Exception {
        try {
            if (rs != null)
                rs.close();
            if (conn != null) {
                if (!conn.isClosed()) {
                    if (stms != null)
                        stms.close();
                    conn.close();
                }
            }
        } catch (Exception e) {
            e.printStackTrace();
            throw e;
        } finally {
            rs = null;
            stms = null;
            conn = null;
        }
    } // end public closeConn
```

7. 日期转化

将 Date 类型日期转化成 String 类型任意格式。

java.sql.Date、java.sql.Timestamp 类型是 java.util.Date 类型的子类。

日期转换格式：

“2017-01-01”格式

“yyyy 年 M 月 d 日”

“yyyy-MM-dd HH:mm:ss”格式

执行日期转换操作：

```
public static String dateToString(java.util.Date date,String format) {
     if (date==null || format==null) {
         return null;
     }
     SimpleDateFormat sdf = new  SimpleDateFormat(format);
     String str = sdf.format(date);
     return str;
  }
```

将 String 类型日期转换成 java.utl.Date 类型“2017-01-01”格式：

```
public static java.util.Date stringToUtilDate(String str,String format) {
     if (str==null||format==null) {
         return null;
     }
     SimpleDateFormat sdf = new  SimpleDateFormat(format);
     java.util.Date date = null;
     try
     {
         date = sdf.parse(str);
     }
     catch(Exception e)
     {
     }
     return date;
  }
}// end function
```

11.3.3 调用对 DB 操作的方法

在 C:\Tomcat5\webapps\myapp\webapp 目录下用记事本或 editplus(一个编辑工具)编写一个文件保存为 example11_37.jsp，其中表名还是建立的表 about，相关的代码如下：

```
<%@ page language="java" contentType="text/html; charset=gb2312" %>
<%@page language="java" import="java.sql.*" %>
//引入上节中我们创建的对 DB 操作的基本类
<jsp:useBean id="conn" scope="page" class="ch11.IpConn"/>
<html>
<HEAD>
<title>测试对数据库的操作</title>
```

```
<meta http-equiv="Content-Type" content="text/html; charset=gb2312">
<LINK href="/include/css.css" REL="stylesheet" type="text/css">
<script language="Javascript" src="/include/mydate.js"></script>
</HEAD>
<%
  ResultSet rs=null;
String mysql="";
//查询的 SQL 语句，也可以进行增删改操作，不过要调用相应的操作数据库方法
mysql="select * from about  where id='1'";
     try{
          rs=conn.executeQuery(mysql);     //执行上面的查询语句，所用的
//executeQuery()是上一节定义的得到结果集的方法。返回的结果是 ResultSet 类型的
%>
<body bgcolor="#FFFFFF" text="#000000">
   <table border="1" width="98%" bordercolorlight="#000000"
bordercolordark="#000000"  cellspacing="0" cellpadding="0" align="center">
    <tr class="tr" align="center">
      <td>号码</td>
      <td>姓名</td>
    </tr>
     <% while (rs.next()) { %>
    <tr>
      <td nowrap> <%=rs.getString("id")%></td>
      <td nowrap> <%=conn.convert(rs.getString("name"))%></td>
    </tr>
    <%};
       }
     catch(SQLException ex)//当出错时抛出异常
       {
          out.println(ex.getMessage());//打印异常
       }
      finally{conn.close();}//关闭上面的连接,注意每一次对数据库的操作都要记住用完
//后一定要关闭,否则会造成数据库的崩溃.
     %>
  </table>
</body>
</html>
```

启动 Tomcat，在浏览器中输入 http://127.0.0.1:8080/myapp/webapp/example11_37.jsp，程序运行结果如图 11-36 所示。

//引入上节中我们创建的对DB操作的基本类

号码	姓名
0	fz
3	33dfsd
11	fz2

图 11-36　运行结果

11.3.4　JSP 数据分页显示

通过上面的介绍，我们已对 JSP 操作数据库有了大概的了解。JSP 提供了分布显示功能，

其目的是，当数据库信息量较大时，为了方便用户快速查找到所要的信息。下面介绍 JSP 数据分页显示的基本原理。

【例 11-38】example11_38.jsp 代码如下:

```
<%@ page contentType="text/html;charset=gb2312" %>
<%
//变量声明
java.sql.Connection  SQLCon; //数据库连接对象
java.sql.Statement SQLStmt; //SQL 语句对象
java.sql.ResultSet SQLRst; //结果集对象
java.lang.String strCon; //数据库连接字符串
java.lang.String strSQL ; //SQL 语句
int intPageSize; //一页显示的记录数
int intRowCount; //记录总数
int intPageCount; //总页数
int intPage; //待显示页码
java.lang.String strPage;
int i;
//设置一页显示的记录数
intPageSize =10;
//取得待显示页码
strPage = request.getParameter("page");
if(strPage==null){//表明在 QueryString 中没有 page 这一参数，此时显示第一页数据
intPage = 1;
}
else{//将字符串转换成整型
intPage = java.lang.Integer.parseInt(strPage);
if(intPage <1) intPage = 1;
}

Class.forName("com.mysql.jdbc.Driver").newInstance();
//设置数据库连接字符串
strCon =
"jdbc:mysql://localhost:3306/example?user=root&password=123&characterEnc
oding=UTF-8";
//连接数据库
SQLCon = java.sql.DriverManager .getConnection (strCon);
//创建一个可以滚动的只读的 SQL 语句对象
SQLStmt = SQLCon.createStatement (
java.sql.ResultSet.TYPE_SCROLL_INSENSITIVE,
java.sql.ResultSet.CONCUR_READ_ONLY);
//准备 SQL 语句
strSQL = "select * from about order by id desc";
//执行 SQL 语句并获取结果集
SQLRst = SQLStmt.executeQuery(strSQL);
//获取记录总数
SQLRst.last();
intRowCount = SQLRst.getRow();
//计算总页数
intPageCount = (intRowCount+intPageSize-1) / intPageSize;
//调整待显示的页码
```

```
if(intPage>intPageCount) intPage = intPageCount;
%>
<html>
<HEAD>
<meta http-equiv="Content-Type" content="text/html; charset=gb2312">
<title>JSP 数据库操作例程 - 数据分页显示 </title>
<link href="z_css/maincss.css" rel="stylesheet" type="text/css">
<script language="JavaScript" type="text/JavaScript">
<!--
function MM_jumpMenu(targ,selObj,restore){ //v3.0
eval(targ+".location='"+selObj.options[selObj.selectedIndex].value+"'");
if (restore) selObj.selectedIndex=0;
}
//-->
</script>
</HEAD>
<body>
<table width="13%" border="0" align="center"
cellpadding="0" cellspacing="0">
<tr>
<td bgcolor="#eeeeee"> <table width="248" border="0" align="center"
cellpadding="0" cellspacing="1">
<tr bgcolor="#FFFFFF">
<th height="20"> <font size="2">栏目 ID </font> </th>
<th> <font size="2">栏目类型 </font> </th>
</tr>

<%
if(intPageCount>0){
//将记录指针定位到待显示页的第一条记录上
SQLRst.absolute((intPage-1) * intPageSize + 1);
%>
<tr bgcolor="#FFFFFF">
<td> <div align="center"> <%=SQLRst.getString(1)%> </div> </td>
<td> <div align="center"> <%=SQLRst.getString(2)%> </div> </td>
</tr>
<%
i = 1;
while(i <intPageSize && SQLRst.next()){
%>
<tr bgcolor="#FFFFFF">
<td> <div align="center"> <%=SQLRst.getString(1)%> </div> </td>
<td> <div align="center"> <%=SQLRst.getString(2)%> </div> </td>
</tr>
<%
//SQLRst.next();
i++;
}
}
%>
</table> </td>
```

```
</tr>
</table>
<div align="center">
<form name="form1" method="post" action="">
<font size="2">当前 <font color=red> <%=intPage%>/ <%=intPageCount%> </font>
页每页 <font color=red> <%=intPageSize %> </font>条 </font>
<%if(intPage>1){
if (intPage==1){
%>
<a href="feng.jsp?page= <%=intPage-1%>">上一页 </a>
<%
}else{
%>
<a href="feng.jsp?page= <%=1%>">最前页 </a>
<a href="feng.jsp?page= <%=intPage-1%>">上一页 </a>
<%
}
}
%>
<%if(intPage <intPageCount)
{
if (intPage==intPageCount){

%>
<a href="feng.jsp?page= <%=intPage+1%>">下一页 </a>
<%
}else{
%>
<a href="feng.jsp?page= <%=intPage+1%>">下一页 </a>
<a href="feng.jsp?page= <%=intPageCount%>">最后页 </a>
<%
}
}%>
到
<select name="menu1" onChange="MM_jumpMenu('parent',this,0)">
<%
for(int ii=1;ii <=intPageCount;ii++){
if (ii==intPage){
%>
<option value="feng.jsp?page= <%=ii%>" selected> <%=ii%> </option>
<%
}
%> <option value="feng.jsp?page= <%=ii%>" > <%=ii%> </option>
<%
}
%>
</select>
页
</form>
</div>
</body>
```

```
</html>
<%
//关闭结果集
SQLRst.close();
//关闭 SQL 语句对象
SQLStmt.close();
//关闭数据库
SQLCon.close();
%>
```

启动 Tomcat，在浏览器中输入 http://127.0.0.1:8080/myapp/webapp/example11_38.jsp，程序运行结果如图 11-37 所示。

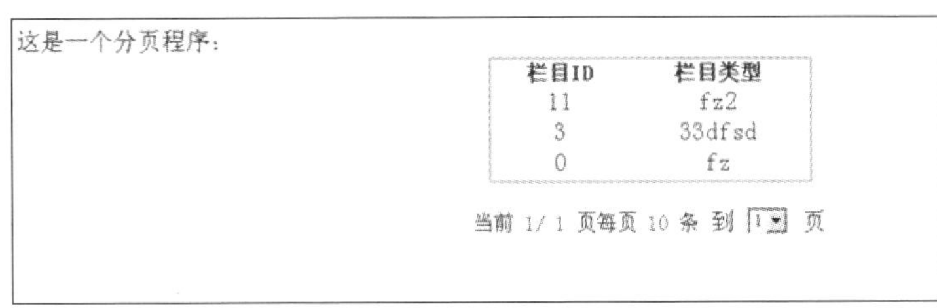

图 11-37 数据分页显示运行结果

11.4 案例：制作旅游景区网站留言本

实训内容和要求

江南景区旅游网站有一个留言簿，网站的资料信息保存在建好的 MySQL 数据库中。若用户使用 JSP 登录网站，可以直接调用 MySQL 数据库，为景区提出宝贵的意见或建议，帮助管理工作者更好地优化服务。

实训步骤

留言本的 guestbook.jsp 代码如下：

```
<html><HEAD>
<META content="text/html; charset=gb2312 " http-equiv=Content-Type>
<title>留言本</title></HEAD>
<style type="text/css">
<!--
BODY { FONT-FAMILY: "宋体","Arial Narrow", "Times New Roman";
FONT-SIZE: 9pt }
p1 { FONT-FAMILY: "宋体", "Arial Narrow", "Times New Roman";
FONT-SIZE: 12pt }
A:link { COLOR: #00793d; TEXT-DECORATION: none }
A:visited { TEXT-DECORATION: none }
A:hover { TEXT-DECORATION: underline}
TD { FONT-FAMILY: "宋体", "Arial Narrow", "Times New Roman"; FONT-SIZE : 9pt }
p2 { FONT-FAMILY: "宋体", "Arial Narrow", "Times New Roman"; FONT-SIZ E: 9pt;
LINE-HEIGHT: 150% }
```

```
p3 { FONT-FAMILY: "宋体", "Arial Narrow", "Times New Roman"; FONT-SIZ E: 9pt;
LINE-HEIGHT: 120% }
-->
</style>
<body>
<%@ page contentType="text/html; charset=GB2312" %>
<%@ page language="java" import="java.sql.*" %>
<jsp:useBean id="testInq" scope="page" class="example7.IpConn"/>
<%
//这里是分页开始
int pages=1;
//设置一页显示的记录数
int pagesize =10;
int count=0;
//共有多少页
int totalpages=0;
//定义一些常用变量
String countsql="",inqsql="",lwhere="",insertsql="",st="", w_content="";
String
lw_title="",lw_author="",pagetitle="",author_http="",author_email="",
lw_ico="",lw_content="",lw_class1="";
String
author_ip="",lw_time="",lw_class2="",lw_type="",zt_time="",zt_author="";
int answer_num=0,click_num=0;
int inquire_item=1;
String inquire_itemt="",inquire_value="";
String lurlt="<a href=guestbook.jsp?",llink="";
lwhere=" where lw_type='z' "; //只显示主贴
/*
Enumeration e = request.getParameterNames();
while (e.hasMoreElements()) {
String name = (String) e.nextElement();
*/
try{
//取显示的页序数
pages = new Integer(request.getParameter("pages")).intValue();
} catch (Exception e) {}
try{
//取查询参数
inquire_item=new Integer(request.getParameter("range")).intValue();
//字符集转换 gbk 转为 ISO8859
inquire_value=new
String(request.getParameter("findstr").getBytes("ISO8859_1"));
if(inquire_item==0) inquire_itemt="lw_title";
else if(inquire_item==1) inquire_itemt="lw_content";
else if(inquire_item==2) inquire_itemt="lw_author";
else if(inquire_item==3) inquire_itemt="lw_time";
else if(inquire_item==4) inquire_itemt="lw_title";
lwhere=lwhere+" and "+inquire_itemt+" like '%"+inquire_value+"%'";
lurlt=lurlt+"range="+inquire_item+"&findstr="+inquire_value+"&";
} catch (Exception e) {}
```

```
try{
//取得参数 留言内容开始
lw_class1=new
String(request.getParameter("gbname").getBytes("ISO8859_1"));
lw_title=new
String(request.getParameter("lw_title").getBytes("ISO8859_1"));
lw_author=new
String(request.getParameter("lw_author").getBytes("ISO8859_1"));
pagetitle=new
String(request.getParameter("pagetitle").getBytes("ISO8859_1"));
author_http=new
String(request.getParameter("author_http").getBytes("ISO8859_1"));
author_email=new
String(request.getParameter("author_email").getBytes("ISO8859_1"));
lw_ico=request.getParameter("gifface");
lw_content=new
String(request.getParameter("lw_content").getBytes("ISO8859_1"));
String requestMethod=request.getMethod();
requestMethod=requestMethod.toUpperCase();
if(requestMethod.indexOf("POST")<0)
{ out.print("非法操作!");
return;
}
//形成其他数据项
author_ip=request.getRemoteAddr() ;
lw_time=testInq.dateToString(new java.util.Date(),"yyyy-mm-dd");
lw_class2="2";
lw_type=""+"z"; //主贴
zt_time=lw_time;
zt_author=lw_author;
answer_num=0;
click_num=0;
//================
st="','";
//保证留言所有数据项的长度在正常范围内
if(lw_title.length()>50) lw_title=lw_title.substring(0,50);
if(lw_author.length()>20) lw_author=lw_author.substring(0,20);
if(author_http.length()>40) author_http=author_http.substring(0,40);
if(author_email.length()>50) author_email=author_email.substring(0,40);
if(lw_content.length()>4000) lw_content=lw_content.substring(0,4000);
insertsql="insert into guestbook values('"
+lw_title+st+lw_author+st+author_http+st+author_email+st+lw_ico+st+lw_
time+"',"+answer_num+","+click_num+",'"+author_ip+st+lw_class1+st+lw_cla
ss2+st+lw_type+st+zt_time+st+zt_author+st+w_content+"')";
//out.print(insertsql);
//插入留言
try{
testInq.executeUpdate(insertsql);
out.print("lmsg=executeUpdate ok");

}catch (Exception e) { out.print("错误:"+e);}
```

```
} catch (Exception e) {}
%>
<%
//验证留言输入项合法性的 javascript
String ljs=" <SCRIPT language=JavaScript> \n"+
" <!-- \n"+
" function ValidInput() \n"+
" {if(document.sign.lw_author.value==\"\") \n"+
" {alert(\"请填写您的大名。\"); \n"+
" document.sign.lw_author.focus(); \n"+
" return false;} \n"+
" if(document.sign.lw_title.value==\"\") \n"+
" {alert(\"请填写留言主题。\"); \n"+
" document.sign.lw_title.focus(); \n"+
" return false;} \n"+
" if (document.sign.author_email.value!=\"\") \n"+
"{ if((document.sign.author_email.value.indexOf(\"@\")<0)||(document
.sign.author_email.value.indexOf(\":\")!=-1)) \n"+
" {alert(\"您填写的 EMail 无效，请填写一个有效的 Email!\"); \n"+
" document.sign.author_emaill.focus(); \n"+
" return false; \n"+
" } \n"+
" } \n"+
" return true; \n"+
" } \n"+
" function ValidSearch() \n"+
" { if(document.frmsearch.findstr.value==\"\") \n"+
" {alert(\"不能搜索空串！\"); \n"+
" document.frmsearch.findstr.focus(); \n"+
" return false;} \n"+
" } \n"+
" //--> \n"+
" </SCRIPT> ";
out.print(ljs);
%>
<%
//留言板界面首部
String ltop=" <DIV align=center> \n"+
" <CENTER> \n"+
" <FORM action=guestbook.jsp method=post name=frmsearch> \n"+
" <INPUT name=gbname type=hidden value=cnzjj_gt> \n"+
" <TABLE align=center border=0 cellSpacing=1 width=\"95%\"> \n"+
" <TBODY> \n"+
" <TR> \n"+
" <TD bgColor=#336699 colSpan=2 width=\"100%\"> \n"+
" <P align=center><FONT color=#ffffff face=楷体_GB2312 \n"+
" size=5>欢迎远方的朋友来张家界旅游观光</FONT></P></TD></TR> \n" +
" <TR bgColor=#6699cc> \n"+
" <TD align=left noWrap width=\"50%\">主页: <A \n"+
```

```
" href=\"http://www.zj.hn.cn\" target=_blank><FONT \n"+
" color=#ffffff>张家界旅游</FONT></A> 管理员: <A \n" +
" href=\"mailto:dzx@mail.zj.hn.cninfo.net\"><FONT color=#ffffff>一民
</FONT></A> \n"+ " >><A \n"+
" href=\"http://www.zj.hn.cn \"><FONT \n"+
" color=#ffffff>管理</FONT></A> >><A \n"+
" href=\" http://www.zj.hn.cn \"><FONT \n"+
" color=#ffffff>申请</FONT></A> </TD> \n"+
" <TD align=right width=\"50%\"><SELECT class=ourfont name=range size=1>
\n"+
" <OPTION selected value=0>按主题</OPTION> <OPTION value=1>按内容</OPTION>
\n"+
" <OPTION value=2>按作者</OPTION> <OPTION value=3>按日期</OPTION> <OPTION \n"+
" value=4>按主题&内容</OPTION></SELECT> <INPUT name=findstr> <INPUT
name=search onclick=\"return ValidSearch()\" type=submit value=\"搜索\">
\n"+
" </TD></TR></TBODY></TABLE></FORM> \n"+
" <HR align=center noShade SIZE=1 width=\"95%\"> \n"+
" </CENTER></div> ";
out.print(ltop);
%>
<%
//显示最近时间发表的一页留言……
String lbottom="<image src=\"14.gif\" width=15> \n"+
" <INPUT \n"+
" name=gifface type=radio value=15> <IMG alt=\"15.gif (149 bytes)\" height=14
\n"+
" src=\"15.gif\" width=15> \n"+
" <INPUT \n"+
" name=gifface type=radio value=16> <IMG alt=\"16.gif (149 bytes)\" height=14
\n"+
" src=\"16.gif\" width=15> </TD> \n"+
" </TR> \n"+
" <TR> \n"+
" <TD align=middle colSpan=2 noWrap><INPUT name=cmdGO onclick=\"return
ValidInput()\" type=submit value=\"提交\"> \n"+
" <INPUT name=cmdPrev onclick=\"return ValidInput()\" type=submit value=\"
预览\"> \n"+
" <INPUT name=cmdCancel type=reset value=\"重写\"> <INPUT name=cmdBack
onclick=javascript:history.go(-1) type=button value=\"返 回\"> \n"+
" </TD></TR></TBODY></TABLE></FORM></CENTER></DIV> ";
out.print(lbottom);
%>
</body></html>
```

代码写完后，把 guestbook.jsp 文件放到 myapp 目录下，重启 Tomcat 就可以运行，显示效果如图 11-38 所示。

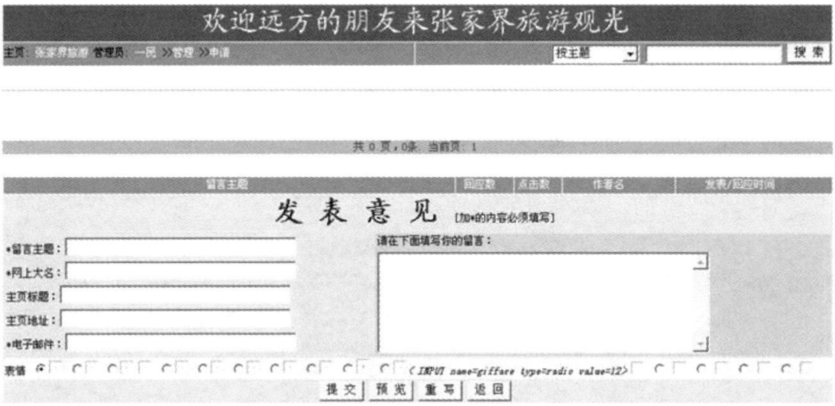

图 11-38　留言簿网页

本案例中提供了简要代码，详细代码见提供的素材文件“guestbook.jsp”。

注意本案例用到的表为 guestbook，建表语句为(包含在配套资源中的 example.sql 中)：

```
create table guestbook (
lw_title varchar(50) primary key,
lw_author varchar(50),
author_http varchar(50),
author_email varchar(50),
lw_ico varchar(50),
lw_time varchar(50),
expression varchar(50),
answer_num int(11),
click_num int(11),
author_ip varchar(50),
lw_class1 varchar(50),
lw_class2 varchar(50),
lw_type varchar(50),
zt_time varchar(50),
zt_author varchar(50),
lw_content varchar(50)
);
```

本 章 小 结

数据库是 Web 网页应用不可缺少的部分，包括对数据库的连接，数据表的建立、增加、删除、修改、查询等功能。MySQL 也是 JSP 常用的数据库之一。本章主要介绍 MySQL 数据库的安装、配置、基础操作以及连接 JSP 的基本操作。通过对本章的学习，读者可以自行解决 JSP 数据库的连接方法。

习　　题

一、填空题

1. 创建数据库是在系统磁盘上划分一块区域用于＿＿＿＿＿＿＿＿＿，如果管理员在设置权限的时候为用户创建了数据库，可以直接使用，否则，需要自己创建数据库。
2. MySQL 中创建数据库的基本语法格式为：＿＿＿＿＿＿＿＿＿＿＿＿＿＿＿。
3. MySQL 中删除数据库的基本语法格式为：＿＿＿＿＿＿＿＿＿＿＿＿＿＿＿。
4. 主键又称＿＿＿＿，是表中一列或多列的组合。
5. MySQL 通过 ALTER TABLE 语句来实现表名的修改，语法规则为＿＿＿＿＿＿＿。

二、选择题

1. 主键的类型有(　　)。
   A. 单字段主键　　B. 多字段联合主键
   C. 一个字段主键　　D. 两个字段主键
2. (　　)表示该列表是否可以存储 NULL 值。
   A. NULL　　B. Key　　C. Default　　D. Extra
3. (　　)表示该列是否已编制索引。PRI 表示该列是表主键的一部分；UNI 表示该列是 UNIQUE 索引的一部分；MUL 表示在列中某个给定值允许出现多次。
   A.NULL　　B. Key　　C.Default　　D. Extra
4. (　　)表示该列是否有默认值。
   A. NULL　　B. Key　　C. Default　　D. Extra
5. (　　)表示可以获取的与给定列有关的附加信息，如 AUTO_INCREMENT 等。
   A. NULL　　B. Key　　C. Default　　D. Extra
6. JSP 代码<%="1+4"%>将输出(　　)。
   A. 1+4　　B. 5
   C. 14　　D. 不会输出，因为表达式是错误的
7. 在 Java 源程序代码中，使用(　　)语句把当前文件放入所指向的包中。
   A. Import　　B. public class　　C. package　　D. interface
8. 下面的说法错误的是(　　)。
   A. JSP 可以处理动态内容和静态内容
   B. JSP 最终会编译成字节码后执行
   C. 在 JSP 中可以使用脚本控制 html 的标签生成
   D. JSP 中不能使用//注释 Java 脚本中的代码
9. 在标准 SQL 中，建立视图的命令是(　　)。
   A. CREATE SCHEMA 命令
   B. CREATE TABLE 命令
   C. CREATE VIEW 命令
   D. CREATE INDEX 命令

10. 一个关系中的候选关键字(　　)。

A. 至多一个　　B. 可多个　　C. 必须多个　　D. 至少 3

三、问答题

1. 简述创建数据库的方法。

2. 简述创建数据表的方法。

3. 编写一个 JSP 页面 b.jsp，要求 b.jsp 调用 Tag 文件 AddRecord.tag 向数据库的表中添加一条记录。

第12章 网上书店系统设计

本章要点

1. 网上书店系统的会员登录。
2. 在网上书店系统中选书。

学习目标

1. 掌握网上书店系统会员登录设计方法。
2. 掌握网上书店系统选书模块编程方法。
3. 掌握网上书店系统提交订单的编程方法。

12.1 网上书店系统会员登录

本章我们使用 JSP 和 JavaBean 来构建一个网上书店。本章介绍的案例可以分成两大部分，第一部分是客户端程序，用于客户在网上选购图书；第二部分是管理程序，用于在服务器端处理客户的订单。客户端程序由以下几个部分构成。

◎ default.jsp：会员登录界面(首页)。

◎ checklogon.jsp：检测登录代码和密码是否一致。

◎ BuyerBean：会员的合法性检验所用的 Bean。

◎ booklist.jsp：登录会员显示当前书店中可供选择的图书。

◎ addcart.jsp：将所选的图书加入购物车。

◎ shoppingcart.jsp：查看购物车的内容。

做一个网上书店，在顾客开始购书之前，必须要记录用户的一些信息以便用户在不同的分类、不同的页面购书时，最后能够去收款台统一结账，而且网上书店同时有许多人在选购图书，也要求对不同的顾客进行区分，我们可以要求顾客在购书之前注册成为会员，以后只用会员代码和密码即可登录。

为了便于说明现在的电子商务网站，由 JSP 做页面表现，由 JavaBean 做应用逻辑的结构，本例将会员登录程序分成两大部分：

(1) JavaBean 用于对数据库的操作，验证用户名和密码是否正确。

(2) JSP 页面用于输入用户会员代码和密码以及显示验证结果。

12.1.1 会员登录 JavaBean

网上书店的会员信息的库结构如表 12-1 所示。(数据库仍采用 example 库，建表语句见配套资源文件 example.sql)

表 12-1 会员信息库

字段名称	数据类型	说　明
memberID	文本	用户代码
Membername	文本	用户名
logonTime	数字	登录次数
pwd	文本	密码
phoneCode	文本	电话
zipcode	文本	邮政编码
address	文本	地址
email	文本	电子邮件地址

其中，memberID 是主键，用于区分不同的会员，新会员注册时只能使用没有被使用的用户代码。

在验证时我们只要根据用户的 memberID 和其 pwd 是否一致，即可判断该用户是否合法，如果合法则其登录次数加 1。

下面是用户验证部分的 Java Bean 代码，即 BuyerBean.Java：

```
package ch12;
/*
*Copyright ? 2000, 2001 by cuug llp.
*本 Bean 中有两个 set 方法和两个 get 方法：
*setMemberID( )— 对 BuyerBean 中的 memberID 属性进行赋值；
*setPwd( )—对 BuyerBean 中的 pwd 属性进行赋值；
*getLogontime( )— 取该会员登录的次数
*getMenberName()获得该会员的真实姓名，用于显示欢迎信息。
*main( )方法用于将 BEAN 作为一个 Application 进行测试时使用，正式发布时可以删除。
**/

import java.sql.*;
public class BuyerBean {

    private String memberID = null ;        //会员 ID
    private String memberName = null;     //会员姓名
    private String pwd = null;             //密码
    private int logontime = -1;            //登录的次数
    private static String strDBDriver = "com.mysql.jdbc.Driver"; //JDBC
驱动
    private static String strDBUrl =
"jdbc:mysql://localhost:3306/example?user=root&password=123&characterEnc
oding=UTF-8";  //数据源
    private Connection conn =null;              //连接
    private ResultSet rs = null;                          //结果集

    public BuyerBean ( ){
        //加载 JDBC-ODBC 驱动
        try {
            Class.forName(strDBDriver );
        }
        //捕获异常
        catch(ClassNotFoundException e){
            System.err.println("BuyerBean():" + e.getMessage());
        }
    }

    //获得登录次数，登录的会员的名字也在该方法调用时获得
    public int getLogontime(){
        String strSql = null;
        try{
            conn = DriverManager.getConnection(strDBUrl);
            Statement stmt = conn.createStatement();
    strSql = "Select logonTime,membername from buyerInfo where memberID =
'"+
            memberID + "' and pwd ='" + pwd + "' ";
            rs = stmt.executeQuery(strSql);
```

```
            while (rs.next()){
                // 登录的次数
                logontime = rs.getInt("logonTime");
                //会员姓名
                 memberName = rs.getString("membername");
            }
            rs.close();
            //如果是合法会员则将其登录次数加 1
            if (logontime != -1 ) {
                strSql = "Update buyerInfo set logonTime = logonTime +1 where
memberID = '" + memberID + "' ";
                stmt.executeUpdate(strSql);
                logontime++;
            }
            stmt.close();
            conn.close();

        }
        //捕获异常
        catch(SQLException e){
            System.err.println(
"BuyerBean.getLogontime( ):" + e.getMessage());
        }
        return logontime;
    }
    //设置 memberID 属性
    public  void setMemberID(String ID){
        this.memberID = ID;
    }
    //设置 pwd 属性
    public void  setPwd(String password){
        this.pwd = password;
    }
    //获得该会员的真实姓名，必须在取得该会员登录的次数之后才能被赋予正确的值
    public String getMemberName(){
        return memberName;
    }
    //测试 Bean 中的各个方法是否能够正常工作
    public  static void main(String args[]){
        BuyerBean buyer = new BuyerBean();
        buyer.setMemberID("abcd");
        buyer.setPwd("1234");
        System.out.println(buyer.getLogontime());
        System.out.println(buyer.getMemberName());
    }
}
```

在 BuyerBean 中用 package ch12 发布到 Web Server 时，可以用 JAR(JDK 中带的打包工具)把编译后的 BuyerBean.class 打包成 JAR 文件，在服务器的环境变量 classpath 中给予指定，或者在服务器 classpath 环境变量指定的目录下建一个 ch12 文件夹，把 BuyerBean.class 放到 ch12 目录下。

12.1.2　会员登录 HTML 与 JSP

会员登录页面用于会员输入其 ID 和密码，当然首页还可以加一些广告等其他信息，在本例中略过。

default.html 的代码如下：

```
<contentType="text/html;charset=gb2312">
<html>
<!--
    Copyright © 1999 cuug,liu.-->

<head>
<title>CUUG ON LINE BOOK STORE - MEMBER LOGIN</TITLE>
</head>
<body bgcolor="white">

<H1 align="center">CUUG 网上书店</H1>
<H2 align="center">会员登录页</H2>
<P> </P>
<P> </P>
<center>
<FORM METHOD=POST ACTION="Checklogon.jsp">
<br>
<font size=5 color="green">
请输入会员代号和密码: <br>

会员代码:<input TYPE="text" name=memberID  > <br>
密    码:<input TYPE="password" name=pwd  > <br>

<br> <input TYPE=submit name=submit Value="登录">

</font>
</form>
</center>
</body>
</html>
```

在本例中提供了两个文本框供用户输入会员代号和登录密码，其运行结果如图 12-1 所示，当会员输入其代码和密码后调用 checklogon.jsp 来验证该网络用户是否是合法会员。

图 12-1　会员登录页

checklogon.jsp 接收用户在 default.htm 中填写的会员代码和密码，把它传给 BuyerBean，由 BuyerBean 判断该用户的会员代码和密码的正确性。若正确，显示欢迎信息；若不正确，则提供一个重新登录的链接。

Checklogon.jsp 的代码如下：

```
<%@ page language="java" contentType="text/html;charset=gb2312"
   pageEncoding="gb2312"%>
<!DOCTYPE html PUBLIC "-//W3C//DTD HTML 4.01 Transitional//EN"
"http://www.w3.org/TR/html4/loose.dtd">
<jsp:useBean class="ch12.BuyerBean" id="buyer" scope="page"></jsp:useBean>
<html>
<head>
<META name="CHECKLOGON">
<title>
CUUG ON LINE BOOK STORE - MEMBER LOGIN
</title>
</head>
<body bgcolor ="#FFFFFF">
<H1 align="center">CUUG 网上书店</H1>
<%
    String memberID = request.getParameter("memberID");
    String pwd = request.getParameter("pwd");
    buyer.setMemberID(memberID);
    buyer.setPwd(pwd);
%>
<% int logonTime = buyer.getLogontime();
   if (logonTime > 0){
        session.putValue("memberID",memberID);
%>
        <H2 align="center"><%= buyer.getMemberName() %>欢迎你第
<%= logonTime +1%>次来到 CUUG 网上书店</H2>
        <H2 align="center"><A href="booklist.jsp">进入书店</A></H2>
<%
   }
   else{
%>
    <H2 align="center">对不起, <%= memberID %>你的用户名和密码不一致</H2>
    <H2 align="center"><A href="default.html">重新登录</A></H2>

<%
   }
%>

</body>
</html>
```

登录正确时的结果如图 12-2 所示，错误时的结果如图 12-3 所示。

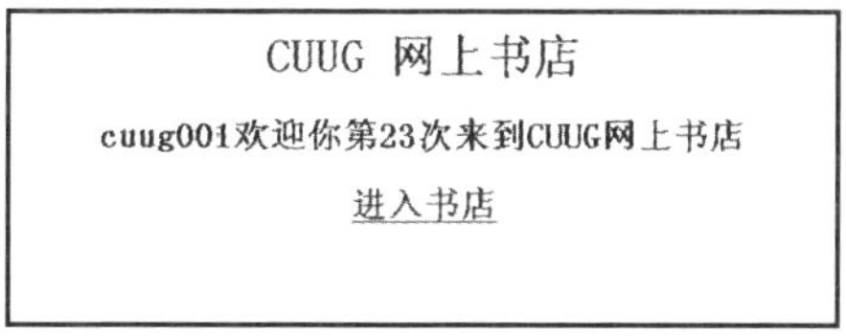

CUUG 网上书店

cuug001欢迎你第23次来到CUUG网上书店

进入书店

图 12-2 用户登录正确(会员 abcd 的真实姓名是 cuug001)

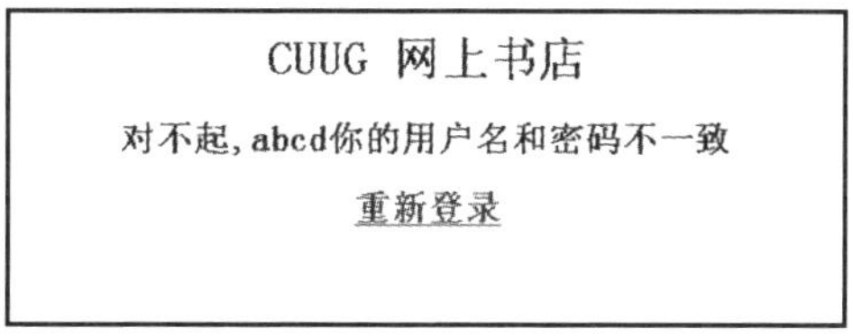

CUUG 网上书店

对不起，abcd你的用户名和密码不一致

重新登录

图 12-3 用户登录错误

12.2 选书

会员登录之后，可以看到书店中可供选择的图书，并且将他感兴趣的书放入“购物车”，去“收银台”结账之前，该用户可以放弃购买购物车中的任何一本书。在此处我们用 BookBean 来获取图书的信息，在 Booklist.jsp 中显示这些书。

在会员选书部分，我们仍用 JavaBean 来操作数据库，用 jsp 来做页面表现。

12.2.1 选书 JavaBean

图书信息的表结构如表 12-2 所示，为了便于说明，在本例中 price 也设置成了 String 型，在实际应用中应该设置成货币或浮点型。

表 12-2 图书信息的表结构

字段名称	数据类型	说 明
bookISBN	String	图书编号
bookName	String	书名
bookAuthor	String	作者
publisher	String	出版社
price	String	价格
introduce	String	简介

其中，bookISBN 是主键，用于区分不同的图书。JavaBean 要根据不同图书的 bookISBN 来获得其相应的书名、作者、出版社、价格、简介等信息。同时 JavaBean 还要有列出书店中所有图书的信息的功能。

BookBean.java 的代码如下：

```
/**
*Copyright ? 2000, 2001 by cuug ,llp.
*本 Bean 中的各个方法的功能介绍如下：
```

```
*setBookISBN():设置图书的编号，同时根据编号更新相应的书名、作者、出版社、价格和简介
*getBookList()— 取得书库中全部书的书名、出版社、价格、作者等信息;
*getBookISBN()— 取得当前图书的编号;
    *getBookName()—取得当前图书的书名;
    *getBookAuthor()—取得当前图书的作者;
    *getPublisher()—取得当前图书的出版社信息;
    *getPrice()—取得当前图书的价格;
* getIntroduce()取得当前图书的简介信息。
    *main()方法用于将 BEAN 作为一个 Application 进行测试时使用，正式发布时可以删除。
    **/

package ch12;

import java.sql.*;
public class BookBean {
    private String bookISBN = null;          //图书编号
    private String bookName = null;          //书名
    private String bookAuthor = null;        //作者
    private String publisher = null;         //出版社
    private String introduce = null;         //简介
    private String price = null;             //价格
    private static String strDBDriver = "com.mysql.jdbc.Driver";
    private static String strDBUrl = "jdbc:mysql://localhost:3306/
example?user=root&password=123&characterEncoding=UTF-8";
    private Connection conn =null;
    private ResultSet rs = null;

    public BookBean(){
        //加载驱动
        try {
            Class.forName(strDBDriver );
        }
        catch(ClassNotFoundException e){
            System.err.println("BookBean ():" + e.getMessage());
        }
    }
    //取当前书库中全部图书信息
    public ResultSet getBookList(){
        String strSql = null;
        try{
            //建立与数据库的连接
            conn = DriverManager.getConnection(strDBUrl);
            Statement stmt = conn.createStatement();
            strSql = "Select bookISBN,bookName,bookAuthor,publisher,price
from bookInfo ";
            rs = stmt.executeQuery(strSql);
        }
        //捕获异常
        catch(SQLException e){
            System.err.println("BookBean.getBookList():" +
e.getMessage());
```

```
        }
        return rs ;
    }
    //根据图书的编号给图书的其他信息赋值
    private  void getBookInfo(String ISBN){
        String strSql = null;
        bookName = null;
        bookAuthor = null;
        publisher = null;
        introduce = null;
        price = null;
        try{
            //建立和数据库的连接
            conn = DriverManager.getConnection(strDBUrl);
            Statement stmt = conn.createStatement();
            strSql = "Select * from bookInfo where bookISBN = '" + ISBN + "'";
            rs = stmt.executeQuery(strSql);
            while (rs.next()){
                bookName = rs.getString("bookName");
                bookAuthor = rs.getString("bookAuthor");
                publisher = rs.getString("publisher");
                introduce = rs.getString("introduce");
                price = rs.getString("price");
            }
        }
        //捕获异常
        catch(SQLException e){
            System.err.println("BookBean.getBookList():" +
e.getMessage());
        }
    }
    //给图书的编号赋值，同时调用函数给图书的其他信息赋值
    public  void setBookISBN (String ISBN){
        this.bookISBN = ISBN;
        getBookInfo(bookISBN);
    }
    //取图书编号
    public  String getBookISBN (){
        return bookISBN ;
    }
    //取书名
    public String getBookName(){
        return bookName ;
    }
    //取作者信息
    public String getBookAuthor(){
        return bookAuthor;
    }
    //取出版社信息
    public String getPublisher(){
        return publisher;
```

```
    }
    //取图书简介
    public String getIntroduce(){
        return introduce ;
    }
    //取图书价格
    public String getPrice(){
        return price;
    }
    //将 Bean 作为一个 application 进行测试用
    public  static void main(String args[]){
        BookBean book = new BookBean ();
        book.setBookISBN("7-5053-5316-4");

        System.out.println(book.getBookName());
        System.out.println(book.getBookAuthor());
        System.out.println(book.getPublisher());
        System.out.println(book.getIntroduce());
        System.out.println(book.getPrice());
        try{
            ResultSet tmpRS = book.getBookList();
            while (tmpRS.next()){
                System.out.println(tmpRS.getString("bookname"));
            }
            tmpRS.close();
        }
        //捕获异常
        catch(Exception e){
            System.err.println("main()" + e.getMessage());
        }
    }
}
```

12.2.2 选书 JSP

会员正确登录之后，即可进入书店进行选书，我们已经在 checklogon.jsp 中将会员的代码(memberID)放入系统的 session 中，为了保证用户只能从主页面登录书店，我们在给会员显示可供选择的图书之前，先检查 session 中是否有 memberID 的合法值，如果没有，则会提示用户先去登录。

booklist.jsp 的代码如下：

```
<%@ page language="java" contentType="text/html; charset=gb2312"
    pageEncoding="gb2312"%>
<%@ page language="java" import="java.sql.*" %>
<!DOCTYPE html PUBLIC "-//W3C//DTD HTML 4.01 Transitional//EN"
"http://www.w3.org/TR/html4/loose.dtd">
<jsp:useBean class="ch12.BookBean" id="book" scope="page"></jsp:useBean>
<html>
<head>
<META http-equiv="Content-Style-Type" content="text/css">
```

```
<title>
CUUG Book Store On Line -member:<%= session.getValue("memberID") %>
</title>
<script language="JavaScript">
<!--
function openwin(str)
{   window.open("addcart.jsp?isbn="+str, "shoppingcart","width=300,height
=200,resizable=1,scrollbars=2");
    return;
}
//-->
</script>
</head>
<body bgcolor ="#FFFFFF">
<H1 align="center">CUUG 网上书店</H1>
<%
if (session.getValue("memberID") == null
||"".equals(session.getValue("memberID"))){
%>
    <H2 align="center">请先登录,然后再选书</H2>
    <H2 align="center"><A href="default.html">登录</A></H2>
<%
}
else{
%>
<table width="100%" border="1" cellspacing="0" bordercolor="#9999FF">
  <tr>
    <td><font color="#3333FF">书名</font></td>
    <td><font color="#3333FF">作者</font></td>
    <td><font color="#3333FF">出版社</font></td>
    <td><font color="#3333FF">定价</font></td>
    <td> </td>
  </tr>
<%
    ResultSet rs = book.getBookList();
    while(rs.next()){
         String ISBN = rs.getString("bookISBN");
%>
  <tr>
    <td><a href="bookinfo.jsp?isbn=
<%= ISBN%>"><%= rs.getString("bookName")%></A></td>
    <td><%= rs.getString("bookAuthor")%></td>
    <td><%= rs.getString("publisher")%></td>
    <td><%= rs.getString("price")%></td>
    <td><a href='Javascript:openwin("<%= ISBN %>")'>加入购物车</a></td>
  </tr>
  <%
   }
%>
<table align="center" border="0">
  <tbody>
```

```
  <tr>
    <td><a href="shoppingcart.jsp"><font color="#0000FF">
查看购物车</font></a></td>
    <td></td>
  </tr>
  </tbody>
</table>
<p> </p>
<%
}
%>
</body>
</html>
```

登录的会员和没有登录的会员进入该页面时的结构分别如图 12-4 和图 12-5 所示。正确登录的会员代码在浏览器的标题栏显示：member:“会员代码”。

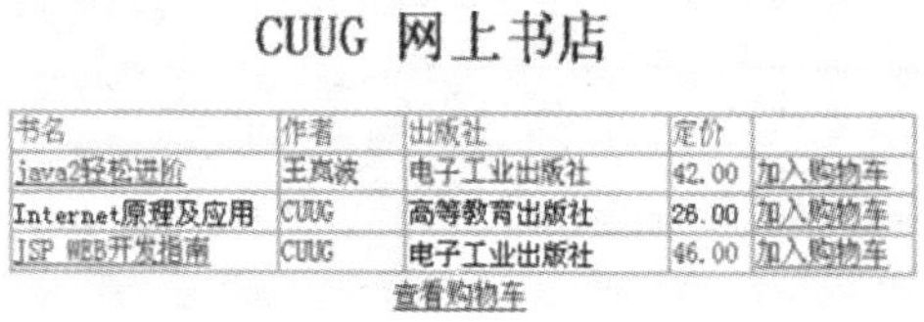

CUUG 网上书店

书名	作者	出版社	定价	
java2轻松进阶	王岚波	电子工业出版社	42.00	加入购物车
Internet原理及应用	CUUG	高等教育出版社	26.00	加入购物车
JSP WEB开发指南	CUUG	电子工业出版社	46.00	加入购物车

查看购物车

图 12-4　会员 abcd 正确登录

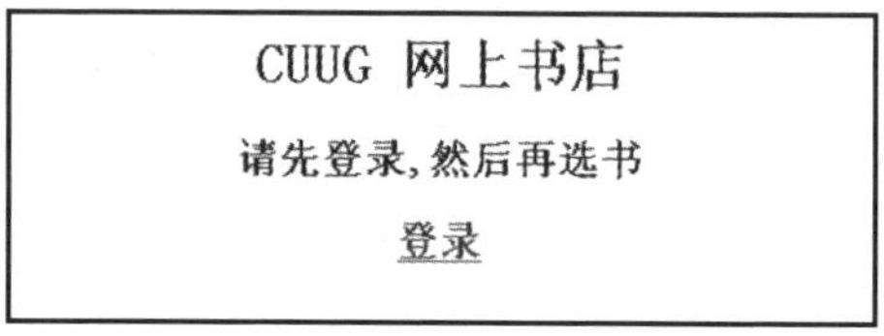

CUUG 网上书店

请先登录，然后再选书

登录

图 12-5　会员未登录而直接选书

本例利用 JavaScript 语句定义了一个函数来调用另一个 jsp 处理把书加入购物车的操作：

```
<script language="JavaScript">
<!--
function openwin(str)
{   window.open("addcart.jsp?isbn="+str,
     "shoppingcart","width=300,height=200,resizable=1,scrollbars=2");
    return;
}
//-->
</script>
```

该函数打开 addcart.jsp 并将图书编号作为参数传给 addcart.jsp。

addcart.jsp 利用 Cookie 来保存所选购的图书信息，Cookie 相当于一个购物车。为了与其他 Cookie 变量区分，每个写入 Cookie 的图书编码前面都加上 ISBN 作为标志。在购物车中加入图书的代码如下：

```
<%@ page language="java" contentType="text/html; charset=gb2312"
    pageEncoding="gb2312"%>

<!DOCTYPE html PUBLIC "-//W3C//DTD HTML 4.01 Transitional//EN"
"http://www.w3.org/TR/html4/loose.dtd"><%
/*Cookie 信息处理*/
/*增加 Cookie*/
if (request.getParameter("isbn")!=null)
{   Cookie cookie=new Cookie("ISBN"+request.getParameter("isbn"),"1");
    cookie.setMaxAge(30*24*60*60);//设定 Cookie 有效期限 30 日
```

```
    response.addCookie(cookie);
}
%>
<html>
<head>
<script language="Javascript">
function Timer(){setTimeout("self.close()",10000)}
</script>
<title>购物车——CUUG 网上订书系统</title>
</head>
<body onload="Timer()">
<table width=100%>
<tr><td align=center>图书已经成功放入购物车！</td></tr>
<tr><td align=center><A href="shoppingcart.jsp" target=resourcewindow>
<font class=font1 color=darkblue>
查看购物车 SHOPPING CART</font></A></u></font></td></tr>
<tr><td align=center><a href="order.jsp" target=resourcewindow>
<font class=font1 color=darkblue>
提交订单 ORDER</font></a></u></font></td></tr>
  <tr><td align=center>
<input type="button" value="继续购买" name="B3"
LANGUAGE="Javascript" onclick="window.close()"
style="border: #006699 solid 1px;background:#ccCCcc"></td>
  </tr>
 <tr><td align=center>
(此窗口将为您在 10 秒内自动关闭，您的商品已经安全地保存在购物车中。)
</td></tr>
</table>
</body>
</html>
```

在 addcart.jsp 中利用 JavaScript 定义了一个函数 Timer()，由它来控制该窗口的显示时间(<BODY onload="Timer()">)。继续购买部分也是由 JavaScript 定义的函数来控制关闭窗口。其运行结果如图 12-6 所示。

图书已经成功放入购物车！
查看购物车SHOPPING CART
提交订单 ORDER
继续购买
（此窗口将为您在10秒内自动关闭，
您的商品已经安全地保存在购物车中。

图 12-6 加入购物车

如图 12-6 所示的界面中，提供了一个查看购物车的超链接，查看购物车的程序如下所示。它从 Cookie 中取出图书的编号，并将它传给 BookBean，由 BookBean 来获得图书的详细资料。购物车的 shoppingcart.jsp 代码如下：

```
<%@ page language="java" contentType="text/html; charset=gb2312"
    pageEncoding="gb2312"%>
<!DOCTYPE html PUBLIC "-//W3C//DTD HTML 4.01 Transitional//EN"
"http://www.w3.org/TR/html4/loose.dtd">
<jsp:useBean class="ch12.BookBean" id="bookinfo"
```

```
scope="page"></jsp:useBean>
<%
/*禁止使用浏览器 Cache*/
response.setHeader("Pragma", "No-cache");
response.setHeader("Cache-Control", "no-cache");
response.setDateHeader("Expires",0);
%>
<html>
<head>
<META http-equiv="Content-Style-Type" content="text/css">
<title>
查看购物车 -member:<%= session.getValue("memberID") %>
</title>
</head>
<body bgcolor ="#FFFFFF">
<H1 align="center">CUUG 网上书店购物车</H1>
<form>
  <table border="1" width="100%" cellspacing="0" bordercolor="#9999FF">
    <tr>
      <td width="82"><font color="#0000FF">ISBN</font></td>
      <td width="258"><font color="#0000FF">书名</font></td>
      <td width="62"><font color="#0000FF">单价</font></td>
      <td width="36"><font color="#0000FF">数量</font></td>
      <td width="43"><font color="#0000FF"> </font></td>
    </tr>
    <%
/*读取购物车信息*/
        Cookie[] cookies=request.getCookies();
        for (int i=0;i<cookies.length;i++)
        {
            String isbn=cookies[i].getName();
            String num=cookies[i].getValue();
            if (isbn.startsWith("ISBN")&&isbn.length()==21)
            {
                bookinfo.setBookISBN(isbn.substring(4,21));
        %>
    <tr>
      <td width="82"><%=bookinfo.getBookISBN()%></td>
      <td width="258">
<A href="bookinfo.jsp?isbn=<%=bookinfo.getBookISBN()%>">
<%= bookinfo.getBookName()%></A></td>
      <td width="62"><%= bookinfo.getPrice()%></td>
      <td width="36">
        <input size="5" type="text" maxlength="5" value="<%=num%>"
         name="num" readonly>
      </td>
      <td width="43">
<A href="delbook.jsp?isbn=<%= bookinfo.getBookISBN()%>">
删除</A></td>
    </tr>
    <%
```

```
        }
    }
%>
  </table>
<br>
  <table border="0" width="100%">
    <tbody>
    <tr>
      <td width="19%"><A href="booklist.jsp">返回首页</A></td>
      <td width="24%"><a href="emptycart.jsp">清空购物车</a></td>
      <td width="27%">修改数量</TD>
      <td width="30%"><a href="order.jsp">填写 / 提交订单</a></td>
    </tr>
  </tbody>
</table>
</form>
</body>
</html>
```

查看购物车的内容如图 12-7 所示。

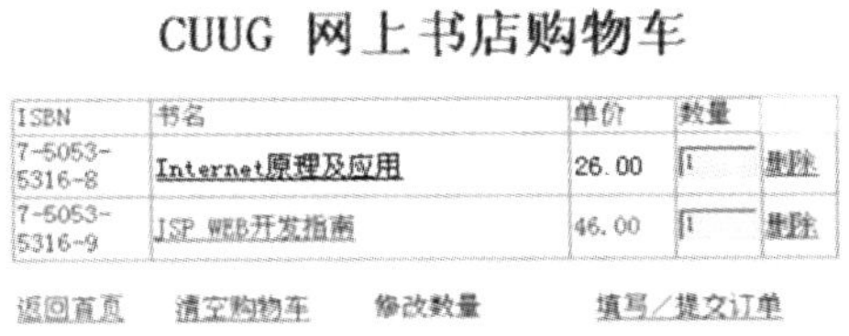

CUUG 网上书店购物车

ISBN	书名	单价	数量	
7-5053-5316-8	Internet原理及应用	26.00	1	删除
7-5053-5316-9	JSP WEB开发指南	46.00	1	删除

返回首页　清空购物车　修改数量　填写／提交订单

图 12-7　查看购物车的内容

在查看购物车的内容时提供了一个删除图书的功能，其目的是从购物车删除不想购买的图书，delbook.jsp 的代码如下：

```
<%@ page language="java" contentType="text/html; charset=gb2312"
    pageEncoding="gb2312"%>
<!DOCTYPE html PUBLIC "-//W3C//DTD HTML 4.01 Transitional//EN"
"http://www.w3.org/TR/html4/loose.dtd">
<%
/*Cookie 信息处理*/
/*清除 Cookie*/
if (request.getParameter("isbn")!=null)
{
    Cookie cookie=new Cookie("ISBN"+request.getParameter("isbn"),"0");
    cookie.setMaxAge(0);//设定 Cookie 立即失效
    response.addCookie(cookie);
}
%>
<!--jsp:forward page="shoppingcart.jsp" /-->
<html>
<head>
<meta http-equiv="refresh" content="1;URL=shoppingcart.jsp"><!-- 本网页显示
1 秒后关闭 -->
```

```
</head>
<body >
删除图书 ......
</body>
</html>
```

在删除图书动作完成之后，本例利用 jsp:forward 动作将页面继续转向购物车页面。即图 12-8 只显示一瞬间，浏览器又成为购物车内容的页面。

删除图书 ......

图 12-8　删除图书的页面

如果一个会员选了很多书，逐个删除比较麻烦。为了方便会员放弃选购的所有图书，可以重新开始选书，本例提供了清空购物车程序(emptycart.jsp)，用于清空购物车。其原理与删除图书相同，只是把全部的 Cookie 中有关图书的内容都清空了。emptycart.jsp 的代码如下：

```
<%@ page language="java" contentType="text/html; charset=gb2312"
    pageEncoding="gb2312"%>
<!DOCTYPE html PUBLIC "-//W3C//DTD HTML 4.01 Transitional//EN"
"http://www.w3.org/TR/html4/loose.dtd">
<%
/*清空 Cookie(购物车)信息*/
Cookie[] cookies=request.getCookies();
for (int i=0;i<cookies.length;i++)
{
    String isbn=cookies[i].getName();
    if (isbn.startsWith("ISBN")&&isbn.length()==21)
    {
        Cookie c=new Cookie(isbn,"0");
        c.setMaxAge(0);//设定 Cookie 立即失效
        response.addCookie(c);
    }
}
%>

<!--jsp:forward page="shoppingcart.jsp" /-->

<html>
<head>
<meta http-equiv="refresh" content="0;URL=shoppingcart.jsp">
</head>
<body>
清空购物车......
</body>
</html>
```

运行结果如图 12-9 所示。

图 12-9 清空购物车的页面

从图书选择页面和购物车页面，单击图书名称，都可以查看图书的详细信息。查看图书详细信息的 jsp 仍用 BookBean 来获取图书的详细信息，只是在该页面中可以看到更加详细的信息。bookinfo.jsp 的代码如下：

```
<%@ page language="java" contentType="text/html; charset=gb2312"
   pageEncoding="gb2312"%>
<!DOCTYPE html PUBLIC "-//W3C//DTD HTML 4.01 Transitional//EN"
"http://www.w3.org/TR/html4/loose.dtd">
<jsp:useBean class="ch12.BookBean" id="bookinfo" scope="page">
</jsp:useBean>
<html>
<head>
<META http-equiv="Content-Style-Type" content="text/css">
<title>
图书信息
</TITLE>
<SCRIPT language="JavaScript">
<!--
function openwin(str)
{   window.open("addcart.jsp?isbn="+str,
    "shoppingcart","width=300,height=200,resizable=1,scrollbars=2");
    return;
}
//-->
</SCRIPT>
</head>
<body bgcolor ="#FFFFFF">
<form >
  <%
/*读取购物车信息*/
if (request.getParameter("isbn")!=null)
{
    String isbn = request.getParameter("isbn");
    bookinfo.setBookISBN(isbn);
%>
  <table border="0" width="100%">
    <tbody>
    <tr>
      <td width="116"><font color="#6600FF">ISBN</font></td>
      <td width="349"><font color="#6600FF">
         <%= bookinfo.getBookISBN()%></font></td>
```

```
    </tr>
    <tr>
      <td width="116"><font color="#6600FF">书名</font></td>
      <td width="349"><font color="#6600FF">
         <%= bookinfo.getBookName()%></font></td>
    </tr>
    <tr>
      <td width="116"><font color="#6600FF">出版社</font></td>
      <td width="349"><font color="#6600FF">
         <%= bookinfo.getPublisher()%></font></td>
    </tr>
    <tr>
      <td width="116"><font color="#6600FF">作者/译者</font></td>
      <td width="349"><font color="#6600FF">
         <%= bookinfo.getBookAuthor()%></font></td>
    </tr>
    <tr>
      <td width="116"><font color="#6600FF">图书价格</font></td>
      <td width="349"><font color="#6600FF">
         <%= bookinfo.getPrice()%></font></td>
    </tr>
    <tr>
      <td height="18" colspan="3">
        <div align="center"><font color="#6600FF">内容简介</font></div>
      </td>
    </tr>
    <tr>
      <td height="18" colspan="3">
        <div align="right"> <br>
          <TEXTAREA rows="10" cols="60" readonly name="content">
              <%= bookinfo.getIntroduce()%></TEXTAREA>
        </div>
      </td>
    </tr>
    </tbody>
  </table>
<%

}
else
{   out.println("没有该图书数据");
}
%>
</form>
<table align="center" border="0">
  <tbody >
  <tr>

<td>
<a href='Javascript:openwin("<%=request.getParameter("isbn")%>")'>
加入购物车</a></td>
```

```
        <td><A href="shoppingcart.jsp">查看购物车</A></td>
        <td><A href="booklist.jsp">返回首页</A></td>
        <td></td>
      </tr>
    </tbody>
  </table>
</body>
</html>
```

运行结果如图 12-10 所示。

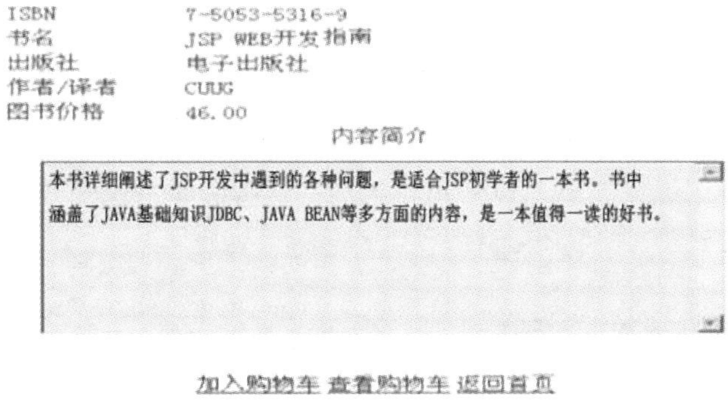

ISBN 7-5053-5316-9
书名 JSP WEB开发指南
出版社 电子出版社
作者/译者 CUUG
图书价格 46.00
内容简介
本书详细阐述了JSP开发中遇到的各种问题，是适合JSP初学者的一本书。书中涵盖了JAVA基础知识JDBC、JAVA BEAN等多方面的内容，是一本值得一读的好书。
加入购物车 查看购物车 返回首页

图 12-10　图书详细信息

12.3 订单提交及查询

用户一旦确定所要购买的图书后，就可以提交订单，以便书店按照相应的方式进行处理。而且，为方便用户查询是否已经提交订单及订单的状态，本例提供了订单查询功能。在此处我们用 OrderBean 将订单提交到数据库中，在 order.jsp 中显示并提交订单信息，用 queryorder.jsp 来查询订单。

在会员选书部分，我们仍用 JavaBean 来操作数据库，用 jsp 来做页面表现。

12.3.1 订单提交 Java Bean

为了减少数据冗余，订单信息由两张表来记录信息：orderInf 表记录订单的有关公用信息，如表 12-3 所示；orderdetail 表记录该订单包含哪些书籍及其数量，表结构如表 12-4 所示。

表 12-3　订单信息表的结构

字段名称	数据类型	说　明
orderID	自动增加	
userID	文本	会员 ID
receiverName	文本	接收者姓名
receiverAddress	文本	接收者地址
receiverZip	文本	接收者邮编

续表

字段名称	数据类型	说　明
orderMemo	文本	备注
orderPrice	文本	价格
orderdate	日期/时间	

表 12-4　订单详情表结构

字段名称	数据类型	说　明
orderID	数字	订单号
bookISBN	文本	书号
bookcount	数字	数量

所有的对数据库的操作都由 JavaBean 来完成，OrderBean.java 的代码如下：

```
package ch12;

import java.sql.Connection;
import java.sql.DriverManager;
import java.sql.ResultSet;
import java.sql.SQLException;
import java.sql.Statement;
import java.text.SimpleDateFormat;

public class OrderBean {

    private static String strDBDriver = "com.mysql.jdbc.Driver";
    private static String strDBUrl = "jdbc:mysql://localhost:3306/
example?user=root&password=123&characterEncoding=UTF-8";
    private Connection conn =null;
    private ResultSet rs = null;
    private String bookInfo = null;
    private String orderPrice = null;
    private String orderDate = null;
    private int orderID;
    private String orderMemo = null;
    private String receiverAddress = null;
    private String receiverName = null;
    private String receiverZip = null;
    private String userID = null;

    public OrderBean(){
        try {
            Class.forName(strDBDriver );
        }
        catch(ClassNotFoundException e){
            System.err.println("OrderBean ():" + e.getMessage());
        }
    }
```

```
    public  static void main(String args[]){
    }


/**
 * 返回定单的总价。
 * @return String
 */
public String getOrderPrice() {
        return orderPrice;
}

/**
 *返回定单的日期 。
 * @return String
 */
public String getOrderDate() {
        orderDate = new SimpleDateFormat("yyyy-MM-dd").format(new
java.util.Date());
        return orderDate;
}

/**
 * 返回定单的 ID 号。
 * @return String
 */
public int getOrderID() {
        return orderID;
}

/**
 * 返回定单的备注信息。
 * @return String
 */
public String getOrderMemo() {
        return orderMemo;
}

/**
 * 返回接收者的地址
 * @return String
 */
public String getReceiverAddress() {
    return receiverAddress;
}

/**
 * 返回接收者的姓名。
 * @return String
```

```
 */
public String getReceiverName() {
        return receiverName;
}

/**
 * 返回接收者的邮政编码。
 * @return String
 */
public String getReceiverZip() {
        return receiverZip;
}

/**
 * 获得用户 ID。
 * @return String
 */
public String getUserID() {
        return userID;
}

/**
 * 给图书信息赋值。
 * @param newBooks Java.util.Properties
 */
public void setBookInfo(String newBookInfo) {
        bookInfo = newBookInfo;
        createNewOrder();
        System.out.println("orderID="+orderID);
        int fromIndex = 0;
        int tmpIndex = 0;
        int tmpEnd = 0;
        String strSql = null;
        try{
            conn = DriverManager.getConnection(strDBUrl);
            Statement stmt = conn.createStatement();
            while(bookInfo.indexOf(';',fromIndex) != -1 ){
                tmpEnd = bookInfo.indexOf(';',fromIndex);
                tmpIndex = bookInfo.lastIndexOf('=',tmpEnd);
                strSql = "insert into orderdetail
(orderID ,bookISBN ,bookcount)"
                    + " values( '" +getOrderID()
+ "', '" + bookInfo.substring(fromIndex ,tmpIndex) + "', "
                    + bookInfo.substring(tmpIndex+1 ,tmpEnd) + " )" ;
                stmt.executeUpdate(strSql);
            fromIndex = tmpEnd + 1;
            }
            stmt.close();
            conn.close();
        }
        catch(SQLException e){
```

```
            System.err.println("BuyerBean.getLogontimes():" +
e.getMessage());
        }
}

/**
 *给定单的总价赋值。
 * @param newOderprice String
 */
public void setOrderPrice(String newOrderPrice) {
        orderPrice = newOrderPrice;
}

/**
 * 给定单的备注赋值。
 * @param newOrderMemo String
 */
public void setOrderMemo(String newOrderMemo) {
        orderMemo = newOrderMemo;
}

/**
 * 给接收者的地址赋值。
 * @param newReceiverAddress String
 */
public void setReceiverAddress(String newReceiverAddress) {
    receiverAddress = newReceiverAddress;
}
/**
 * 给接收者的姓名赋值。
 * @param newReceiverName String
 */
public void setReceiverName(String newReceiverName) {
    receiverName = newReceiverName;
}

/**
 * 给接收者的邮政编码代码赋值。
 * @param newReceiverZip String
 */
public void setReceiverZip(String newReceiverZip) {
        receiverZip = newReceiverZip;
}

/**
 * 给用户代码赋值。
 * @param newUserID String
 */
public void setUserID(String newUserID) {
        userID = newUserID;
}
```

```
/**
 * 创建一个新定单
 */
public void createNewOrder() {
        String strSql = null;
    try{
            conn = DriverManager.getConnection(strDBUrl);
            Statement stmt = conn.createStatement();
            strSql = "insert into orderInfo
(userID,receiverName,receiverAddress,receiverZip,orderMemo,orderPrice,Or
derdate)"
                + " values( '" +getUserID() + "', '" + getReceiverName() +
"', '"
                + getReceiverAddress() + "', '"
+ getReceiverZip() + "', '" + getOrderMemo() + "', "
                + getOrderPrice() + " ,'" +getOrderDate() + "')" ;
        stmt.executeUpdate(strSql);
        System.out.println("userID="+getUserID());
        strSql = "select max(OrderID) from  orderInfo where userID = '"
+getUserID()
+ "' and receiverName = '" + getReceiverName()
+ "' and receiverAddress =  '" + getReceiverAddress()
+"' and receiverZip =  '"  + getReceiverZip()
+"' and orderMemo = '" + getOrderMemo()
+ "' and orderPrice = " + getOrderPrice()
+"  and Orderdate  = '" +getOrderDate() + "'" ;
        orderID = 0;
        System.out.println("strSql="+strSql);
        rs = stmt.executeQuery(strSql);
        while (rs.next()){
            orderID = rs.getInt(1);

        }
        rs.close();
        stmt.close();
        conn.close();

    }
    catch(SQLException e){
        System.err.println("BuyerBean.getLogontimes():" + e.getMessage());
    }
}
}
```

在本 Bean 中，如果一张订单中有多种书籍，可以用“BOOKISBN = BOOKCOUNT; BOOKISBN = BOOKCOUNT;”的形式组成字符串，来向 JAVABEAN 中的 bookinfo 赋值。在赋值后，Bean 内部完成创建订单，并将各个图书信息拆分，提交订单的详细信息。

12.3.2 订单提交 JSP

用 JSP 页面来显示用户所选的图书的信息，并提供一个提交按钮，为便于程序的管理，我们将显示和处理结果放在一个 JSP 中。order.jsp 的代码如下：

```
<%@ page language="java" contentType="text/html; charset=gb2312"
   pageEncoding="gb2312"%>
<!DOCTYPE html PUBLIC "-//W3C//DTD HTML 4.01 Transitional//EN"
"http://www.w3.org/TR/html4/loose.dtd">
<jsp:useBean class="ch12.BookBean" id="bookinfo"
scope="request"></jsp:useBean>
<jsp:useBean class="ch12.OrderBean" id="orderBean"
scope="request"></jsp:useBean>
<%
/*禁止使用浏览器 Cache，网页立即失效*/
response.setHeader("Pragma", "No-cache");
response.setHeader("Cache-Control", "no-cache");
response.setDateHeader("Expires",0);
%>
<html>
<head>
<META http-equiv="Content-Style-Type" content="text/css">
<title>
填写订单
</title>
</head>
<body bgcolor ="#FFFFFF">
<%
if ("send".equals(request.getParameter("send")))
{
   orderBean.setUserID((String)session.getValue("memberID"));
   String str=request.getParameter("receivername");
   orderBean.setReceiverName(str==null?"":str);
   str=request.getParameter("orderprice");
   orderBean.setOrderPrice(str==null?"0":str);
   str=request.getParameter("address");
   orderBean.setReceiverAddress(str==null?"":str);
   str=request.getParameter("postcode");
   orderBean.setReceiverZip(str==null?"":str);
   str=request.getParameter("memo");
   orderBean.setOrderMemo(str==null?"":str);
   str=request.getParameter("bookInfo");
   orderBean.setBookInfo(str==null?"":str);
   int orderID=orderBean.getOrderID() ;
   if (orderID>0)
   {   /*清空 Cookie(购物车)信息*/
      Cookie[] cookies=request.getCookies();
      for (int i=0;i<cookies.length;i++)
      {   String isbn=cookies[i].getName();
```

```
            if (isbn.startsWith("ISBN")&&isbn.length()==21)
            {   Cookie c=new Cookie(isbn,"0");
                c.setMaxAge(0);//设定 Cookie 立即失效
                response.addCookie(c);
            }
        }
%>
<p align="center">订购成功!</p>
<p align="center"> 订单号:<%=orderID%></p>
<p align="center"><a href="booklist.jsp">返回首页</a></p>
<%
    }
    else
    {
    out.print("订购失败\n");

    }
}

else
{   float price=0;
    String bookInfo="";

%>
<form method="post" name="frm">
  <table border="1" width="100%" cellspacing="0" bordercolor="#9999FF">
    <tr>
      <td width="90">ISBN</td>
      <td width="269">书名</td>
      <td width="50">单价</td>
      <td width="75">数量</td>
      <td width="48">价格 </td>
    </tr>
<%  /*读取购物车信息*/
    Cookie[] cookies=request.getCookies();
    for (int i=0;i<cookies.length;i++)
    {   String isbn=cookies[i].getName();
        String num=cookies[i].getValue();
        if (isbn.startsWith("ISBN")&&isbn.length()==21)
        {
            bookinfo.setBookISBN(isbn.substring(4,21));
            Float bookPrice = new Float(bookinfo.getPrice());
%>
    <tr>
      <td width="90"><%= bookinfo.getBookISBN()%></td>
      <td width="269"><A href="bookinfo.jsp?isbn=<%=
bookinfo.getBookISBN()%>"><%= bookinfo.getBookName()%></A></td>
      <td width="50"><%= bookPrice%></td>
      <td width="75">
        <input size="5" type="text" maxlength="5" value="<%= num%>"
name="num" readonly></td>
```

```
        <td width="48"><%=  bookPrice.floatValue() *
Integer.parseInt(num)%></td>
    </tr>

<%
            price += bookPrice.floatValue()*Integer.parseInt(num);
            bookInfo += bookinfo.getBookISBN()+"="+num+";";

        }

    }
%>
</table>
  <p> </p>
  <table width="100%" border="0">
    <tr>
      <td width="34%"> </td>
      <td width="41%">
        <div align="center"><a href="shoppingcart.jsp">修改图书订单</a></div>
      </td>
      <td width="25%"> </td>
    </tr>
  </table>
  <p><font color="#0000FF">如以上信息无误，请填写以下信息并按提交按钮提交订单，完成
网上订书：</font></p>
  <table width="100%" border="0">
    <tr>
      <td width="17%"><font color="#0000FF">收书人姓名</font></td>
      <td width="83%">
        <input type="text" name="receivername" size="10" maxlength="10">
      </td>
    </tr>
    <tr>
      <td width="17%"><font color="#0000FF">订单总金额</font></td>
      <td width="83%">
        <input type="text" name="orderprice" size="10" value="<%=price%>"
readonly>
      </td>
    </tr>
    <tr>
      <td width="17%"><font color="#0000FF">发送地址</font></td>
      <td width="83%">
        <input type="text" name="address" size="60" maxlength="60">
      </td>
    </tr>
    <tr>
      <td width="17%"><font color="#0000FF">邮编</font></td>
      <td width="83%">
        <input type="text" name="postcode" size="6" maxlength="6">
      </td>
    </tr>
```

```
    <tr>
      <td width="17%"><font color="#0000FF">备注</font></td>
      <td width="83%">
        <textarea name="memo" cols="60" rows="6"></textarea>
      </td>
    </tr>
    <tr>
      <td width="17%"><font color="#0000FF"></font></td>
      <td width="83%">
        <input type="submit" name="Submit" value="提交订单">
        <input type="hidden" name="send" value="send">
        <input type="hidden" name="bookInfo" value="<%= bookInfo%>">
      </td>
    </tr>
  </table>
</form >
<%
}
%>
</body>
</html>
```

在本 JSP 中将图书信息按照“BOOKISBN = BOOKCOUNT; BOOKISBN = BOOKCOUNT;”的形式组成字符串，用来向 JAVABEAN 中的 bookinfo 赋值，并根据 JSP 的处理结果进行响应：如果订单被正确处理，则显示订单号并清空 cookie(购物车)信息；如果订单未被正确提交，则显示出错信息。运行结果如图 12-11 所示，订单正确提交后的结果如图 12-12 所示，订单未被正确提交的结果如图 12-13 所示。

ISBN	书名	单价	数量	价格
7-5053-5316-4	java2轻松进阶	42.00	1	42.00
7-5053-5316-8	Internet原理及应用	26.00	1	26.00
7-5053-5316-9	JSP WEB开发指南	46.00	1	46.00

修改图书订单

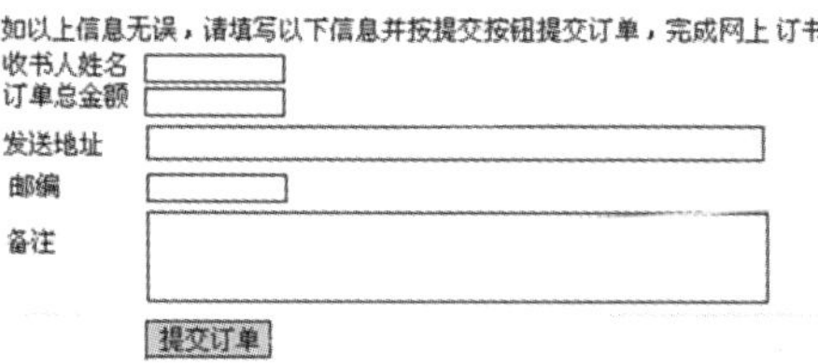

图 12-11　订单提交信息

订购成功!

订单号:32116

返回首页

图 12-12　订单正确提交

图 12-13　订单未正确提交

本章小结

本章是一个网上书店购物实例，系统主要实现的功能有：在登录界面，用户输入会员、密码登录购物网站，然后进行搜索，筛选图书，并将其放到购物车，最后提交订单、支付费用。通过对本章的学习，读者能够掌握实践应用性系统的制作分析方法。

习　题

一、填空题

1. 在网上书店系统中，______________检测登录代码和密码是否一致，根据 JavaBean 返回的结果显示不同的信息。
2. 在网上书店系统中，______________给登录会员显示当前书店中可供选择的图书。
3. 在网上书店系统中，______________查看购物车的内容。
4. 在网上书店系统中，______________将所选的图书加入购物车。

二、选择题

1. 当多个用户请求同一个 JSP 页面时，Tomcat 服务器为每个客户启动一个(　　)。
   A. 线程　　B. 进程　　C. 程序　　D. 服务
2. 不是 JSP 运行必需的是(　　)。
   A. 操作系统　　B. Java JDK　　C. 数据库　　D. 支持JSP的Web服务器
3. 由 JSP 页面向 Tag 文件传递数据要使用的指令是(　　)。
   A. tag　　B. attribute　　C. variable　　D. taglib
4. 设置文档体背景颜色的属性是(　　)。
   A. text　　B. bgcolor　　C. background　　D. link
5. 下列设置颜色的方法中不正确的是(　　)。
   A. <body bgcolor="red">　　B. <body bgcolor="yellow" >
   C. <body bgcolor="#FF0000" >　　D. <body bgcolor="#HH00FF" >

三、问答题

1. 简要概述网上书店会员登录功能的实现。
2. 简要概述网上书店选书功能的实现过程。

参 考 文 献

[1]郎波. Java 语言程序设计[M]. 2 版. 北京：清华大学出版社，2010.
[2]丁振凡. Java 语言程序设计[M]. 北京：清华大学出版社，2010.
[3]耿祥义，张跃平. Java 程序设计实用教程[M]. 北京：人民邮电出版社，2010.
[4]梁勇，李娜. Java 语言程序设计(基础篇)[M]. 北京：机械工业出版社，2011.
[5]徐宏伟，高鑫，刘明刚. JSP 编程技术[M]. 北京：清华大学出版社，2015.
[6]刘志成，宁云智，武俊琢. JSP 程序设计实例教程[M]. 北京：人民邮电出版社，2015.
[7]刘鑫. JSP 从零开始学[M]. 北京：清华大学出版社，2015.
[8]耿祥义，张跃平. JSP 程序设计[M]. 北京：清华大学出版社，2015.
[9]贾志城，王云. JSP 程序设计[M]. 北京：人民邮电出版社，2016.
[10]王大东. JSP 程序设计[M]. 北京：清华大学出版社，2017.